리눅스, Virtuoso EDA 기반

Ai

FULL CUSTOM LAYOUT

김경생 저

시작과 실전

내하출판사

반도체는 현대 기술의 중심에 있으며, 전자기기의 동작 원리를 지탱하는 필수적인 역할을 수행합니다. 그러나 반도체 설계와 레이아웃 분야는 처음 접하는 이들에게 복잡하고 방대한 학문으로 다가올 수 있습니다.

이 교재는 반도체 설계와 레이아웃의 진입 장벽을 낮추고, Full Custom Layout 설계의 기초를 탄탄히 다져 학습자들이 고급 레이아웃 단계로 나아갈 수 있는 기반을 제공하고자 합니다.

교재는 다음과 같은 구조로 설계되었습니다.

초반부에서는 리눅스 환경 설정과 활용을 다루어, 설계 자동화 툴에 손쉽게 접근하고 사용할 수 있도록 기획되었습니다.

중반부 초반에서는 Virtuoso 설계 자동화 툴을 활용해 기본 소자인 Inverter 회로를 설계하고 시뮬레이션하는 과정을 통해 회로 설계 개념을 이해하고 발전시킬 수 있도록 구성했습니다.

중반부 중반에서는 Virtuoso Layout Editor를 사용해 Pcell(Parameterized Cell)을 활용한 Inverter 레이아웃과 DRC, LVS를 포함한 Physical Verification 과정을 학습하여 Full Custom 초급 과정을 완성할 수 있도록 하였습니다.

중반부 후반에서는 Layout Editor의 메뉴 기능을 심도 있게 다루며, Layer를 활용한 레이아웃 설계를 통해 공정과 설계를 연결하고, MOSFET 단면 구조와 레이아웃 설계의 연관성을 학습하도록 구성했습니다.

    종반부에서는 산업계에서 활용되는 NAND, NOR 등의 기본 설계를 실습하고 응용 사례를 다루어, 학생들이 실무에 적합한 경험을 쌓을 수 있도록 설계되었습니다.

    저자는 반도체 설계 분야에서 오랜 시간 연구와 실무 경험을 쌓아왔으며, 이후 교육자로서 기본기의 중요성을 학생들과 공유해 왔습니다.

    이 교재가 반도체 설계라는 분야를 처음 접하는 학생들에게 친근한 입문서가 되기를 바랍니다. 또한, 교육 현장에서 유용한 자료로 활용되어 반도체 설계 분야의 기초를 다지는 데 든든한 동반자가 되기를 희망합니다.

2025년, 청주에서
저자

CONTENTS

CHAPTER 03   **Virtuoso 실행과 회로도 작성**

CHAPTER 04   **회로도 동작 검증(Simulation)**

CONTENTS

CHAPTER 07 · Virtuoso Layout Editor Menu

CONTENTS

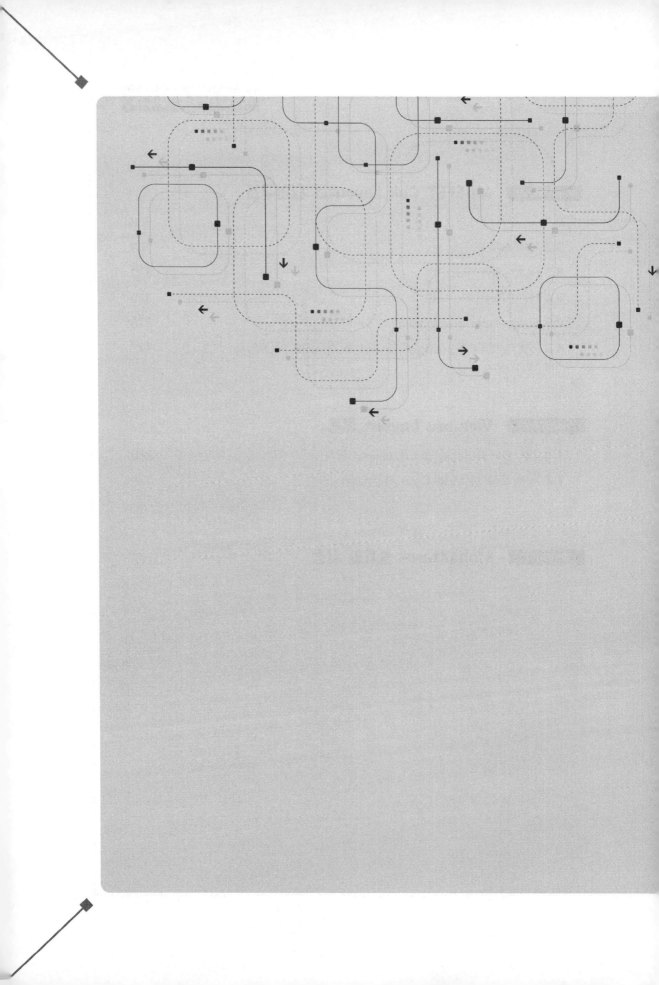

Full Custom
Layout과
MOSFET

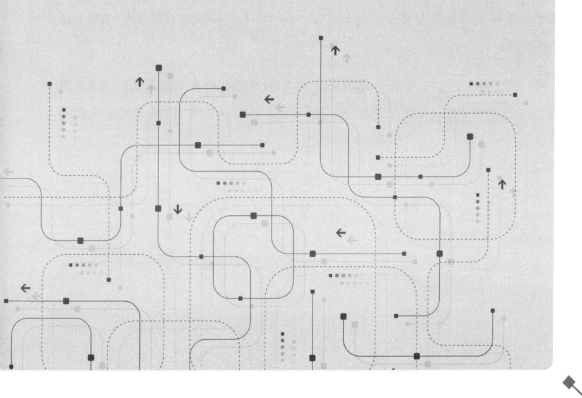

1.1 반도체 제품의 전 과정(Life Cycle)

문명의 발전에 크게 기여해 온 반도체 제품은 인간의 필요를 충족시키고 창의적인 아이디어를 바탕으로 개발되어 왔다. 반도체 개발에는 새로운 소재의 도입이 이루어지기도 하지만, 대부분의 발전은 회로 설계를 통해 이루어진다.

대표적인 반도체 소재는 실리콘 웨이퍼이며, 실리콘 웨이퍼 위에 집적회로(IC)를 제작하기 위해 특정 패턴이 새겨진 유리판인 마스크(Mask)가 사용된다. 마스크를 제작하려면 반도체 회로의 패턴을 설계하는 두 가지 주요 레이아웃(Layout) 방식이 필요하다. 첫 번째는 설계자가 직접 패턴을 그리는 풀 커스텀 레이아웃(Full Custom Layout) 방식이고, 두 번째는 자동 배치 및 배선(Auto Place and Route, Auto P&R) 기법을 활용하는 방식이다.

반도체 공정에는 마스크를 활용한 포토리소그래피(Photo Lithography), 금속 배선(Metallization), 박막 증착(Deposition), 산화(Oxidation), 식각(Etching) 등의 과정이 포함된다. 완성된 IC는 웨이퍼 상에 다수 형성되며, EDS(Electrical Die Sorting) 과정을 통해 불량품과 양품으로 분류된다. 이후 패키징 공정을 거쳐 외부 환경으로부터 보호된다.

패키징이 완료된 반도체 IC는 설계자의 평가와 개선을 거쳐 최종적으로 상품화되어 시장에 출시된다. [그림 1-1]은 반도체 제품이 개발되고 상품화되기까지의 전체 과정을 나타낸다.

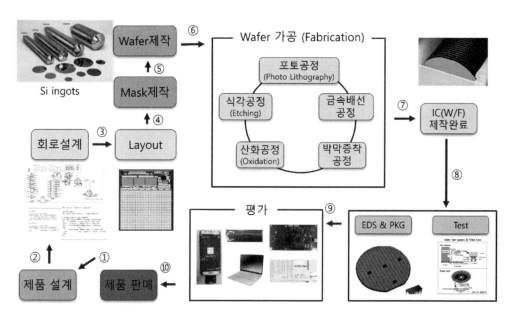

[그림 1-1] 반도체 제품 개발 및 상품화 과정 (Life Cycle)

1.2 칩 레이아웃 패턴

반도체 IC용 마스크 제작을 위한 다양한 레이아웃(Layout) 패턴의 예시는 [그림 1-2]에 나와 있다.

제품의 사용 방법과 사양에 따라 칩의 모양을 나타내는 레이아웃은 다양한 형태로 존재하며, 반도체 IC 내부는 설계 방식에 따라 두 부분으로 나뉜다. 첫 번째는 디지털 회로와 아날로그 회로로 구성된 핵심 기능(Core) 부분이며, 두 번째는 외부와의 연결을 담당하는 I/O(In/Out) 부분이다. 디지털 회로는 데이터 처리를 담당하며, 아날로그 회로는 신호의 정확성과 세기를 감지하는 역할을 수행한다.

IC 내부의 핵심 기능(Core) 부분은 마이크로미터보다 작은 미세 영역에서 동작하며, 파운드리에서 제공하는 공정 규칙(PDK, Process Design Kit)이 적용된다. 반면, I/O 부분에는 사람이 인지할 수 있는 물리적 크기를 다루는 패키지(PKG) 규칙이 적용된다.

반도체 IC는 소재, 소자, 아날로그/디지털 설계, 공정, 장비, 검증/테스트/패키징, 그리고 소프트웨어(S/W) 기술 등 다양한 기술이 집약된 결과물이다. 따라서 각 기술 부문의 규칙뿐만 아니라 부문 간 규칙도 엄격히 적용되며, 이를 확인하고 검증하기 위해서는 높은 수준의 기술력이 요구된다.

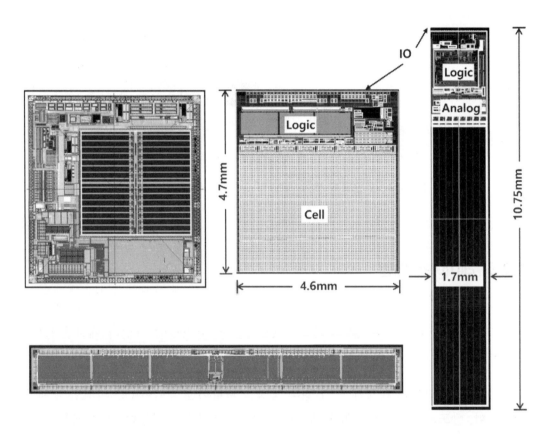

[그림 1-2] 다양한 반도체 제품의 레이아웃

1.3 IC 아날로그 설계 과정(Design Flow)

반도체 IC 설계를 위해 다양한 설계 툴(EDA: Electronic Design Automation Tool)을 사용한다. 아날로그 설계와 디지털 설계를 지원하는 설계 툴은 각각 [그림 1-3]과 [그림 1-4]에 나타나 있다. 여기서 S는 Synopsys, C는 Cadence, M은 Mentor 설계 툴 회사를 의미한다. 설계 단계에서 공정 또는 레이아웃 영향이 포함되면 Back-end 설계라 하며, 그렇지 않은 경우는 Front-end 설계라 한다.

1.3.1 Analog(Front/Back-end) Design Flow

반도체 설계는 설계 사양의 정의에서 시작되며, 아날로그 설계를 위한 Design Flow는 [그림 1-3]에 제시되어 있다. 설계 툴 중 하나인 회로 편집 도구를 사용하여 아날로그 회로를 스키매틱(Schematic, 회로도)으로 작성한다. 이 과정에서 주로 사용되는 도구는 'Virtuoso Schematic Editor'이다. 작성된 Schematic의 동작을 검증하기 위해 Pre-Layout Simulation을 수행하며, 이 과정에서 Hspice나 Spectre와 같은 회로 시뮬레이터를 활용한다.

회로 시뮬레이션 결과가 설계 사양을 만족하면, 레이아웃 편집기를 이용해 풀 커스텀 레이아웃(Full Custom Layout)을 작성한다. 레이아웃 편집기에는 'Virtuoso Layout Editor'가 대표적이다.

레이아웃 작성 후, 공정 규칙에 따라 레이아웃이 올바르게 작성되었는지 검증하는 Physical Verification 단계를 수행한다. 이 과정에서는 Calibre DRC/LVS 또는 Assura와 같은 설계 툴을 사용한다.

레이아웃 패턴은 물질의 특성으로 인해 저항(R)과 커패시턴스(C) 성분을 생성하며, 이는 회로의 동작과 정확도에 영향을 준다. 이를 분석하기 위해, 레이아웃 패턴에서 유도되는 저항 및 커패시턴스 성분을 Calibre xRC 또는 Quantus(Assura) 같은 설계 툴을 이용해 추출한다. 이 과정을 Physical Extraction이라고 한다.

추출된 저항과 커패시턴스 성분을 회로에 추가한 후, Post-Layout Simulation을
수행하여 최종적으로 회로를 검증한다. 이 단계는 Analog Design Flow에서 필수적
이다.

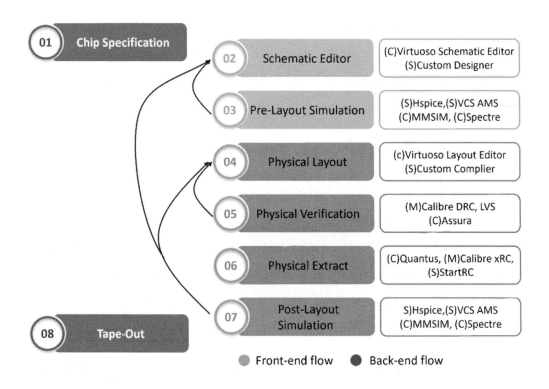

[그림 1-3] Analog Design Flow

1.3.2 Digital(Front/Back-end) Design Flow

디지털 설계를 위한 Design Flow는 [그림 1-4]에 제시되어 있다. 디지털 설계는
제품 사양 검증 단계에서 시작되며, Verilog 언어를 활용해 기능 검증(Function
Verification) 단계를 수행한다. 이 과정에서는 'Xcelium' 또는 'VCS'와 같은 설계 툴
을 사용한다.

기능 검증이 완료되면 PDK를 활용해 NAND, OR, NOT과 같은 Gate Level 요소를 기반으로 회로를 구성하는 로직 합성(Logic Synthesis)을 수행한다. 합성 결과와 Verilog 언어 모델 간의 일치를 확인하기 위해, Formality 단계를 활용해 동등성 검증을 수행한다.

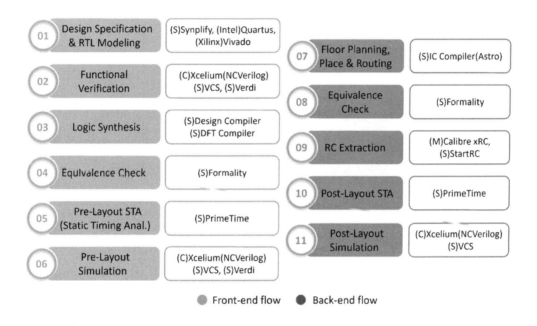

[그림 1-4] Digital Design Flow

디지털 기능은 반도체 IC 내부에 구현되므로 동작 속도는 중요한 설계 사양 중 하나이다. 이를 검증하기 위해 합성된 결과물에 대해 Pre-Layout STA(Static Timing Analysis)와 Pre-Layout Simulation을 수행하여, 해당 공정(PDK)에서의 구현 가능성(Feasibility)을 확인한다.

구현 가능성이 확인되면, Standard Library Cell을 활용하여 IC Compiler와 같은 도구로 모든 소자(Cell)를 배치(Place)하고 연결(Routing)한다. 이후 Formality, DRC, LVS와 같은 검증 절차를 통해 설계의 정확성을 확인한다.

검증이 완료된 레이아웃에서는 패턴 의존적인 저항과 커패시턴스 성분을 RC Extractor를 사용해 추출한다. 이렇게 추출된 정보를 기반으로 Post-Layout STA 및 Post-Layout(Dynamic) Simulation을 수행하여 동작 속도(또는 Timing)를 최종 검증한다.

1.4 소자와 공정 및 레이아웃 구성

Full Custom Layout을 설계하기 위해서는 소자와 공정에 대한 이해가 필수적이다. 이 절에서는 기본 소자인 다이오드와 MOSFET 그리고 아날로그 회로의 레이아웃에 대하여 살펴본다.

1.4.1 소자와 공정, 레이아웃

공정과 레이아웃으로 형성되는 다이오드 소자의 구조를 살펴보자.

[그림 1-5(a)]는 수직형 PN 다이오드의 구조를 나타내며, 이는 P형 웨이퍼와 N^+층으로 구성되어 있다. 수직형 다이오드를 형성하기 위해 P형 웨이퍼 위에 N^+층, SiO_2(절연체)층, Al(알루미늄)층, Si_3N_4(절연체)층 등 다양한 물질층을 적층한다.

P형 웨이퍼는 Au(금)층을 통해 웨이퍼 아래의 외부의 금속 리드(Metal leads)와 연결되고, N^+에 연결된 Al(알루미늄)는 도선(Wire)를 통해 외부 금속 리드와 연결된다. 두 금속 리드에 전압이 인가되면 PN 다이오드($P-N^+$)에 전압이 걸리게 되며, 이 수직형 레이아웃을 가진 다이오드 소자는 정류 기능을 수행한다.

웨이퍼에 형성된 PN다이오드는 미세 반도체 공정에서 Core 규칙에 따라 제작된다. 반면 외부와 연결되는 Al PAD는 I/O 및 PKG 규칙이 적용된다.

[그림 1-5(b)]는 수평형 다이오드 구조 예를 보여준다. 수평형 구조에서는 I/O 규칙이 적용되지 않았다.

IC 설계는 적용하고자 하는 반도체 공정에 따라 소자의 구조와 특성이 달라지며, 이를 기반으로 형성되는 레이아웃 패턴 역시 변화한다. 즉 설계에 사용되는 파운드리의 PDK에 따라 소자의 구조와 레이아웃이 결정된다.

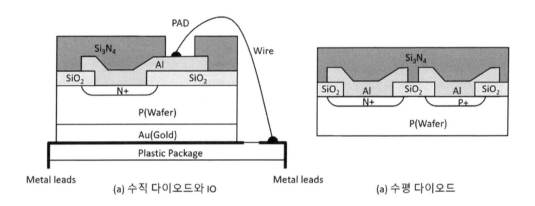

[그림 1-5] 수직형 PN 다이오드의 구조

1.4.2 CMOS기본 소자와 레이아웃

[그림 1-6]은 CMOS로 구성된 인버터(Inverter) 구조를 나타낸다. CMOS는 NMOSFET와 PMOSFET을 제조하는 CMOS 공정을 의미하며, 그림에서는 p-기판(Substrate)인 웨이퍼에 N-Well이 형성되는 N-Well 공정을 기반으로 한 CMOS구조를 나타낸다.

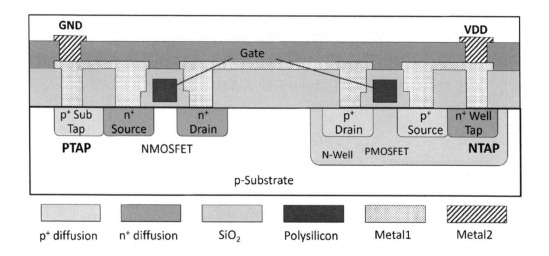

[그림 1-6] CMOS 구조도

NMOSFET의 n⁺ Source와 n⁺ Drain, PMOSFET의 p⁺ Source와 p⁺ Drain은 Gate 에 의해 분리된다. NMOSFET은 p-기판(Substrate) 위에 형성되고, PMOSFET은 N-Well 위에 형성된다. 또한 NMOSFET과 PMOSFET은 각각 PTAP과 NTAP을 포함하고 있다.

[그림 1-7]은 [그림 1-6]의 CMOS 구조를 구현하기 위해 설계된 레이아웃 패턴을 보여준다. 반도체 공정에서는 물질의 층(Layer)을 수직적으로 쌓아 구조를 형성하며, 레이아웃 패턴으로 표현할 때는 레이아웃 편집기에서 공정 레이어(Layer)를 선택하고, 공정 규칙(예: 최소 선폭, 간격, 층간 정렬 기준)에 따라 패턴을 설계한다. 반도체 소자의 레이아웃 작업에서는 대칭 구조를 유지하여, 물리적인 구조로 인해 발생할 수 있는 불균일 전류 밀도나 전압 강하와 같은 비정상적인 효과를 방지하는 것이 중요하다. 또한, 웨이퍼 상의 위치 변화로 인한 소자의 특성 차이를 최소화하기 위해 레이아웃을 균형 있게 설계해야 한다.

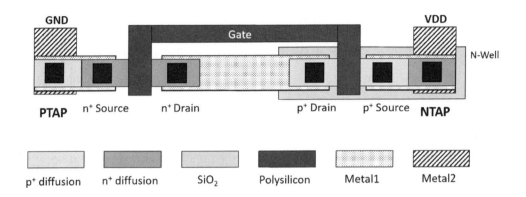

[그림 1-7] Inverter 레이아웃

1.4.3 아날로그 설계와 레이아웃, 그리고 소자와 공정

일반적으로 반도체 IC는 매우 많은 수의 소자로 이루어진다. [그림 1-8]은 수십 개의 소자로 이루어지는 전형적인 아날로그 증폭기(AMP, Amplifier, IO)와 NMOSFET (NM0, NM1, NM2)를 스위치 소자로 사용하는 아날로그 회로를 보여준다. 이 회로에는 커패시터(C0)가 포함되며, 이는 웨이퍼 위에서 물리적으로 구현 가능하도록 설계되어야 한다.

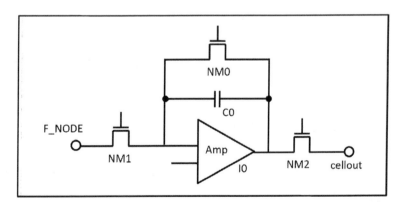

[그림 1-8] 심벌(Amp, NMOSFET, Capacitor)로 이루어진 회로도(Schematic)

일반적으로 커패시터와 아날로그 증폭기(AMP)는 대칭 구조 기법으로 레이아웃하여 매칭 특성을 향상시키고 오프셋(Offset)을 줄인다. 또한, 스위칭 소자가 닫힌(Off) 상태일 때, 플로팅(Floating)되어 하이 임피던스(High-Impedance) 상태가 되는 입력 노드(Node, Net)에는 잡음(Noise)이 유입될 가능성이 있어 신호 왜곡이 발생하기 쉽다. 이를 방지하기 위해 잡음 저감 레이아웃 기법이 필요하다. 예를 들어, [그림 1-9]에서처럼 수평뿐만 아니라 수직 방향의 잡음도 차단하도록 설계된 수직/수평 Guard-Ring 기법을 활용할 수 있다. 그림에서는 민감한 노드(예: M3 레이어로 이루어진 F_NODE)를 잡음으로부터 보호하기 위해 Guard-Ring 역할을 하는 수직형 SENSE_GND 구조를 사용한다.

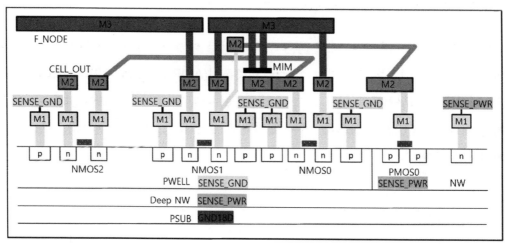

[그림 1-9] 수직 및 수평 잡음(Noise)을 감소시킨 잡음 저감 Analog Layout

1.4.4 디지털 설계와 Auto P&R

기능을 구현하는 설계에는 일반적으로 HDL(Hardware Description Language)의 한 종류인 Verilog 언어가 많이 활용된다. HDL은 C 언어와 유사한 알고리즘을 기반으로 하거나, 시스템의 동작을 기술하는 Behavioral 수준(Level)과 하드웨어 기반의 RTL(Register Transfer Level) 수준을 표현할 수 있는 문자 기반 설계 언어이다. [그림 1-10]은 Verilog 언어(코드)의 예와 Standard Library Cell을 활용해 EDA 툴의 P&R(Place & Routing) 과정을 통해 생성된 레이아웃의 예를 보여준다.

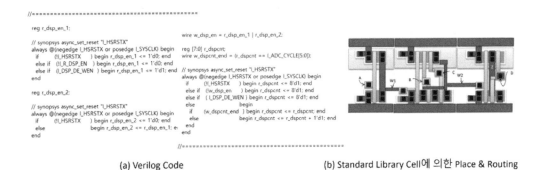

(a) Verilog Code   (b) Standard Library Cell에 의한 Place & Routing

[그림 1-10] Verilog Code와 Standard Library에 의한 Auto Place & Route

1.4.5 I/O(ESD) Layout

[그림 1-11]은 I/O를 구성하는 회로의 레이아웃 예로, 일반적으로 파운드리에서 제공한다. 이 레이아웃은 외부에서 가해지는 전기적 에너지 충격(ESD)으로부터 반도체 IC 내부가 고장 나지 않도록 보호하는 역할을 한다.

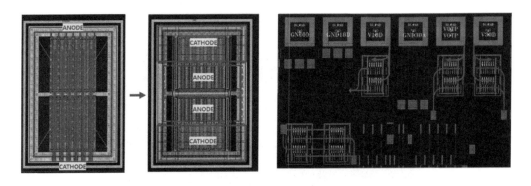

[그림 1-11] I/O(ESD) Layout 예

1.5 Analog Full Custom Layout 단계별 이해

레이아웃 작업을 수행하기 위해서는 레이아웃 툴이 운영되는 워크스테이션 (Workstation, W/S)에 대한 이해와 활용 능력은 물론, EDA 툴과 공정 및 소자와 연관된 레이아웃에 대한 기본적인 이해가 필요하다.

레이아웃에 대한 이해를 높이기 위해 다음과 같은 단계가 필요하다.

초급 단계에서는 단위 블록 레이아웃(Block Layout) 설계를 배우기 위한 아날로그 IC레이아웃을 학습한다. 이 단계에서는 [그림 1-12]와 같은 간단한 아날로그 IC 레이아웃 설계를 다룬다.

중급 단계에서는 소자와 회로에 대한 깊이 있는 이해를 바탕으로 아날로그 단위 블록 레이아웃 설계를 학습한다. 이 단계에서는 [그림 1-13]과 같은 중급 수준의 레이아웃 설계를 수행한다.

고급 단계에서는 레이아웃 매칭(Matching)과 같은 고급 아날로그 기술, Full Custom Layout의 효율성을 높이는 설계 기법, Auto P&R에 대한 이해, 그리고 IC Tape-Out을 위한 실전 IC Chip 설계 과정을 다룬다.

이러한 과정을 체계적으로 학습하고 실습하면, 복잡한 아날로그 회로를 효과적으로 설계하고 최적화할 수 있는 전문가로 성장할 수 있다.

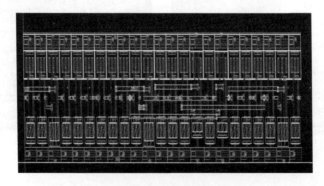

[그림 1-12] Pcell (Parameterized Cell)을 이용한 단위 Block Layout

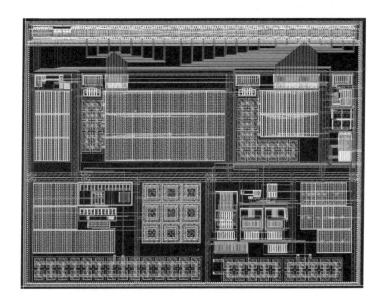

[그림 1-13] Analog 단위 Block Layout

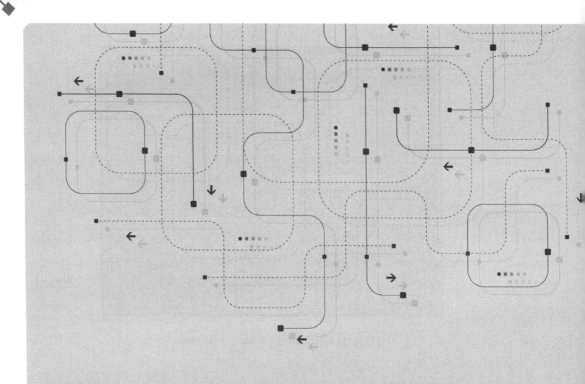

▶▷▷ **UNIT GOALS**

반도체 IC 설계는 일반적으로 워크스테이션(Workstation)이라는 하드웨어에서 실행되는 다양한 설계용 EDA 툴을 활용해 이루어진다.

본 장에서는 설계용 EDA 툴을 효율적으로 활용하기 위해, 워크스테이션에서 주로 사용되는 리눅스(Linux) 운영체제의 기본 개념과 사용 방법에 대해 다룬다.

Linux 시스템의
이해와 사용

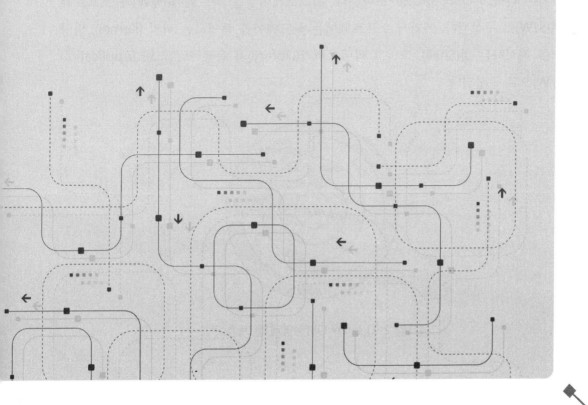

2.1 유닉스/리눅스(Unix/Linux) 이해

워크스테이션(Workstation, W/S)에 많이 사용되는 유닉스/리눅스(Unix/Linux) 운영체제는 다중 사용자(Multi-user), 다중 작업(Multi-tasking), 계층적 디렉터리 구조(Hierarchical Directory Structure)와 같은 특징을 갖고 있다. 이러한 특징 덕분에 여러 사용자가 하나의 시스템에 동시에 접근하여 자원을 공유하며 다양한 작업을 수행할 수 있어 널리 사용된다.

유닉스(Unix) 운영체제는 1970년대 AT&T 벨 연구소에서 개발되어 주로 서버 및 기업용 워크스테이션에서 상용으로 사용되었다. 반면, 리눅스(Linux)는 1991년 리누스 토르발스(Linus Torvalds)가 개발한 운영체제로, 사용 제약이 없는 완전한 오픈 소스 소프트웨어(Open-source software)이다. 오픈 소스 커뮤니티의 협력과 기여로 빠르게 발전하여 개인용 워크스테이션뿐만 아니라 서버에서도 널리 사용되고 있다.

리눅스 운영체제(Linux OS)는 리눅스 커널(Linux kernel)에서 유래되었으며, [그림 2-1]은 리눅스 OS의 구조를 보여준다. 워크스테이션은 하드웨어(H/W)와 소프트웨어(S/W)로 구성된다. 여기서 소프트웨어는 하드웨어를 운영하는 커널 (Kernel), 명령어를 해석하는 셸(Shell), 그리고 라이브러리(Library)와 응용 프로그램 (Application S/W)으로 구성된다.

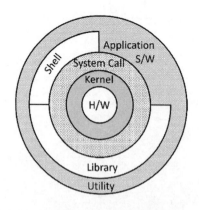

[그림 2-1] Linux OS(운영체제) 계층 구조

리눅스 운영체제의 구조

1. 커널(Kernel)

커널은 리눅스 기반 운영체제의 핵심으로, 하드디스크, 메모리, 통신, 주변 장치 등 컴퓨터의 기본 장치를 관리하며 프로세스 관리(스케줄링)를 수행한다. 하드웨어와 소프트웨어 간의 통신을 담당하며 시스템 안정성과 효율성을 보장한다.

2. 셸(Shell)

셸은 리눅스 운영체제의 사용자 인터페이스로, 사용자가 입력한 명령어를 해석하여 커널에 전달하고, 커널과의 상호작용을 돕는다. 셸에서 실행되는 명령은 프로그램 실행, 파일 관리, 시스템 구성 등 다양한 작업을 포함한다. 리눅스에서 사용하는 셸의 종류에는 최초의 유닉스 셸인 Bourne Shell(sh), 이를 확장한 Bash(Bourne Again Shell), 그리고 C 언어와 유사한 C Shell(csh) 및 그 확장판인 tcsh등이 있다.

3. 라이브러리(Library)

리눅스의 공유 라이브러리(시스템 라이브러리)는 애플리케이션과 커널 간의 인터페이스 역할을 한다. 표준화된 방식으로 운영체제의 다양한 기능을 제공하며, 특정 작업에 필요한 미리 작성된 코드를 포함해 애플리케이션 개발과 실행을 지원한다.

4. 하드웨어 계층

하드웨어 계층은 RAM(Random Access Memory), HDD(하드 디스크 드라이브), CPU(중앙처리장치) 및 입출력 장치 등 물리적 구성 요소를 포함한다. 이 계층은 리눅스 운영체제와 응용 프로그램이 작동하는 데 필요한 리소스를 제공한다. 리눅스 커널과 시스템 라이브러리는 하드웨어 구성 요소와 통신하고 이를 제어한다.

5. 시스템 유틸리티(System Utilities)

리눅스 운영체제가 제공하는 시스템 유틸리티는 소프트웨어 설치, 네트워크 설정, 시스템 성능 모니터링, 사용자 및 권한 관리 등 시스템 관리에 필수적인 도구와 프로그램들로 구성된다.

6. 시스템 콜(System Call)

사용자가 셸을 통해 명령을 입력하면, 시스템 인터페이스를 통해 커널의 특정 기능을 요청한다. 시스템 콜은 파일 입출력, 프로세스 관리, 메모리 관리 등 다양한 작업을 수행하며 사용자와 운영체제 간의 연결 고리 역할을 한다.

7. 리눅스 배포판(Linux Distribution)

리눅스 운영체제를 사용하려면 리눅스 커널을 기반으로 다양한 소프트웨어가 포함된 배포판이 필요하다. 배포판은 커널, 라이브러리, 시스템 유틸리티 및 애플리케이션 소프트웨어로 구성되며, 다양한 용도에 맞게 최적화되어 있다. 주요 배포판으로는 Ubuntu, Fedora, Linux Mint, CentOS(레드햇 엔터프라이즈 리눅스 기반의 무료 버전) 등이 있다.

다중 작업(멀티태스킹, Multi-tasking)

다중 작업(Multi-tasking)은 여러 작업(프로세스)을 동시에 수행하는 능력을 의미한다. 일반적으로 여러 프로세스가 동시에 실행되는 것처럼 보이지만, 이는 CPU 자원을 시분할 시스템의 원리에 따라 각 작업에 시간 간격을 할당해 순차적이거나 우선순위에 따라 처리된다. 이 방식을 통해 작업을 효율적으로 분배하여 다중 작업 환경을 제공한다.

다중 사용자(Multi-user)

다중 사용자(Multi-user)는 여러 사용자가 동시에 하나의 컴퓨터 시스템에 접근하여 자원을 공유하며 사용할 수 있는 환경을 의미한다. 시스템은 CPU 사용 시간을 일정한 간격으로 나누어, 시분할 시스템의 원리를 적용하여 각 사용자에게 작업 시간을 할당한다. 이를 통해 다중 사용자가 제약 없이 시스템을 사용할 수 있는 환경을 제공한다.

계층적 디렉터리 구조(Hierarchical directory structure)

리눅스의 계층적 파일 시스템은 파일 시스템 계층 구조 표준(FHS: Filesystem Hierarchy Standard)에 의해 정의되며, [그림 2-2]와 같은 파일 및 디렉터리 구조를 갖는다.

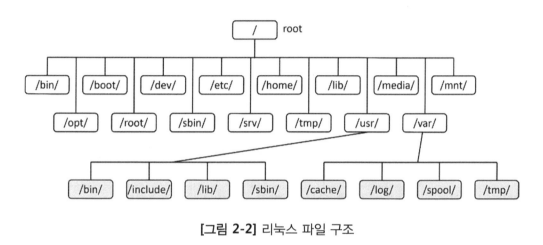

[그림 2-2] 리눅스 파일 구조

파일 시스템 계층 구조 표준(FHS)에 따르면, 모든 디렉터리는 루트 디렉터리('/')를 기준으로 계층화된다. 심지어 다른 물리적 장치에 저장된 디렉터리도 루트 디렉터리의 하위 디렉터리로 나타난다. 일부 디렉터리는 X 윈도 시스템과 같은 특정 하위 시스템에 따라 존재하거나 존재하지 않을 수 있다. 리눅스의 주요 디렉터리와 간단한 설명은 [표 2-1]에 정리되어 있다.

데몬(Daemon)

워크스테이션은 사용자 요청에 즉시 대응할 수 있어야 하며, 리눅스에서는 이를 담당하는 프로세스를 데몬(Daemon)이라고 한다. 데몬은 시스템 부팅 시 자동으로 시작되어 종료될 때까지 메모리에 상주하며, 백그라운드에서 서비스 요청을 처리한다. 일반적으로 사용자는 데몬을 직접 제어하지 않으며, 데몬은 파일 공유, 네트워크 연결, 프린터 관리 등 다양한 시스템 서비스를 지원한다.

[표 2-1] 리눅스의 파일 구조

디렉터리	설명
/	모든 파일 시스템 계층의 기본인 최상위 루트 디렉터리
/bin/	기본 시스템 명령어(예: cat, ls, cp 등) 파일이 있는 디렉터리
/boot/	부팅에 필요한 커널 이미지와 부트 로더 설정 파일(kernels, initrd 등)이 있는 디렉터리
/dev/	시스템에 연결된 장치 파일(null, sda1(하드 디스크), tty1(터미널) 등)이 있는 디렉터리
/etc/	시스템 및 애플리케이션의 구성 설정 파일(예: passwd, fstab 등)이 있는 디렉터리
/home/	사용자별 개인 설정 및 파일 등을 포함한 사용자 홈 디렉터리. 흔히 별도의 파티션으로 구성됨
/lib/	/bin/과 /sbin/의 명령어에 필요한 라이브러리 파일 (libc.so, libm.so 등) 디렉터리
/media/	CD-ROM과 같은 이동식 미디어의 마운트 지점
/mnt/	임시로 마운트된 장치 (예: 외장 드라이브, 네트워크 파일 시스템)
/opt/	추가 응용 소프트웨어 패키지가 설치되는 디렉터리
/proc/	커널과 프로세스 정보를 제공하는 가상 파일 시스템(예: cpuinfo, meminfo 등) 디렉터리
/root/	루트 사용자의 홈 디렉터리
/sbin/	시스템 관리에 필요한 바이너리 명령어(예: init, ip, mount, ifconfig, reboot 등) 디렉터리
/srv/	시스템에서 제공되는 특정 서비스 데이터(예: 웹 서버, FTP서버) 가 있는 디렉터리
/tmp/	부팅 시 삭제되는 임시 파일이 저장되는 디렉터리
/usr/	사용자의 유틸리티와 라이브러리 등 보조 계층을 위한 디렉터리
/var/	로그 파일, 캐시 데이터, 큐 출력 등 자주 변경되는 데이터 파일이 저장되는 디렉터리

2.2 리눅스 설치 및 환경 설정(CentOS 7)

리눅스 운영체제의 설치는 일반적으로 ISO 파일을 이용해 진행된다. ISO 파일은 CD, DVD, 또는 USB와 같은 디스크의 전체 내용을 하나의 파일로 압축한 이미지 파일이다. 이를 이용하면 디스크 복제나 가상 드라이브 마운트를 통해 운영체제를 설치하거나, 소프트웨어를 손쉽게 배포할 수 있어 편리하다.

CentOS 7 설치 및 설정

일반적인 CentOS 7의 설치 및 설정 과정은 다음과 같다.

1. ISO 파일 다운로드 및 부팅 미디어(USB) 생성
CentOS 공식 웹사이트에서 x86_64 아키텍처용 ISO 파일을 다운로드한다.

다운로드한 ISO 파일을 사용해 부팅 가능한 USB 드라이브를 생성한다.

2. 부팅 및 설치 시작
컴퓨터를 부팅 가능한 USB 드라이브로 부팅한다. 부팅 메뉴에서 'Install CentOS'를 선택한다.

3. 언어 및 지역 설정
설치 프로그램이 시작되면 한국어를 선택하고 '계속 진행'을 클릭한다.

4. 설치 요약 화면에서 메뉴 설정
'날짜 및 시간'을 현재 시간대에 맞게 설정한다.

'키보드'의 레이아웃을 설정한다.

'설치 대상'은 자동 파티션으로 설정한다.

'네트워크 및 호스트명'에서 네트워크를 활성화하고 호스트명을 설정한다.

5. 모든 설정을 확인한 후 '설치 시작' 클릭

6. 관리자(루트, Root) 비밀번호 및 사용자 계정 생성

'루트 비밀번호'에서 루트 사용자 계정의 비밀번호를 설정하고 확인한다.

'사용자 생성'에서 일반 사용자 계정을 생성하고, 필요 시 관리자 권한을 부여한다.

7. 설치가 완료되면 시스템을 재부팅하여 사용자 로그인을 확인

리눅스 시스템 사용

컴퓨터를 사용한다는 것은 화면, 키보드, 마우스와 같은 물리적 장치인 콘솔 (Console)을 통해 컴퓨터와 상호작용하는 것을 의미한다. 일반적으로 워크스테이션 에서는 텍스트 기반 입력 및 출력 환경을 제공하는 터미널(Terminal) 창을 통해 명령 어를 입력한다. 사용자가 입력한 명령어는 인터프리터 프로그램인 셸(Shell)에 의해 해석되고 처리된 후 결과가 출력된다.

리눅스 운영체제에서 사용자는 콘솔, 터미널, 그리고 셸 프로그램을 이용하여 다음 과 같은 순서로 리눅스 시스템을 사용하고 종료한다.

- 로그인 이름(Login ID) 입력: 사용자 계정을 입력한다.

- 암호(Password) 입력: 사용자 암호를 입력한다. 보안을 위해 암호 입력 시 화면에 입력 내용이 표시되지 않는다.

- 사용자 작업 수행: 필요한 명령어를 실행하여 작업을 수행한다.

- 로그아웃(Logout): 작업을 마친 후 로그아웃하여 시스템에서 계정을 종료 한다.

2.3 서버(Server)와 클라이언트(Client) 시스템 연결

리눅스 운영체제는 다중 작업(Multi-tasking)과 다중 사용자(Multi-user)의 특징을 갖추고 있으며, 일반적으로 통신을 통해 다중 사용자가 연결된다. 이 과정에서 컴퓨터는 역할에 따라 서버 컴퓨터(Server)와 클라이언트 컴퓨터(Client)로 나뉜다.

서버 컴퓨터는 다른 컴퓨터 사용자에게 서비스를 제공하는 역할을 하며, 클라이언트 컴퓨터는 서버에 접속해 제공되는 서비스를 이용하는 컴퓨터를 뜻한다. [그림2-3]은 서버 시스템과 다양한 클라이언트 시스템 간의 연결과 접속 예를 보여준다.

클라이언트 컴퓨터가 서버 컴퓨터에 연결하기 위해서는 통신 프로토콜(Protocol)을 사용해야 하며, 이때 일반적으로 SSH(Secure Shell) 로토콜이 활용된다. SSH는 서버와 클라이언트 간의 데이터를 암호화하여 안전하게 전송할 수 있는 보안이 강화된 원격 접속 프로토콜이다.

SSH 프로토콜을 이용한 서버와 클라이언트 접속 방법에는 두 가지가 있다. 첫 번째는 사용자 계정 비밀번호를 입력하여 인증하는 방식으로, 일반적으로 많이 사용된다. 두 번째는 클라이언트의 공개 키와 서버의 개인 키를 사용하는 공개 키 암호화 방식이다. 이 방식은 비밀번호 입력 없이 자동 접속이 가능하다는 장점이 있다.

SSH 프로토콜을 사용하려면 서버와 클라이언트 컴퓨터에 각각 SSH 서버와 SSH 클라이언트 소프트웨어(S/W)가 설치되어 있어야 한다. 대부분의 리눅스 배포판은 기본적으로 SSH 프로토콜을 포함하고 있으며, 다양한 운영체제(OS)에서도 SSH 지원 소프트웨어를 설치하여 사용할 수 있다. 또한, SSH 프로토콜을 기반으로 통신하는 응용 소프트웨어를 통해 서버와 클라이언트 간 연결이 가능하다.

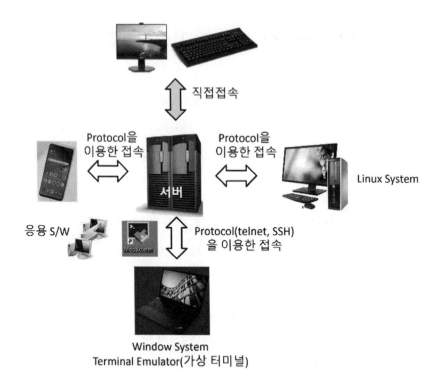

[그림 2-3] 서버와 클라이언트 시스템 간 연결

2.3.1 리눅스 서버와 리눅스 클라이언트 연결

리눅스 서버와 클라이언트 컴퓨터를 연결하려면 각 시스템에 통신 프로토콜 소프트웨어가 설치되어 있어야 한다. 본 절에서는 SSH 프로토콜을 활용한 설치 및 사용 예제를 설명한다.

대부분의 리눅스 배포판에는 기본적으로 SSH 서버가 설치되어 있으나, 설치되어 있지 않은 경우 다음 명령어를 사용하여 설치할 수 있다. 또한 설치 후에는 부팅 시 SSH 서버가 자동으로 시작되도록 설정해야 한다.

리눅스에서 SSH 서버 설치의 예

리눅스에서 SSH 서버를 설치하는 과정의 명령어는 다음과 같다.

명령어	의미
sudo apt-get install openssh-server	## Ubuntu/Debian 계열에서 SSH 서버를 설치하는 명령어
sudo yum install openssh-server	## CentOS/RHEL 계열에서 SSH 서버를 설치하는 명령어
## sudo: 관리자 권한으로 명령어를 실행하도록 하는 명령	
## apt-get, yum: 소프트웨어를 설치, 업데이트, 제거하는 관리 도구	
## install: 설치 명령어	
## openssh-server: 설치할 패키지 이름(OpenSSH 서버 소프트웨어)	

[그림 2-4] 리눅스 서버 설치 명령 예제

리눅스 서버를 설치한 후 SSH를 시작하려면, 아래 두 가지 명령어를 사용할 수 있다.

명령어	의미
sudo systemctl start ssh	## SSH 서버를 즉시 시작하는 관리자 명령
sudo systemctl enable ssh	## 부팅 시 SSH 서버가 자동으로 시작(enable)되도록 설정하는 관리자 명령

[그림 2-5] 리눅스 SSH 서버 시작 명령

리눅스 SSH 클라이언트 설치 예

대부분의 리눅스 배포판에는 기본적으로 SSH 클라이언트가 포함되어 있다. 그러나, 설치되어 있지 않은 경우, 아래 명령어를 사용하여 설치할 수 있다.

명령어	의미
sudo apt-get install openssh-client	## Ubuntu/Debian 계열에서 SSH 클라이언트를 설치하는 명령어
sudo yum install openssh-clients	## CentOS/RHEL 계열에서 SSH 클라이언트를 설치하는 명령어

[그림 2-6] 리눅스 SSH 클라이언트 설치 명령

방화벽 설정 예

네트워크 환경에서 시스템과 데이터를 보호하고, 허가되지 않은 접근을 차단하기 위해 방화벽을 설정한다. 특히, SSH 포트(기본적으로 22번 포트)를 허용하도록 방화벽을 설정하는 것이 중요하다. [그림 2-7]은 SSH 프로토콜을 허용하기 위한 방화벽 설정 과정을 보여준다.

명령어	의미
sudo ufw allow 22	## Ubuntu/Debian 계열에서 UFW(Uncomplicated Firewall) 관리 도구를 사용해 22번 포트를 허용
sudo firewall-cmd --permanent --add-service=ssh	## CentOS/RHEL 계열에서 firewall-cmd 관리 도구를 사용해 SSH 서비스를 영구적으로 방화벽에 추가
sudo firewall-cmd --reload	## CentOS/RHEL 계열에서 방화벽 설정을 다시 로드하여 변경 사항을 적용

[그림 2-7] 리눅스 SSH 방화벽 설정

리눅스 서버와 리눅스 클라이언트 간 접속

SSH 서버와 클라이언트 설정이 완료된 후, 클라이언트 터미널에서 아래 명령어를 사용하여 서버에 접속할 수 있다.

명령어	의미
ssh 사용자이름@서버주소	## 서버에 접속하기 위한 기본 명령어. 사용자 이름과 서버 주소를 입력하여 SSH 접속을 시도
ssh user@192.168.1.100	## 사용자 이름이 user이고, 서버 주소가 192.168.1.100인 경우의 접속 예

[그림 2-8] 리눅스 SSH 접속 명령 예제

또한, 클라이언트 시스템의 ~/.ssh/config 파일에 [그림 2-9]와 같이 특정 서버에 대한 설정을 추가하면, 서버 시스템에 편리하게 접속할 수 있다.

파일 내용	의미
Host server-alias HostName server-ip User username Port 22	## Host: 별칭 지정 명령어. server-alias: 사용자가 지정한 서버의 별칭 ## HostName: IP 지정 명령어. server-ip: 접속하려는 서버의 IP 주소 ## User: 사용자 이름 지정 명령어. username: 서버에 접속할 사용자 계정 ## Port: 포트 지정 명령어. 22: 기본 SSH 포트

[그림 2-9] SSH 접속을 위한 ~/.ssh/config 파일 예제

2.3.2 리눅스 서버와 윈도우 클라이언트 연결

리눅스 서버와 윈도우 클라이언트 시스템을 연결하려면 두 시스템 모두에 통신 프로토콜(일반적으로 SSH 프로토콜)이 설치되어 있어야 한다. 윈도우 클라이언트는 기본 제공 터미널을 사용하거나, PuTTY나 MobaXterm과 같은 통신용 응용 프로그램을 통해 리눅스 서버에 접속할 수 있다.

MobaXterm을 활용한 리눅스 서버 접속

Windows OS로 작동 중인 클라이언트 PC에서 MobaXterm을 사용해 리눅스 서버에 연결하는 방법은 다음과 같다. 자세한 설명은 [부록 1]을 참고한다.

1. MobaXterm 설치: MobaXterm을 공식 사이트에서 다운로드한 뒤 클라이언트 PC에 설치한다.

2. 새로운 세션(Session) 생성: MobaXterm을 실행한 후, 메인 화면 왼쪽 상단의 'Session' 버튼을 클릭한다. 팝업 창에서 SSH를 선택하고, 접속할 서버 정보를 입력하여 새로운 세션 환경을 설정한다.

3. 워크스테이션 접속: 설정된 세션을 저장한 후, 생성된 세션을 클릭하여 리눅스 서버에 접속한다.

2.4 리눅스 시스템 개요

리눅스 시스템이 설정되었으므로, 자주 사용되는 명령어나 기호의 의미를 살펴보자. 프롬프트(prompt)는 리눅스 시스템에서 사용자의 입력을 기다리는 명령행 인터페이스를 의미한다. 프롬프트는 사용 권한에 따라 [그림 2-10]과 같이 관리자용 프롬프트(#)와 일반 사용자용 프롬프트($)로 구분된다. 사용자는 프롬프트 뒤에 나타나는 커서 위치에 명령어를 입력한다.

사용 형식 (옵션)	결과(동작)
[kim@cju ~]$	## kim : 현재 시스템에 접속해 있는 사용자명(계정명)
	## cju : 서버명(호스트명)
	## ~ : 현재 사용자의 작업 위치. '~'는 홈 디렉터리를 의미
	## @ : at의 의미로, 서버(cju)의 사용자(kim)를 나타내는 구분자 역할
	## $: 일반 사용자용 프롬프트(Prompt)
[root@cju ~]#	## # : 관리자용 프롬프트(Prompt)

[그림 2-10] 리눅스 일반 사용자($)와 관리자용 프롬프트(#)

리눅스 시스템에서 자주 사용되는 기본 단축키 목록은 [그림 2-11]에서 확인할 수 있다.

사용 형식 (옵션)	결과(동작)
<Ctrl>+<C>	# 작업 중지
<Ctrl>+<S>	# 화면 스크롤 정지
<Ctrl>+<Q>	# 화면 스크롤 재개
<Ctrl>+<D>	# 시스템 로그아웃 또는 입력 종료
<Ctrl>+<Z>	# 실행 중인 작업 일시 정지(백그라운드 대기)

[그림 2-11] 리눅스 기본 단축키 모음

2.4.1 관리자 계정과 사용자 계정

리눅스에서는 계정을 크게 관리자 계정(root), 시스템 계정, 일반 사용자 계정의 세 가지로 구분한다.

관리자 계정(root)

관리자 계정은 Super User 계정으로, 시스템의 모든 권한을 가진다. 이 계정을 통해 시스템 설정 변경, 소프트웨어 설치 및 제거, 사용자 관리 등 모든 작업을 수행할 수 있다. 이 계정의 UID(User Identifier) 값은 항상 0이다. 리눅스에서는 사용자를 ID가 아닌 UID 값으로 관리한다.

시스템 계정

시스템 계정은 리눅스 설치 시 기본적으로 생성되는 계정으로, 데몬이나 서비스를 실행하기 위해 사용된다. 대표적인 계정으로 bin, daemon, adm 등이 있으며, UID 값은 1~499 사이로 설정된다.

일반 사용자 계정(User)

일반 사용자 계정은 실제 리눅스 사용자를 위한 계정으로, 제한된 범위의 권한을 가진다. 사용자 정보는 /etc/passwd 파일에 저장되어 관리된다. 일반 사용자 계정의 UID 값은 /etc/login.defs에 정의된다.

각 사용자 계정은 고유한 UID와 GID(Group Identifier)를 가지며, 다음과 같은 환경이 설정된다.

1. 홈 디렉터리: 사용자 작업 공간

2. 로그인 셸(Shell): 사용자가 자신의 홈 디렉터리와 파일을 관리하며, 적합한 환경을 설정할 수 있게 하는 명령어 해석기(셸)

2.4.2 파일 시스템

리눅스의 파일 시스템에는 텍스트 파일(Text file), 이진 파일(Binary file), 실행 파일, 디렉터리 파일, 특수 파일 등이 있다. 리눅스에서는 실행 파일에 일반적으로 확장자를 사용하지 않는다. 따라서 실행 파일 여부는 ls 명령어를 통해 확인하거나, 파일의 색상과 속성을 통해 실행 가능 여부를 판단할 수 있다.

텍스트 파일(Text file)

텍스트 파일은 1바이트(8비트) 크기의 ASCII 문자로 구성된 파일이다. 예를 들어, 텍스트 파일의 1바이트 공간에 16진수 값 0x32가 저장되어 있다면, 이는 ASCII 문자표에서 숫자 2를 의미하며, 화면이나 프린터에서 숫자 2로 출력된다.

텍스트 파일에서는 줄을 바꾸는 기능인 개행(New Line) 문자가 필요하며, 운영체제에 따라 개행 방식이 다를 수 있다.

1. 리눅스/유닉스: LF(Line Feed, 0x0A)

2. 윈도우: CR(Carriage return, 0x0D) + LF(Line Feed, 0x0A)

이진 파일(Binary file)

이진 파일은 정보나 숫자 값을 특별한 가공 없이 저장하는 파일로, 데이터를 1바이트 또는 2바이트 등 다양한 크기로 선언하여 사용할 수 있다. 이진 파일에는 개행 문자가 포함되지 않으므로, 화면이나 프린터에 내용을 직접 표현하기 어렵다.

[그림 2-12]는 파일이 텍스트 파일로 선언되거나, 1바이트 또는 2바이트 이진 파일로 선언되었을 때 데이터를 어떻게 해석하는지 보여준다. 파일 A가 텍스트 파일로 선언된 경우, 모든 데이터는 1 바이트 변수로 해석된다. 0x32 값은 ASCII 문자로 '2'를 의미하므로, 0x320x32는 '22'로 출력된다. 다음 개행 문자(0x0A와 0x0D)에 의해 줄을 바꾸어 또 다른 '22'가 출력된다.

데이터가 1바이트 변수로 선언된 이진 파일인 경우, 50, 50, 10, 13, 50, 50과 같은 숫자로 해석된다. 만약, 데이터가 2바이트 변수로 선언된 이진 파일인 경우, 12850, 2573, 12850과 같은 숫자로 해석된다.

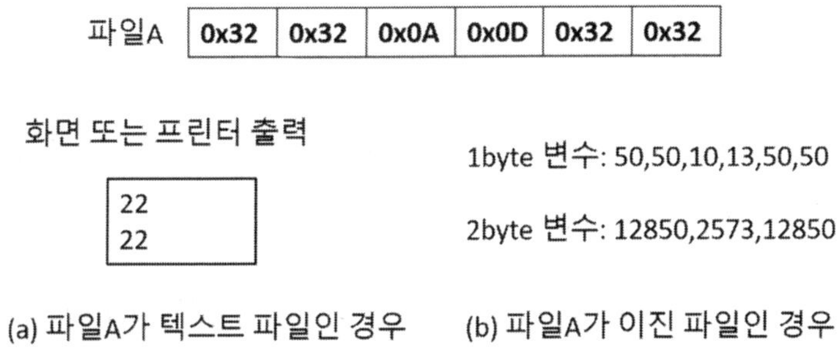

[그림 2-12] 텍스트 파일과 이진 파일의 내용

디렉터리 파일(Directory file)

디렉터리 파일은 파일들을 특성별로 그룹화하기 위한 파일로, 디렉터리 내에 또 다른 디렉터리(하위 디렉터리, Sub-directory)를 생성할 수 있다. 디렉터리 파일에는 루트 디렉터리, 홈 디렉터리, 현재 디렉터리 또는 작업 디렉터리와 같은 특수한 형태가 있다.

루트 디렉터리(Root directory)는 시스템의 최상위 디렉터리로 /(슬래시 기호)로 표현된다. 홈 디렉터리(Home directory)는 사용자가 로그인했을 때 처음 위치하는 디렉터리로 ~(물결표)로 표현된다. 사용자는 자신의 홈 디렉터리에 주요 시스템 파일(.bashrc, .cshrc)이 포함되어 있다. 현재 디렉터리(Current directory)는 사용자가 현재 작업 중인 디렉터리로 ./(점 슬래시)로 표현된다. 상위 디렉터리는 현재 디렉터리의 바로 상위 디렉터리를 의미하며, ../(점 두 개 슬래시)로 표현된다.

특수 파일(Special file)

특수 파일은 입출력 장치들을 관리하는 채널 정보를 포함한 파일로, 프린터를 나타내는 /dev/lp나 하드디스크를 나타내는 /dev/had 등이 있다.

파일 모드(소유권과 허가권)

리눅스는 다수의 사용자가 시스템을 공유하므로, 파일의 소유권과 접근 권한을 통해 각 사용자의 파일을 안전하게 보호하고 관리한다.

파일의 소유권에는 소유자(Owner), 그룹(Group), 기타(Others)로 구분된다. 소유자(Owner)는 파일을 생성한 사용자이며, 그룹(Group)은 파일 소유자가 속한 그룹을 의미한다. 그룹에 속한 사용자들은 그룹 권한을 통해 해당 파일에 접근할 수 있다. 기타(Others)는 소유자와 그룹에 속하지 않은 모든 사용자를 의미한다.

파일 소유권 범위에 따라 다음과 같은 파일 접근 권한을 설정할 수 있다. 읽기(Read, R)는 파일 내용을 읽을 수 있는 권한이며, 쓰기(Write, W)는 파일 내용을 수정할 수 있는 권한을 의미한다. 또한 실행(Execute, X)은 파일을 실행할 수 있는 권한을 의미한다.

경로명(Path name)

파일의 위치를 나타내는 경로명은 상대경로(Relative path)와 절대경로(Absolute path)로 구분된다. 상대경로는 현재 디렉터리(./)를 기준으로 파일의 위치를 지정한다. 반면에 절대경로는 루트 디렉터리(/)를 기준으로 파일의 위치를 지정하여, 현재 위치에 상관없이 항상 고유한 경로를 제공한다.

2.5 리눅스 사용자 환경 설정

리눅스에서 사용자의 환경 설정 파일은 적용 범위에 따라 모든 사용자에게 적용되는 전역 환경 설정 파일과 개인별로 적용되는 사용자별 환경 설정 파일로 구분된다. 이 파일들은 주로 셸(Shell) 파일로 구성되며, 로그인 시 자동으로 실행되어 각 사용자의 셸 환경을 초기화하고 설정한다.

사용자가 Bash(Bourne Again Shell) 환경에서 로그인하면 /etc/profile 파일이 먼저 실행되어 시스템의 전역 셸 변수를 초기화한다. 이후, 명령어 편집 기능을 제공하는 /etc/inputrc 파일과 기타 특수 프로그램의 전역 환경 설정 파일이 위치한 /etc/profile.d/ 디렉터리가 실행된다. 마지막으로, 사용자의 홈 디렉터리에 위치한 ~/.bash_profile 파일이 실행되어 사용자 환경 설정이 완료된다.

환경을 설정하는 주요 환경 파일은 다음과 같다.

/etc/profile: 시스템 전역 환경 설정 파일이다. 모든 사용자가 로그인할 때 실행되며 USER, LOGNAME, HOSTNAME 등의 전역 셸 변수를 초기화한다.

/etc/bashrc: 시스템 전역 셸 함수와 alias를 정의하는 파일이다. 사용자가 bash 셸을 사용할 때 실행되며, 셸 함수와 alias를 포함한 전역 변수를 설정한다.

~/.bash_profile: 개인 사용자의 환경 설정 파일이다. 시스템 전역 설정 이외 경로 (Path)나 시작 프로그램 등을 추가로 정의하며, 사용자가 로그인할 때 실행된다.

~/.bashrc: 개인 추가 설정용 파일이다, ~/.bash_profile 파일에서 호출되며, /etc/bashrc에서 읽은 전역 변수 이후, 개인 명령어 alias및 환경 변수를 추가로 설정한다.

~/.bash_logout: 사용자가 로그아웃할 때 실행되는 파일이다. 로그아웃 시 터미널 초기화 (예: clear)와 같은 작업을 수행한다.

~/.bash_profile 의 내용	의미
PATH=$PATH:$HOME/bin	## 현재 셸에서만 영향을 미치는 셸 변수 PATH를 설정. 기존 PATH에 사용자의 홈 디렉터리 내 bin 디렉터리를 추가
export PATH	## PATH 변수를 전역 환경 변수로 선언
if [-f ~/.bashrc]; then	## ~/.bashrc 파일이 존재하고, 일반 파일인지 확인(-f)하여 조건이 참이면 현재 셸(.)에서 ~/.bashrc를 실행
. ~/.bashrc	
fi	## if 조건문의 종료

[그림 2-13] 사용자 환경 설정 파일 ~/.bash_profile 예시

~/.bashrc 의 내용	의미
alias ll='ls -la'	## ll 명령어를 ls -la 로 alias(단축 명령어) 선언
alias rm='rm -i'	## rm 명령어를 rm -i 로 alias 선언하여 삭제 시 확인메시지를 표시하도록 설정
# 사용자별 환경 변수 설정	## comment 문으로, 해당 라인의 실행을 제회하고 설명을 추가
export EDITOR=vim	## 환경 변수 EDITOR를 vim으로 설정

[그림 2-14] 사용자 환경 설정 파일 .bashrc 예시

source [환경 설정 파일명]

리눅스 환경 설정 파일을 수정한 후, 수정된 내용은 시스템을 리부팅하거나 셸에 다시 로그인하면 적용된다. 그러나 수정된 내용을 즉시 적용하려면 source 명령어를 사용한다.

source 명령 사용법	
$ source [환경 설정 파일명]	## 환경 설정 파일을 수정한 후, 수정된 내용을 즉시 적용하기 위하여 해당 파일명을 source 명령어 뒤에 입력하여 실행

[그림 2-15] source 명령어 사용

사용자 비밀번호 변경

사용자 계정의 비밀번호는 passwd 명령어를 사용하여 변경할 수 있다. passwd 명령어를 입력한 후, 현재 비밀번호와 새 비밀번호를 두 번 입력하면 비밀번호가 변경된다.

로그아웃

현재 로그인된 세션을 종료하는 로그아웃 명령어에는 logout과 exit 두 가지가 있다. 두 명령어 모두 세션 종료를 위한 명령어이지만 사용 용도에 약간의 차이가 있다. logout 명령어는 현재 로그인된 세션을 종료한다. 원격 서버나 다중 사용자 시스템에서 현재 작업중인 모든 작업을 종료하고 시스템에서 완전히 로그아웃할 때 사용한다. 따라서, 이 명령어는 로그인 셸에서만 사용할 수 있다.

반면 exit 명령어는 현재 사용 중인 셸을 종료하고, 부모 셸로 되돌아간다. 따라서, 로그인 셸뿐만 아니라 하위 셸에서도 사용할 수 있다. 하위 셸이나 스크립트 실행 후 셸을 종료할 때 주로 사용된다.

2.6 리눅스 기본 명령어

리눅스에서는 대소문자를 엄격하게 구분하므로, copy나 COPY는 서로 완전히 다른 명령어로 인식된다.

리눅스 명령어는 대부분 옵션을 필요로 하며, 다음 형식처럼 뒤에 옵션과 인수를 입력한다. 대괄호 안의 옵션과 인수는 선택 사항으로 지정하지 않을 수 있다.

명령어 [±]옵션 [인수1 인수2 ...]

또한 리눅스는 자동 완성 기능을 지원한다. 명령어의 일부 철자만 입력한 상태에서 'Tab' 키를 누르면, 나머지 철자를 자동으로 완성하거나, 가능한 명령어 목록을 표시한다.

2.6.1 출력 기초 명령어(echo, cat, tail, sort, grep)

echo: 텍스트, 문자열, 또는 변수를 출력하는 데 사용된다.

사용 형식 (옵션)	결과(동작) 또는 의미
$ echo "Hello, World!"	## 터미널에 "Hello, World" 출력
$ echo -n "Hello, World!"	## 출력 후 개행 문자를 추가하지 않음
$ echo -e "Hello, ₩nWorld!"	## 백슬래시 이스케이프 문자를 해석하여 ₩n을 개행 문자로 인식
$ echo -E "Hello, ₩₩nWorld!"	## 백슬래시 이스케이프 문자를 해석하지 않아 개행 없이 "Hello, ₩nWorld!" 출력
$ echo $HOME	## 사용자의 홈 디렉터리 환경 변수(경로)를 출력
$ echo "This is a test" > test.txt	## test.txt 파일에 "This is a test"라는 문자열을 저장
$ NAME="Alice"	## 변수 NAME에 "Alice"를 지정(Bash에서 사용)
$ echo "Hello, $NAME!"	## 문자열과 변수 NAME을 출력. "Hello, Alice!" 출력

[그림 2-16] echo 명령어 사용 예제

cat: 파일의 내용을 출력하거나, 파일을 생성하고, 여러 파일을 병합하는 데 사용된다. cat은 concatenate의 약자이다.

사용 형식 (옵션)	결과(동작) 또는 의미
$ cat filename	## 지정된 파일(filename) 내용을 모니터에 출력
$ cat file1 file2	## 여러 파일(file1, file2)의 내용을 순서대로 모니터에 출력
$ cat > newfile	## 키보드로 입력한 내용을 newfile에 저장하며 <Ctrl>+<D>를 입력하면 저장 종료
$ cat file1 file2 > mfile	## 여러 파일(file1, file2)의 내용을 순서대로 하나의 파일(mfile)로

	병합
$ cat -n filename	## 파일(filename)의 각 행에 번호를 붙여 내용을 모니터에 출력
$ cat -b filename	## 파일(filename)의 비어 있지 않은 행에만 번호를 붙여 내용을 모니터에 출력
$ cat -s filename	## 파일(filename)의 연속된 빈 행을 하나의 빈 행으로 축소하여 모니터에 출력
$ cat -E filename	## 파일(filename)의 각 행 끝에 $ 문자를 추가하여 모니터에 출력

[그림 2-17] cat 명령어 사용 예제

more: 매우 많은 행으로 구성된 텍스트 파일을 화면 단위로 나누어 출력한다. 명령어 'more' 실행 중에는 다음과 같은 키를 사용할 수 있다. 다음 페이지를 출력하는 '스페이스바', 반 페이지씩 출력하는 'd', 한 줄씩 출력하는 'Enter'키, 이전 페이지로 돌아가기 위한 'b', 그리고 명령어 'more'를 종료하는 'q'등의 키다.

사용 형식 (옵션)	결과(동작) 또는 의미
$ more test.txt	## 파일(test.txt)을 한 화면 단위로 출력
$ more -5 test.txt	## 파일(test.txt)을 한 번에 5줄씩 표시
$ more +5 test.txt	## 파일(test.txt)을 지정한 줄(5번째 줄)부터 표시

[그림 2-18] more 명령어 사용 예제

tail: 파일의 마지막 부분을 출력하는 데 사용된다. 유사한 명령어로, 'head'가 있으며, 이는 파일의 앞부분을 출력한다.

사용 형식 (옵션)	결과(동작) 또는 의미
$ tail -n 20 filename	## 지정된 파일(filename)의 마지막 20줄을 모니터에 출력(지정되지 않으면 기본적으로 마지막 10줄을 출력)
$ tail -f filename	## 지정한 파일(filename)에 추가된 데이터를 실시간으로 모니터에 출력

[그림 2-19] tail 명령어 사용 예제

sort: 텍스트 파일의 행을 오름차순 또는 내림차순으로 정렬할 때 사용된다. 지정하지 않으면 오름차순으로 정렬한다.

사용 형식 (옵션)	결과(동작) 또는 의미
$ sort filename	## 파일(filename)의 내용을 기본적으로 오름차순으로 정렬하여 출력
$ sort -r filename	## 파일(filename)의 내용을 내림차순으로 정렬하여 출력
$ sort -n filename	## 파일(filename)의 내용을 숫자 기준으로 정렬하여 출력
$ sort -k 2 filename	## 파일(filename)에서 두 번째 필드(k)를 기준으로 정렬
$ sort -t, -k 2 filename	## 필드 구분자(-t)로 쉼표(,)를 사용하고, 두 번째 필드를 기준으로 정렬
$ sort filename -o sortedfile	## 정렬된 결과를 sortedfile에 저장

[그림 2-20] 명령어 sort 사용 예제

grep: 파일 내에서 특정 문자열이나 패턴을 검색하는 데 사용된다.

사용 형식 (옵션)	결과(동작) 또는 의미
$ grep 'pattern' filename	## 파일(filename)에서 pattern 문자열이 포함된 행을 출력
$ grep -i 'pattern' filename	## 파일(filename)에서 대소문자를 구분하지 않고 pattern 문자열이 포함된 행을 출력
$ grep -v 'pattern' filename	## 파일(filename)에서 pattern 문자열과 일치하지 않는 행만 출력
$ grep -n 'pattern' filename	## 파일(filename)에서 pattern 문자열과 일치하는 행을 줄 번호와 함께 출력
$ grep -r 'pattern' sub_dir	## 하위 디렉터리(sub_dir)를 포함하여 재귀적으로 pattern 문자열을 검색
$ grep -l 'pattern' *	## 현재 디렉터리에서 pattern 문자열이 포함된 파일의 이름만 출력
$ grep -c 'pattern' filename	## 파일(filename)에서 pattern 문자열이 포함된 행의 수를 출력
$ grep -w 'pattern' filename	## 파일(filename)에서 pattern 단어와 정확하게 일치하는

	경우에만 결과 출력
$ grep 'A*B' filename	## 파일(filename)에서 A로 시작하고 B로 끝나는 문자열이 포함된 행을 출력
$ grep "str[0-9]' filename	## 파일(filename)에서 str0, str1, ..., str9 문자열이 포함된 모든 행을 출력
$ grep '₩*' filename	## 메타 문자(*)를 일반 문자로 해석하여 포함된 행을 출력
$ grep '^STR' filename	## 파일(filename)에서 STR문자열로 시작하는 모든 행을 출력
$ grep 'STR$' filename	## 파일(filename)에서 STR 문자열로 끝나는 모든 행을 출 력

[그림 2-21] 명령어 grep 사용 예제

2.6.2 표준 입출력(Standard Input/Output)

리눅스 시스템에서 사용자가 로그인하면 표준 입력(Standard Input), 표준 출력(Standard Output), 표준 에러 출력(Standard Error Output)이라는 세 가지 표준 입출력 장치와 연결된다. 기본적으로 표준 입력은 키보드, 표준 출력과 표준 에러 출력은 모니터로 설정된다.

이러한 표준 입출력 장치는 필요에 따라 다른 장치로 재지정할 수 있다. 예를 들어, 입력을 키보드 대신 파일에서 읽거나, 출력을 모니터 대신 프린터 또는 파일로 저장할 수 있다. 이렇게 입출력 재지정을 위해 방향 지시자(Redirection)를 사용한다. 입력 재지정에는 <, 출력 재지정에는 >, 기존 파일에 내용을 추가할 때는 >> 를 사용한다.

사용 형식 (옵션)	결과(동작) 또는 의미
$ cat > ex1.txt	## cat 명령어의 출력 방향이 파일 ex1.txt로 재지정되어, 파일이 생성
Hello	됨
<Ctrl>+<D>	## 사용자가 입력한 문자열
$	## 사용자가 단축키로 입력 종료(파일 저장 및 cat 종료)
$ cat ex1.txt	## 화면에 프롬프트 표시

Hello	## cat명령어의 출력 방향이 기본 출력 장치인 모니터로 설정됨
	## 파일 ex1.txt 내용이 화면으로 출력

[그림 2-22] 키보드 입력으로 새 파일 생성하기

사용 형식 (옵션)	결과(동작) 또는 의미
$ cat >> ex1.txt	## cat 명령어의 출력 방향을 기존 파일 ex1.txt 끝부분으로 지정
Linux World	## 사용자가 입력한 문자열
<Ctrl>+<D>	## 사용자가 단축키로(파일 저장 및 cat 종료)
$ cat ex1.txt	## ex1.txt 파일의 내용을 모니터로 출력
Hello	## 기존 파일의 내용에
Linux World	## 새롭게 입력된 내용이 추가되어 출력

[그림 2-23] 기존 파일에 새로운 내용을 키보드로 추가하기

sort 명령어는 표준 입력, 출력 재지정 기능을 활용해 파일 간 정렬 작업을 수행할 수 있다. 예를 들어, 표준 입력을 재지정하여 file의 내용을 입력으로 사용하고, 표준 출력을 재지정하여 정렬된 결과를 또다른 file에 저장할 수 있다. 이 과정에서 원본 파일은 변경되지 않는다.

$ sort < file1 > file2	## file1 내용을 입력받아 sort 하여 결과를 file2에 저장

[그림 2-24] 입력과 출력을 재지정하여 sort 명령어 실행하기

2.6.3 메타문자(Meta character)와 와일드카드(Wildcard)

메타문자는 셸에서 특별한 의미를 가지는 문자들로, 명령어의 동작을 제어하거나 확장하는 데 사용된다. 또한, 파일 이름 패턴을 지정하거나 특정 조건에 맞는 파일을 선택할 때 와일드카드(Wildcard)를 사용할 수 있다.

[표 2-2] 메타문자와 와일드카드

메타문자	의미	사용 예
*	모든 문자와 일치	ls *.txt
?	임의의 한 문자와 일치	ls aaa?.txt
[ ]	대괄호 사이에 있는 어떤 하나의 문자와 일치	ls file[12].txt, ls test.[cCK]
-	괄호와 함께 사용하여 범위를 지정	ls [AZ]*, ls test[1-7]
!	부정 또는 반대 개념을 의미	ls [!A]test
₩	메타문자(이스케이프)의 특별한 의미를 제거하는 이스케이프 문자	echo ₩$HOME

사용 형식 (옵션)	결과(동작) 또는 의미
$ ls *.txt	## 확장자가 .txt인 모든 파일을 ls(list, 나열)
$ ls aaa?.txt	## 확장자가 .txt이며, 파일이름이 aaa로 시작하고 마지막 한 문자가 임의의 문자인 파일을 나열
$ ls file[12].txt	## file1.txt와 file2.txt를 나열
$ ls test.[cCK]	## 파일이름이 test로 시작하고 확장자가 .c, .C, 또는 .K인 파일을 나열
$ ls [A-Z]*	## 파일명이 대문자로 시작[A-Z]하는 모든 파일을 나열
$ ls test[1-7]	## 파일명이 test로 시작하고 숫자 1에서 7까지 포함된 파일을 나열
$ ls [!A]test	## 파일명의 첫 번째 문자가 A가 아니고, 이후 test로 된 파일을 나열
$ echo ₩$HOME	## $HOME을 문자열 그대로 출력(이스케이프 처리)

[그림 2-25] 메타 문자와 와일드카드 사용 예

2.6.4 파이프라인

리눅스에서 파이프라인(Pipeline)은 이전 명령어의 출력을 다음 명령어의 입력으로 연결하는 기능으로, 두 개 이상의 명령어를 조합하여 사용할 때 필요하다. 파이프라인은 기호 | 를 사용하며, 중간 결과를 파일로 저장하지 않고 데이터를 간결하게 처리할 수 있다는 장점이 있다.

파이프라인을 이용한 기본 사용법은 다음과 같다.

| command1 | command2 |

이 명령어는 command1의 출력을 command2의 입력으로 전달한다.

사용 형식 (옵션)	결과(동작) 또는 의미
$ cat file.txt | grep 'pattern' | sort	## file.txt 파일 내용을 cat으로 읽어 grep의 입력으로 사용하고, 'pattern'을 포함한 행을 검색한 뒤 결과를 정렬하여 출력.
$ ps aux | grep 'process_name'	## ps aux로 현재 실행 중인 프로세스 목록을 출력하고, 이를 grep의 입력으로 사용하여 'process_name'을 포함하는 프로세스를 검색하여 출력
$ du -h | sort -h	## 디렉터리와 파일의 디스크 사용량(du -h)을 sort 입력으로 사용하여 크기 순으로 정렬 후 출력

[그림 2-26] 파이프라인을 활용한 실행 예

2.6.5 사용자 계정 정보 확인

리눅스에서 사용자 계정의 정보가 다양한 시스템 파일에 저장되고 관리된다. 예를 들어, 사용자 계정의 이름(Username)과 그룹 정보(GID) 등 기본적인 계정 정보는 /etc/passwd 파일에 저장된다. 반면, 암호화된 비밀번호는 보안 강화를 위해 /etc/shadow 파일에서 관리된다. 또한, 사용자 그룹의 기본 정보와 그룹에 대한 비밀번호는 /etc/group 파일과 /etc/gshadow 파일에서 저장되고 관리되며, 사용자 계정에 대한 기본 설정은 /etc/login.defs 파일에서 정의된다.

[그림 2-27]은 /etc/passwd 파일에 저장된 정보를 보여준다. 이 파일에는 사용자 이름(Username), 사용자 ID(UID), 그룹 ID(GID), 홈 디렉터리 경로, 그리고 사용자가 기본적으로 사용하는 셸 프로그램에 대한 정보가 포함된다.

[그림 2-28]은 /etc/group 파일에 저장된 그룹 정보와 각 그룹에 속한 사용자 계정 목록을 보여준다. 이 정보를 통해 그룹 관리와 권한 설정에 대한 전반적인 내용을 파악할 수 있다.

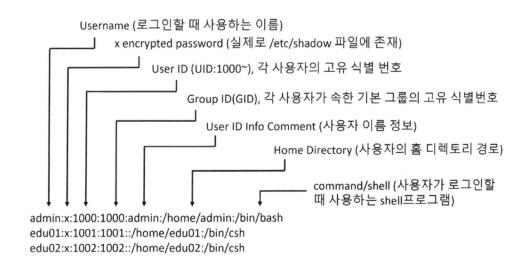

[그림 2-27] /etc/passwd 파일의 구성 예시

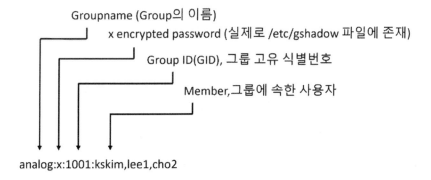

[그림 2-28] /etc/group 파일의 구성 예시

2.6.6 사용자의 기본 셸(Shell)

리눅스 시스템에서 셸(Shell)은 사용자가 입력한 명령어를 시스템에 전달하고 해석 및 실행하는 역할을 한다. 따라서, 사용 중인 셸을 확인하는 것은 중요하다.

사용자가 현재 사용 중인 셸을 확인하는 방법은 여러 가지가 있다. 예를 들어, [그림 2-29]와 같이 환경 변수 $SHELL을 확인하면 사용자의 기본 셸 정보를 얻을 수 있다. 또한, /etc/passwd 파일을 열어 각 사용자 계정에 할당된 셸 정보를 확인할 수도 있다. 그 외에도 ps 명령어를 사용하여 현재 실행 중인 프로세스와 함께 사용 중인 셸을 확인할 수 있다.

방법	명령어 사용	
환경 변수 $SHELL 확인	$ echo $SHELL $ env | grep SHELL	
/etc/passwd 파일 내용 확인	$ grep $USER /etc/passwd	## $USER: 사용자 아이디(ID)를 의미
셸 프로세서 정보 확인	$ ps -p $$	## ps: 프로세스 상태 확인 명령어 ## -p: 특정 프로세스 ID를 지정 ## $$: 현재 셸 프로세스의 ID

[그림 2-29] 사용자 기본 셸 확인 방법

또한, 시스템에서 사용 가능한 셸 목록은 /etc/shells 파일에서 확인할 수 있다. 이 파일에는 현재 시스템에서 지원하는 모든 셸의 경로가 나열되어 있어, 사용자는 기본 셸 외에도 다양한 셸을 선택하여 사용할 수 있다. 셸 변경은 chsh 명령어를 사용하며, 예를 들어 기본 셸을 /bin/bash로 변경하려면 다음 명령어를 실행한다. 변경 사항은 다음 로그인부터 적용된다.

```
$ chsh -s /bin/bash
```

사용 가능한 셸 확인 명령어		결과
	/bin/sh	## Bourne shell
$ cat /etc/shells	/bin/bash	## Bash
	/bin/csh	## C shell

[그림 2-30] 사용자 사용 가능 셸 확인 예

2.6.7 리눅스 기본 명령어

현재 사용 중인 리눅스 시스템의 정보는 다음과 같은 명령어를 통해 확인할 수 있다.

사용 예	기능
$ uname -a •	## 리눅스 시스템의 전체 정보를 출력하는 명령어
Linux cju 3.10.0-1160.31.1.2l7.x86_64	## Linux: 커널 이름, cju: 호스트 이름
#1 SMP Thu Jun 10 13:32:12 UTC	## 3.10.0-1160.31.1.2l7.x86_64: 운영체제 버전
2021 x86_64 x86_64 x86_64	## #1 SMP Thu Jun 10 13:32:12 UTC 2021: 추가 버전
GNU/Linux	## x86_64: 하드웨어 이름, x86_64: 프로세서 유형
	## x86_64: 하드웨어 플랫폼, GNU/Linux: 운영체제 이름
$ cat /etc/*release* •	## 현재 설치된 배포판의 이름과 버전 정보를 확인하는 명령어
$ getconf LONG_BIT •	## 운영시스템의 비트 수를 출력하는 명령어

[그림 2-31] 리눅스 시스템의 정보 획득

ls 명령어는 파일 및 디렉터리의 목록을 출력하는 데 사용된다. 기본적으로 현재 디렉터리의 내용을 표시하며, 다양한 옵션을 사용해 추가 정보를 확인할 수 있다. 여러 옵션을 중복하여 조합해 원하는 정보를 얻을 수 있다.

사용 예	기능
$ ls	## 현 디렉터리의 숨김 파일(.로 시작하는 파일)을 제외하고 파일 이름을 ls(list, 나열) 함
$ ls -a	## 현 디렉터리의 숨김 파일을 포함하여 모든 파일의 이름을 ls(list, 나열) 함
$ ls -l	## 파일의 상세 정보(파일 종류, 접근 권한, 파일 크기 등)을 포함하여 출력
$ ls -s	## 파일 크기를 블록 단위로 표시하며 출력
$ ls -t	## 최근에 수정된 파일부터 정렬하여 출력
$ ls -c	## 파일의 최근 변경 시간을 기준으로 정렬하여 출력
$ ls --color	## 파일의 종류에 따라 색상으로 구분하여 출력
$ ls -R	## 현재 작업 디렉터리와 하위 디렉터리의 내용을 재귀적으로 출력
$ ls --help	## ls 명령어의 사용법과 모든 옵션에 대한 도움말 출력
$ ll (or ls -al)	## 옵션 l과 a가 중복 적용되어, 모든 파일을 상세 정보와 함께 출력

[그림 2-32] 명령어 ls 사용 예시

명령어 ls -al을 사용하여 현재 디렉터리의 파일 및 디렉터리 정보를 확인한 결과, [그림 2-33]과 같은 출력이 나왔다. 이 결과를 바탕으로 각 파일의 소유권과 파일의 종류를 살펴보자.

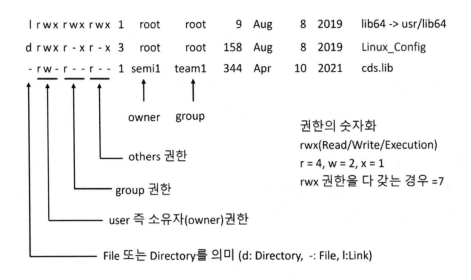

[그림 2-33] 파일의 소유권

cds.lib 파일의 소유자는 semi1이며, 이 파일이 속한 그룹은 team1이다.

파일 정보의 첫 번째 필드는 해당 파일이 디렉터리, 일반 파일, 또는 링크된 파일인지를 나타낸다. 이 필드 값이 'd'이면 디렉터리, '-'이면 일반 파일, 그리고 'l'이라면 링크된 파일임을 의미한다.

첫 번째 필드 다음에 이어지는 9개의 열은 파일에 대한 접근 권한을 나타낸다. 이 권한 정보는 사용자(User)와, 사용자가 속한 그룹(Group), 그리고 기타 사용자(Others)의 세 그룹으로 나뉘며, 각 그룹은 3문자로 구성된다.

이 문자는 순서대로 읽기(Read), 쓰기(Write), 실행(Execution) 권한을 의미하며, 해당 권한이 없을 경우 해당 자리에는 '-'로 표시된다. 또한 각 권한은 숫자로 표현된다. 예를 들어, 읽기(Read) 권한은 숫자 4, 쓰기(Write) 권한은 숫자 2, 실행(Execution) 권한은 숫자 1로 표현된다. 따라서, RWX(읽기, 쓰기, 실행) 권한을 모두 가진 경우는 숫자 7로 나타난다.

[그림 2-33]을 보면, 링크된 lib64 파일은 소유자, 그룹, 기타 사용자가 모두 7의 권한을 가지므로 777 권한으로 설정되어 있다. 반면 cds.lib 파일은 644 권한으로, 소유자는 읽기와 쓰기 권한을 가지지만, 그룹 및 기타 사용자는 읽기 권한만 가진다.

파일의 소유권은 파일 생성 시 자동으로 할당되며, 필요에 따라 chmod(change mode) 명령을 통해 권한을 변경할 수 있다.

사용 예	기능
$ chmod 777 filename	## 파일(filename)의 권한을 777로 변경
$ chmod 700 /root	## /root 디렉터리의 권한을 700으로 변경
$ chmod 744 *.txt	## 현 디렉터리에서 확장자가 .txt인 모든 파일의 권한을 744로 변경

[그림 2-34] 명령어 chmod 사용 예

디렉터리 구조를 시각적으로 표현하는 유용한 명령어로 tree가 있다. 이 명령어를 사용하면 디렉터리와 파일 구조를 트리 형태로 한눈에 확인할 수 있어 파일 관리와 탐색이 훨씬 편리하다.

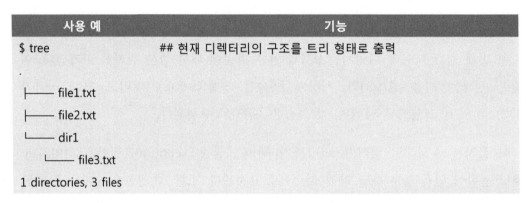

사용 예	기능
$ tree	## 현재 디렉터리의 구조를 트리 형태로 출력
.	
├── file1.txt	
├── file2.txt	
└── dir1	
└── file3.txt	
1 directories, 3 files	

[그림 2-35] 명령어 tree 사용 예

긴 리눅스 명령어를 간단하게 줄여서 사용하려면 alias 명령어를 사용할 수 있다.

또한, 파일 생성, 복사, 삭제, 이름 변경 작업은 파일의 touch, cp, rm, mv 명령어를 사용한다.

사용 예	기능
$ alias ls 'ls -al'	## 긴 명령어를 축약하여 사용. ls는 'ls -al' 명령어와 동일
$ touch filename	## 파일(filename)을 생성, 파일이 있는 경우에는 시간을 갱신
$ cp source.txt dest.txt	## 원본 파일(source.txt)을 동일한 목적 파일(dest.txt)로 복사
$ cp a.txt b/	## a.txt 파일을 b 디렉터리로 복사
$ cp a.txt b/destination.txt	## a.txt 파일을 b 디렉터리 안의 destination.txt로 복사
$ cp -r source_dir dest_dir	## source_dir 디렉터리를 하위 디렉터리 포함하여 dest_dir로 복사
$ cp -I source.txt dest.txt	## dest.txt가 이미 존재할 경우, 사용자에게 덮어쓰기 여부를 확인 요청
$ cp -a source_dir dest_dir	## source_dir 디렉터리의 속성을 유지하면서 dest_dir로 복사
$ rm targetfile	## 파일(targetfile)을 삭제
$ rm b/*	## b 디렉터리 안의 모든 파일을 삭제

$ rm -r directory1	## 디렉터리(directory1)를 하위 디렉터리 포함하여 삭제
$ rm -f file1.txt	## 강제로 파일(file1)을 삭제하고, 대상이 없다면 메시지를 출력 안함
$ rm -rf directory1	## 강제로 디렉터리(directory1)와 디렉터리 내 모든 파일을 삭제
$ rm -i file1.txt	## 파일(file1.txt)을 삭제하기 전에 사용자에게 확인 요청
$ mv file1.txt /home/doc/	## 파일(file1.txt)을 /home/doc/ 디렉터리로 이동
$ mv oldN.txt newN.txt	## 파일(oldN.txt)의 이름을 newN.txt로 변경
$ mv dir1 /home/doc/	## 디렉터리(dir1)를 /home/doc/로 이동
$ mv -i f1.txt /home/doc/	## 파일(f1.txt)을 /home/doc/로 이동 전, 덮어쓰기 여부 확인
$ mv -f f1.txt /home/doc/	## 파일(f1.txt)을 /home/doc/로 강제 이동
$ mv -v f1.txt /home/doc/	## 파일(f1.txt)을 /home/doc/로 이동 시 진행 상태 표시

[그림 2-36] 명령어 alias, touch, cp, rm과 mv 사용 예

리눅스에서는 파일이나 디렉터리에 대해 하드 링크와 심볼릭 링크(소프트 링크)를 생성할 수 있으며, 이를 위해 ln 명령어를 사용한다. 하드 링크는 원본 파일과 동일한 데이터 블록을 참조하기 때문에, 원본 파일이 이동되거나 삭제되더라도 하드 링크는 여전히 유효하다. 반면, 심볼릭 링크는 원본 파일의 경로를 참조하는 별도의 파일로, 원본 파일이 이동되거나 삭제되면 심볼릭 링크는 깨져 더 이상 사용할 수 없게 된다.

사용 예	기능
$ ln original.txt symlink.txt	## 원본 파일은 original.txt이며 하드 링크 파일 symlink.txt을 생성
$ ln -s original.txt symlink.txt	## 원본 파일은 original.txt이며 심볼릭 링크 파일 symlink.txt를 생성

[그림 2-37] 명령어 ln사용 예

디렉터리를 생성 또는, 삭제하거나 디렉터리간 이동을 위하여 mkdir, rmdir, cd(change directory) 명령어를 사용한다.

사용 예	기능
$ mkdir dir1	## 현재 디렉터리에서 dir1 디렉터리를 생성
$ mkdir dir1 dir2 dir3	## 현재 디렉터리에서 dir1, dir2, dir3 디렉터리를 각각 생성
$ mkdir -p ./dir1/dir2/dir3	## 현재 디렉터리에서 dir1/dir2/dir3와 같은 하위 디렉터리 구조를 한번에 생성
$ rmdir empty_dir1	## 비어 있는 empty_dir1 디렉터리를 삭제
$ rm -r dir1	## 비어 있지 않은 dir1 디렉터리를 하위 디렉터리까지 포함하여 강제로 삭제
$ cd /	## 루트 디렉터리로 이동
$ cd ~	## 현재 사용자의 홈 디렉터리로 이동
$ cd $HOME	## 현재 사용자의 홈 디렉터리로 이동
$ cd ..	## 상위 디렉터리로 이동
$ cd -	## 이전 디렉터리로 이동
$ cd /home/dir1	## 절대 경로를 사용해 /home/dir1으로 이동
$ cd ../dir1	## 상대 경로를 사용해 상위 디렉터리로 이동한 후, dir1 디렉터리로 이동
$ pwd	## 현재 작업 중인 디렉터리 경로를 출력

[그림 2-38] 명령어 mkdir, rmdir, cd와 pwd 사용 예

파일 시스템의 사용량과 여유 공간을 확인하려면 df 명령어를 사용하고, 디스크 용량과 사용량을 확인하려면 du 명령어를 활용한다.

df 명령어는 전체 파일 시스템의 사용량과 여유 공간을 표시하는 데 유용하며, du 명령어는 특정 파일이나 디렉터리의 사용량을 확인할 때 사용된다. 특히, du 명령어 뒤에 디렉터리를 지정하면 해당 디렉터리의 사용량만 출력하므로 디스크 공간 관리을 보다 세부적으로 관리할 수 있다

사용 예	기능
$ df	## 파일 시스템의 디스크 사용량과 여유 공간을 기본 단위(블록)로 표시
$ df -h	## 메가 바이트(MB)나 기가 바이트(GB) 단위로 사용량과 여유 공간을 표시

$ df -hT	## Filesystem Size Used Avail Use% Mounted on 형식으로 공간을 표시

[그림 2-39] 명령어 df 사용 예

사용 예	기능
$ du	## 현재 및 하위 디렉터리의 디스크 사용량을 기본 단위(KB)로 출력
$ du -h	## 메가바이트(MB) 또는 기가바이트(GB) 단위로 사용량을 출력
$ du -s /home/user	## 디렉터리(/home/user)의 총 디스크 사용량을 요약하여 출력
$ du -a	## 디렉터리뿐만 아니라 개별 파일의 디스크 사용량도 함께 표시

[그림 2-40] 명령어 du 사용 예

리눅스에서 파일, 명령어, 사용자 정보를 확인하기 위해 다양한 명령어를 사용할수 있다. find 명령어는 파일과 디렉터리를 검색하는 일반적인 명령어로, 특정 경로에서 원하는 파일이나 디렉터리를 찾는 데 사용된다. which 명령어는 환경 변수 $PATH에 설정된 디렉터리에서 주어진 명령어의 실행 파일 위치를 검색한다. whereis 명령어는 $PATH 환경 변수뿐만 아니라 시스템의 특정 디렉터리에서 명령어의 실행 파일, 소스 코드, 그리고 매뉴얼 페이지의 위치를 찾아준다.

사용자 정보를 확인하는 명령어로는 who와 whoami가 있다. who는 현재 시스템에 접속한 사용자 목록을 확인할 수 있으며, whoami는 현재 세션을 실행중인 사용자를 표시하는 데 사용된다.

사용 예	기능
$ find [path] [option]	## 경로(path)에서 option에 따라 모든 파일을 검색
$ find .	## 현재 디렉터리(.)에서 모든 파일을 검색
$ find . -name "*.txt"	## 현재 디렉터리(.)에서 파일 이름이 .txt로 끝나는 파일 검색
$ find . -type d	## 현재 디렉터리(.)에서 디렉터리만 검색
$ find . -type f	## 현재 디렉터리(.)에서 파일만 검색
$ find / -size +100M	## 루트 디렉터리에서 100MB 이상의 크기인 파일을 검색
$ find . -mtime -7	## 현재 디렉터리(.)에서 최근 7일 이내에 수정된 파일을 검색

$ which ls	## 명령어 ls의 위치를 표시, 실행 결과 /usr/bin/ls
$ whereis ls	## ls 명령어의 실행 파일, 소스 코드, 매뉴얼 페이지의 위치를 출력
	(실행 결과) ls: /usr/bin/ls /usr/share/man/man1/ls.1.gz
$ who	## 현재 시스템에 로그인한 사용자 정보를 출력
	## id(user1) 로그인터미널(:pts/0) 로그인날자 로그인한 IP
	user1 :pts/0 jan 11 12:48 (203.252.231.209)
$ whoami	## 현재 세션을 실행 중인 사용자 이름을 표시

[그림 2-41] 명령어 find, which, who 그리고 whoami 사용 예

리눅스에서 프로세스를 관리하는 주요 명령어로는 다음과 같은 명령어가 있다. 실행 중인 프로세스의 상태를 확인하는 ps(process status), 시스템의 프로세스와 리소스 사용량을 실시간으로 모니터링하는 top, 특정 프로세스를 종료하는 kill, 현재 셸 세션에서 실행 중인 백그라운드 작업과 중지된 작업 상태를 확인하는 jobs, 그리고 프로세스의 계층 구조를 보여주는 pstree 등이 있다.

사용 예	기능
$ ps	## 현재 실행 중인 프로세스의 상태를 출력
$ ps -ef	## 모든 프로세스(-e)를 풀 포맷(-f)으로 출력 (UID, PID, PPID)
	## UID(프로세서 소유자ID), PID(프로세스ID), PPID(부모 프로세스ID)
	## C(CPU사용률), STIME(프로세서 시작시간), TTY(프로세스 터미널)
	## TIME(프로세스 총 사용시간), CMD(실행된 명령어)
	UID PID PPID C STIME TTY TIME CMD
	root 1 0 0 08:00 ? 00:00:03 /sbin/init
	user 1234 5678 0 08:05 pts/0 00:00:02 bash
$ ps aux	## a(모든 프로세스), u(프로세스 소유자), x(종속 안된 프로세스)
$ ps -u username	## 특정 사용자(username)의 프로세스(-u)를 출력
$ top	## 실시간으로 시스템의 프로세스와 리소스 사용량을 모니터링
$ kill -9 555	## PID 555인 프로세스를 강제로(-9) 종료
$ jobs	## 현 세션에서 실행 중인 백그라운드 작업과 중지된 작업 상태 표시
	## 백그라운드작업번호, 작업의상태, 실행된 명령, 상태
	[1]+ Running sleep 100 &
$ pstree	## 현 시스템에서 실행 중인 모든 프로세스의 계층 구조를 출력

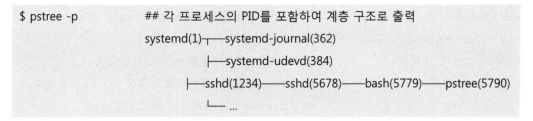

```
$ pstree -p              ## 각 프로세스의 PID를 포함하여 계층 구조로 출력
                    systemd(1)─┬──systemd-journal(362)
                               ├──systemd-udevd(384)
                               ├──sshd(1234)───sshd(5678)───bash(5779)───pstree(5790)
                               └── ...
```

[그림 2-42] 명령어 ps, top, kill, jobs 그리고 pstree 사용 예

리눅스에서 현재 사용하고 있는 환경 정보를 확인하려면 사용자 기본 셸 확인 방법에서 확인한 [그림 2-29]에서와 같이 env 명령어를 사용한다. 이 명령어는 사용자의 로그인 정보, 홈 디렉터리, 환경변수인 $PATH, 사용 중인 셸, 운영 체제와 시스템의 종류, 호스트 정보, 원격 접속 IP, 그리고 현재 디렉터리 정보를 포함하여 출력한다.

파일과 디렉터리를 하나의 파일로 묶거나 해제할 때는 tar(Tape Archiver) 명령어를 사용한다. 이 명령어를 통해 생성된 파일은 일반적으로 확장자가 .tar이며, 단순히 파일들을 하나의 아카이브 파일로 묶어 관리할 수 있다. 또한, tar 명령어에 -z 옵션을 추가하면 gzip으로 압축된 아카이브 파일을 생성할 수 있는데, 이 경우 파일의 확장자는 .tar.gz로 지정한다.

파일을 압축하거나 압축을 해제할 때는 gzip과 unzip 명령어가 사용된다. gzip 명령어는 파일을 압축하여 .gz 확장자를 가진 파일을 생성하며, unzip 명령어는 .zip 확장자를 가진 압축 파일을 해제하는 데 사용된다. 이러한 확장자는 파일이 묶여 있는지, 압축되어 있는지, 또는 그 방식이 무엇인지 쉽게 파악할 수 있도록 해준다.

사용 예	기능
$ tar -cvf ar.tar f1.txt f2.txt dir1/	## f1.txt, f2.txt, dir1/을 아카이브 파일 ar.tar로 생성
	## -c: 새로운 아카이브 파일 생성, -v: 처리 과정 출력
	## -f: 아카이브 파일 이름 지정, -x: 아카이브 파일 해제
	## -z: gzip 방식 압축, -t: 아카이브 파일 내용 확인
$ tar -xvf arch.tar	## arch.tar 아카이브 파일을 현재 디렉터리에 해제
$ tar -zcvf arch.tar.gz f1.txt dir1/	## f1.txt, dir1/을 gzip 압축하여 파일명 arch.tar.gz 생성

```
$ tar -zxvf arch.tar.gz •          ## gzip 압축 아카이브 파일 arch.tar.gz을 해제
$ tar -tvf archive.tar •           ## archive.tar 파일의 내용을 확인
$ zip arch.zip f1.txt f2.txt •     ## f1.txt, f2.txt를 파일명 arch.zip으로 압축
$ zip -r arch.zip f1.txt dir1/ •   ## f1.txt, dir1/를 -r 옵션으로 파일명 arch.zip으로 압축
$ unzip arch.zip •                 ## arch.zip 파일을 현재 디렉터리에 해제
```

[그림 2-43] 명령어 tar, zip 그리고 unzip 사용 예

리눅스에서 자주 사용하는 명령어에는 man, clear, history, cal, date, !!, !ls 등이 있다. 이 명령어들은 시스템 작업을 효율적으로 수행하거나 작업 내역을 관리할 때 유용하다.

사용 예	기능
$ man ls	## 명령어 ls의 매뉴얼을 출력
$ clear	## 터미널 화면을 깨끗하게 지우고 커서를 화면 상단으로 이동
$ history	## 터미널에 기록된 명령어 목록을 출력
$ history 10	## 최근 10개의 명령어를 출력
$ cal	## 현재 월의 달력을 출력
$ date	## 현재 시스템의 날짜와 시간을 출력
$!!	## 직전에 실행한 명령어를 그대로 다시 수행
$!123	## history 목록에서 123번에 해당하는 명령어를 다시 실행
$!ls	## ls로 시작하는 가장 최근의 명령어를 다시 실행

[그림 2-44] 명령어 man, clear, history, cal, date, !!, !ls 사용 예

명령어 탐색과 화살표 키 사용법

리눅스에서는 명령어 history를 탐색하거나 커서를 이동할 때 화살표 키를 활용할 수 있다. 프롬프트에서 명령어 입력 대기 중일 때, 위쪽 화살표(↑) 키를 누르면 이전에 입력한 명령어를 순차적으로 불러와 명령어 창에 표시할 수 있다. 반대로 아래쪽 화살표(↓) 키를 누르면 히스토리에서 이후 명령어를 확인할 수 있다.

왼쪽 화살표(←)와 오른쪽 화살표(→) 키는 명령어 창에서 커서를 좌우로 이동하여 명령어를 수정하거나 내용을 추가할 수 있다.

탭(Tab) 키나 [ESC] 키는 명령어, 파일 이름, 디렉터리 이름 등을 자동으로 완성하는 데 사용된다. 명령어나 파일 이름의 일부를 입력한 상태에서 탭(Tab) 키를 누르면, 입력한 문자열과 일치하는 가능한 옵션이 화면에 표시된다. 만약 선택 가능한 옵션이 하나뿐인 경우, 해당 명령어나 파일 이름이 자동으로 완성된다. 이는 작업 속도를 크게 향상시키는 유용한 기능이다.

2.6.8 리눅스 관리자 명령어

리눅스 시스템에서 관리자 명령어를 사용하여 시스템과 사용자 계정을 관리할 수 있다. 이러한 명령어는 일반적으로 루트(root) 권한이 필요하며, 주로 sudo 명령어를 사용하여 실행된다. 주요 관리자 명령어의 사용 형식과 기능은 다음과 같다.

사용 예	기능
# su	## 현재 사용자의 환경으로 루트 사용자로 전환
# su -	## 루트 사용자의 환경으로 루트 사용자로 전환
# su user1	## 현재 환경 변수를 유지하면서 사용자 user1으로 전환
# su – user1	## 사용자 user1의 환경 변수로 사용자 전환
# sudo	## 현재 사용자에게 일시적으로 루트 권한을 부여하여 명령어를 실행
# sudo apt-get update	## 패키지 목록을 업데이트
# sudo useradd newuser	## 새로운 사용자(newuser)를 추가
# sudo useradd -m newuser	## 사용자(newuser)의 홈 디렉터리를 생성
# sudo useradd -s /bin/bash newuser	## 사용자(newuser)의 로그인 셸을 지정
# sudo useradd -g users newuser	## 사용자(newuser)의 그룹을 users로 지정(지정하지 않으면 사용자 계정이 그룹명이 됨)
# sudo usermod -aG sudo newuser	## 기존 사용자 계정을 수정하여, 사용자 (newuser)를 sudo 그룹(G)에 추가(a)

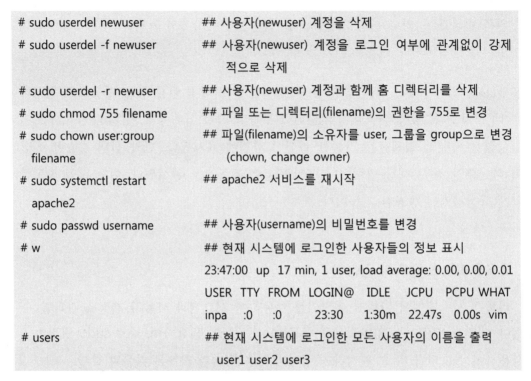

# sudo userdel newuser	## 사용자(newuser) 계정을 삭제
# sudo userdel -f newuser	## 사용자(newuser) 계정을 로그인 여부에 관계없이 강제적으로 삭제
# sudo userdel -r newuser	## 사용자(newuser) 계정과 함께 홈 디렉터리를 삭제
# sudo chmod 755 filename	## 파일 또는 디렉터리(filename)의 권한을 755로 변경
# sudo chown user:group filename	## 파일(filename)의 소유자를 user, 그룹을 group으로 변경 (chown, change owner)
# sudo systemctl restart apache2	## apache2 서비스를 재시작
# sudo passwd username	## 사용자(username)의 비밀번호를 변경
# w	## 현재 시스템에 로그인한 사용자들의 정보 표시
	23:47:00 up 17 min, 1 user, load average: 0.00, 0.00, 0.01
	USER TTY FROM LOGIN@ IDLE JCPU PCPU WHAT
	inpa :0 :0 23:30 1:30m 22.47s 0.00s vim
# users	## 현재 시스템에 로그인한 모든 사용자의 이름을 출력
	user1 user2 user3

[그림 2-45] 명령어 su, sudo, w, users 명령어 사용 예

관리자가 생성한 사용자 정보는 /etc/passwd 파일에서 확인할 수 있으며, 사용자의 홈 디렉터리는 /home 디렉터리 아래에 생성된다.

useradd 명령어를 사용하여 새 사용자 계정을 생성할 때, 시스템은 /etc/default/useradd 파일에 정의된 설정값([그림 2-46])을 참조한다. 이 설정값은 기본적으로 사용자 계정 생성 시 초기화되는 환경을 정의하며, 계정 생성은 [그림 2-47]에 제시된 절차를 따른다.

사용 예	기능
GROUP=100	## 사용자가 속할 기본 그룹의 GID(그룹ID)
HOME=/home	## 사용자의 홈 디렉터리
INACTIVE=-1	## 비밀번호가 만료된 후 계정 비활성화까지의 기간(-1: 없음)
EXPIRE=	## 계정 만료 날자(없음)
SHELL=/bin/sh	## 사용자의 기본 셸

```
SKEL=/etc/skel              ## 새로운 사용자의 홈 디렉터리에 복사될 초기 파일 위치
CREATE_MAIL_SPOOL=yes       ## 사용자를 생성할 때 메일 스풀 파일을 생성할지 여부
```

[그림 2-46] /etc/default/useradd 파일 예시

순서	계정 생성 절차
1	/etc/passwd 파일에 사용자 계정 등록
2	/etc/passwd 파일에 등록된 정보를 기반으로 사용자 계정의 홈 디렉터리 생성
3	/etc/skel디렉터리에 있는 기본 환경 파일들을 홈 디렉터리에 복사
4	/etc/shadow 파일에 사용자 계정의 비밀번호와 비밀번호 만료(aging) 정보 저장
5	/etc/group 파일에 사용자 계정이 속한 그룹 이름과 GID 정보 추가
6	/var/spool/mail 디렉터리에 사용자 계정명과 동일한 파일 생성

[그림 2-47] 사용자 계정의 생성 절차

파일이나 디렉터리의 소유자와 그룹을 변경해야 할 때, chown(change owner)과 chgrp(change group) 명령어를 사용한다.

사용 예	기능
# sudo chown user:newgroup fileA	## fileA의 소유자를user로, 그룹을 newgroup으로 변경
# sudo chown -R user /path	## /path 디렉터리와 하위 항목의 소유자를 user로 재귀적 변경
# sudo chgrp newgroup fileA	## fileA 파일의 그룹을 newgroup으로 변경
# sudo chgrp -R newgroup /path	## /path 디렉터리와 하위 항목의 그룹을 newgroup으로 재귀적(-R)으로 변경

[그림 2-48] 명령어 chown과 chgrp 사용 예

리눅스에서 shutdown, halt, 그리고 reboot명령어를 사용하여 시스템 종료하거나 재부팅할 수 있다. 명령어 shutdown은 시스템을 안전하게 종료하거나 재부팅하는 데 사용된다. 이 명령어는 현재 수행 중인 프로세스를 종료하고, 저장되지 않은 데이터를 디스크에 저장한 후 시스템을 종료한다. 주요 옵션으로는 shutdown -h now

(즉시 시스템 종료)와 shutdown -r now (즉시 재부팅) 등이 있다.

명령어 halt는 시스템 종료 로그를 남기고 시스템을 종료하며, shutdown -h now 와 동일한 기능을 제공한다. 명령어 reboot는 시스템을 재부팅하는 데 사용되며, shutdown -r now와 동일한 기능을 가진다.

명령어 mount와 unmount

리눅스에서 mount 명령어는 저장 장치나 파일 시스템을 특정 디렉터리에 연결하여 사용할 수 있도록 설정한다. 이를 통해 하드디스크, USB 드라이브, CD-ROM 등 다양한 저장 장치를 시스템에 연결하여 활용할 수 있다.

네트워크 파일 시스템(NFS, Network File System)에서 NFS 서버는 특정 디렉터리를 공유하는 역할을 한다. [그림 2-49]와 같이 NFS 서버의 /etc/exports 파일에 특정 클라이언트에게 디렉터리를 공유하도록 옵션을 추가하면, 클라이언트는 mount 명령어를 사용하여 해당 디렉터리를 접근할 수 있다.

사용 예	기능
/data *(rw, sync)	## 서버의 /data 디렉터리를 공유하며, 클라이언트가 이를 마운트하여 사용할 수 있도록 설정한다. ## rw: 읽기 및 쓰기 가능, ro: 읽기만 가능, sync: 파일 시스템이 변경될 때 즉시 변경 내용을 동기화 함

[그림 2-49] /etc/exports 파일의 공유 디렉터리 설정 예

/etc/exports 파일의 설정을 완료한 후, 서버를 시작해야 한다. [그림 2-50]의 명령어를 사용하여 서버가 NFS 서버로 동작하도록 설정할 수 있다.

사용 예	기능(의미)
# systemctl enable nfs-server	## NFS 서버를 부팅 시 자동으로 시작되도록 설정 (NFS 초기 설정시 필요)

사용 예	기능(의미)
# systemctl start nfs-server	## NFS 서버를 즉시 시작 (NFS 초기 설정시 필요)
# systemctl restart nfs-server	## NFS 서버 설정을 변경한 후 적용을 위하여 재시작
# systemctl stop firewalld	## 방화벽(Firewalld) 서비스를 중지
# showmount -e	## 현재 NFS 서버에서 공유 중인 디렉터리 목록을 표시
# exportfs	## /etc/exports 파일의 변경 사항을 적용하는 명령어

[그림 2-50] /etc/exports 파일 설정 후 NFS 서버 가동

NFS 서버 설정을 완료한 후, 클라이언트에서 다음 단계를 수행하여 마운트 상태와 디렉터리 내용을 확인할 수 있다.

사용 예	기능(의미)
# mkdir /data	## 클라이언트 시스템에서 마운트할 디렉터리를 설정 (일반적으로 서버의 디렉터리와 동일하게 설정)
# mount -t nfs 192.168.0.141:/data/	## mount: 마운트 명령어 -t nfs : 마운트할 파일 시스템의 유형을 nfs로 지정 192.168.0.141:/data/: 서버IP와 서버에서 공유된 디렉터리

[그림 2-51] NFS 클라이언트 설정 과정

마운트가 완료된 후, NFS 클라이언트에서는 다음 단계를 수행하여 마운트 상태를 확인하고 디렉터리 내용을 확인할 수 있다.

사용 예	기능(의미)
# df -h 192.168.0.141:/data 9.1T 7.3T 85% /data # cd /data	## NFS 클라이언트에서 실행하여 마운트 상태를 확인 ## 192.168.0.141:/data가 /data에 마운트 됨 ## NFS 클라이언트에서 마운트된 디렉터리로 이동하여 내용을 확인

[그림 2-52] NFS 클라이언트에서 마운트 상태 확인

재부팅 후에도 NFS 마운트 상태를 유지하려면, 클라이언트 시스템의 /etc/fstab 파일에 NFS 설정을 추가해야 한다. /etc/fstab 파일은 "File System Table"의 약자로, 시스템이 부팅될 때 자동으로 마운트할 파일 시스템을 정의한다.

사용 예	기능(의미)
# 192.168.0.141:/data /data nfs defaults 0 0	## 시스템이 부팅될 때 자동으로 NFS 서버의 /data 디렉 터리를 로컬 시스템의 /data 디렉터리에 마운트

[그림 2-53] 로컬 시스템(클라이언트)의 /etc/fstab 파일 하단에 추가한 내용

NFS 클라이언트에서 NFS 서버로 접속하려면 SSH를 이용해 원격 접속을 수행한다. 접속을 종료하려면 exit 명령어를 사용한다.

사용 예	기능(의미)
# ssh -X [계정]@192.168.0.141	## 로컬 시스템에서 192.168.0.141서버의 해당 계정으 로 -X(X11 활성화 상태) 옵션을 사용하여 SSH 접속

[그림 2-54] 클라이언트에서 NFS 서버로의 접속 명령

ssh 명령어로 로컬 시스템에서 서버로 접속한 후, SSH 파일 전송 프로토콜인 sftp (Secure File Transfer Protocol)를 사용하여 파일을 전송할 수 있다. 이를 통해 파일을 보내거나 받을 수 있으며, 파일 전송에 사용되는 주요 명령어는put, get 등이 있다.

sftp 명령어를 사용하여 서버에 사용자 계정으로 접속한 후, 파일을 전송하려면 파일을 받을 위치, 서버로 보낼 위치, 그리고 서버에서 받을 파일의 경로를 미리 설정해야 한다.

사용 예	기능(의미)
# sftp [계정]@[서버 IP 주소]	## sftp, 원격 서버에 사용자 계정, 서버 IP 주 소(서버의 IP 주소)로 접속
# put -r [파일위치및이름] [서버로보낼위치] # exit	## put: 파일 전송 명령어, 하위 디렉터리까지 포함하여 전송하려면 –r 옵션 사용 ## 접속 종료

[그림 2-55] 로컬 시스템에서 서버로 파일 업로드 과정

사용 예	기능(의미)
# cd [가져다 놓을 디렉터리]	## 로컬(클라이언트) 시스템에서 파일을 받을 위치로 이동
# sftp [계정]@[서버 IP 주소]	## sftp 접속 명령어
# get -r [파일위치및이름] [받을 위치]	## get: 파일 다운로드, -r: (재귀적)
# exit	## 접속 종료

[그림 2-56] 로컬 시스템에서 서버 파일 다운로드 과정

NFS마운트를 해제하려면 클라이언트와 서버에서 각각 다음 명령어를 실행해야 한다. 그러나, 마운트를 해제한 후에도 /etc/fstab 파일에 해당 항목이 남아 있는 경우, 시스템을 재부팅하거나 NFS 서비스를 재시작하면 다시 활성화될 수 있다. 이를 방지하려면 /etc/fstab 파일에서 해당 항목을 직접 삭제하거나 주석 처리해야 한다.

사용 예	기능(의미)
# sudo umount 192.168.0.141:/data	## NFS 서버에서 마운트된 디렉터리를 해제
# sudo umount /data	## NFS 클라이언트에서 마운트된 /data 디렉터리를 해제

[그림 2-57] 로컬 및 NFS 서버에서 마운트된 /data 디렉터리 해제

리눅스 시스템은 다중 사용자 환경을 지원하므로, 여러 사용자가 동시에 시스템에 로그인하고 작업할 수 있다. 각 사용자는 고유한 계정을 사용해 정해진 권한으로 시스템에 접근하며, 다른 사용자의 작업에 영향을 주지 않는다. 이러한 환경에서는 파일 및 디렉터리의 권한이 사용자별로 명확히 구분되어 각 사용자의 데이터와 작업이 보호된다.

모든 사용자는 /home/username 경로에 자신의 홈 디렉터리를 가지며, 홈 디렉터리에 포함된 .bashrc, .profile 등의 환경 설정 파일을 통해 시스템 환경을 사용자별로 최적화한다.

2.6.9 리눅스 명령어 실습

1. 다음 명령어를 실행하고 각 명령어의 의미를 파악하라.

명령어	기능(의미)
$ ls > filename	##
$ ls –al > cat_file	##
$ ls –alt | cat > cat_file	##
$ cat filename | grep uDir	##

[그림 2-58] 리눅스 실습 명령어

2. 다음 의미에 맞는 리눅스 명령어를 작성하라

1. 자신의 홈 디렉터리로 이동하라.
2. 홈 디렉터리에서 루트 디렉터리로 이동하라.
3. 현재 디렉터리에서 루트 디렉터리에 있는 파일 및 디렉터리를 확인하라.
4. 현재 디렉터리에서 홈 디렉터리로 이동하라.
5. 홈 디렉터리에서 test_unix 디렉터리를 생성하라.
6. 다음 3가지 디렉터리 이동 명령어의 차이를 설명하라.
   cd /test_unix, cd ./test_unix, cd test_unix
7. chmod를 이용하여 test_unix 디렉터리를 소유자만 rwx 권한을 부여하고, 다른 사용자에게는 모든 권한을 박탈하라.
8. 홈 디렉터리에서 루트 디렉터리에 있는 파일 이름을 화면에 출력하는 명령어를 작성하라.
9. 홈 디렉터리에서 루트 디렉터리에 있는 모든 파일 이름을 ./test_unix 디렉터리의 파일A에 저장하는 명령어를 작성하라.
10. 홈 디렉터리에서 test_unix/root_list.txt 파일 내용 중 문자열 "home"이 포함된 행만 cat명령어로 출력하라.
11. ./test_unix/root_list.txt 파일을 홈 디렉터리로 이동하라.
12. Root_list.txt 와 디렉터리 test_unix를 tar 명령어를 사용하여 아카이브하라.

[그림 2-59] 리눅스 실습 예제

2.7 vi 편집기(Editor)

vi 편집기는 유닉스 시스템에서 프로그램 코드나 문서 파일을 생성하거나 수정할 수 있도록 설계된 텍스트 기반 문서 편집기이다. 이 편집기는 문서를 편집하는 기본적인 기능을 제공하며, 향상된 기능을 갖춘 vim(vi improved)도 널리 사용된다.

vi 편집기는 명령 모드(Command mode), 입력 모드(Insert mode), 마지막 행 모드(Last line mode)의 세 가지 모드로 작동한다. 명령 모드에서는 편집 관련 명령을 실행하며, 입력 모드에서는 파일 내용을 수정하거나 추가할 수 있다. 마지막 행 모드에서는 파일의 저장, 종료와 같은 명령을 실행할 수 있다.

[그림 2-60]의 vi filename 명령어는 vi 문서 편집기를 호출하는 명령으로, filename은 생성하거나 수정할 파일의 이름으로 지정한다. 사용자는 이 명령어를 사용해 텍스트 파일을 생성하거나 기존 파일을 편집할 수 있다.

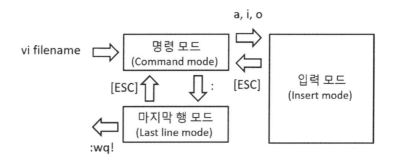

[그림 2-60] vi 편집기의 명령, 입력, 마지막 행 모드

명령 모드(Command mode)

vi filename 명령어를 실행하면 vi 편집기가 파일 filename을 열고 명령모드에서 시작된다. 명령 모드에서는 커서 이동, 텍스트 삭제, 복사, 붙여넣기, 탐색 등 다양한 명령을 실행할 수 있다. 명령 모드의 주요 기능은 다음과 같다.

키, 명령어	기능
방향키	방향키대로 커서 이동
G	파일의 끝으로 커서 이동
yy	커서가 있는 줄 복사
3yy	커서가 있는 줄을 포함하여 아래로 2줄을 복사(총 3줄을 버퍼에 복사)
dd	커서 위치에서 한 줄 잘라내기
3dd	커서 위치에서 커서가 있는 줄 포함하여3 줄 잘라 내고 버퍼에 복사
D	커서 위치에서부터 줄의 끝까지 삭제
p	커서가 있는 위치 다음에 버퍼에 있는 문자열 붙여넣기
x	커서 위치의 한 글자를 삭제하고 버퍼에 저장
nx	커서 위치부터 n개의 문자를 삭제하고 버퍼에 저장
dw	커서 위치의 단어 삭제 후 버퍼에 저장
u	실행 취소
0(숫자)	커서가 있는 줄의 맨 앞으로 커서 이동
$	커서가 있는 줄의 맨 뒤로 커서 이동
1G	파일의 첫 번째 행으로 이동
nG	파일의 n번째 행으로 이동
G	파일의 마지막 행으로 이동
r	현재 커서 위치의 문자를 치환(예, ra를 입력하면 커서 위치의 문자가 a로 변경)
R	현재 커서 위치부터 문자를 입력하여 [ESC] 키를 누를 때까지 치환
J	커서가 있는 현재의 행을 위 행과 결합
/문자열	커서 위치에서 순방향으로 파일 내에서 문자열 찾기
?문자열	커서 위치에서 역방향으로 파일 내에서 문자열 찾기
n	문자열 찾기 이후 다음 검색 결과로 이동
N	문자열 찾기 이후 이전 검색 결과로 이동
.	명령 반복
i	현재 커서 위치에서 텍스트 입력 시작(입력 모드로 전환)
a	현재 커서 다음 위치에서 텍스트 입력 시작(입력 모드로 전환)
o	현재 커서 아래에 새로운 줄을 추가하고 텍스트 입력 시작(입력 모드로 전환)

[그림 2-61] vi 편집기 명령 모드의 주요 기능

입력 모드(Insert mode)

입력 모드는 텍스트를 입력할 수 있는 모드이다. 명령 모드에서 특정 키(a, i, o)를 눌러 입력 모드로 전환할 수 있다. 입력 모드로 전환되면 화면 하단에 '--INSERT--' 가 표시된다. 입력 모드에서 [ESC] 키를 누르면 언제든지 명령 모드로 돌아갈 수 있다.

마지막 행 모드(Last line mode)

마지막 행 모드는 명령 모드에서 : 키를 눌러 전환할 수 있다. 이 모드에서는 파일 저장, 종료, 검색 및 치환과 같은 명령을 실행할 수 있다. 마지막 행 모드에서의 주요한 기능은 다음과 같다.

형식	기능
:q!	파일 내용을 수정했더라도 변경 사항을 무시하고 편집기를 강제 종료 (!는 강제 종료를 의미함)
:w	파일의 내용을 저장한 후 입력 모드를 계속 유지(편집 가능)
:wq	수정한 내용을 파일에 저장하고 에디터를 종료
:set number(nu)	편집 문서의 각 행에 번호를 표시
:set nonumber(nonu)	:set number를 해제하여 행 번호를 숨김
:n	지정한 n번 행으로 이동
:10	10번 행으로 이동
:$	파일의 마지막 행으로 이동
:%s/AAA/BBB/g	편집 문서에 있는 모든 AAA를 BBB로 대체 (/g는 모든 경우를 의미)
:%s/AAA/BBB	편집 문서의 모든 행에서 첫 번째 AAA를 BBB로 대체
:1,10s/AAA/BBB/g	편집 문서의 1번 행에서 10번 행까지의 모든 AAA를 BBB로 대체

[그림 2-62] vi 편집기 마지막 행 모드의 주요 기능

2.8 백그라운드 및 포그라운드 프로세스 실행

프로그램은 실행 방식에 따라 백그라운드(background) 또는 포그라운드(fore-ground) 프로세스로 구분된다.

포그라운드(foreground) 프로세스는 사용자가 입력한 명령어가 실행을 완료할 때까지 대기해야 하며, 해당 명령이 해당 명령이 종료되기 전까지는 다른 작업을 수행할 수 없다. 예를 들어, ping google.com 명령을 실행하면, 해당 명령이 완료될 때까지 사용자는 새로운 명령을 입력하거나 다른 작업을 수행할 수 없다.

반면, 백그라운드(background) 프로세스는 명령이 실행되는 동안에도 다른 작업을 동시에 수행할 수 있다. 하나의 셸(터미널)에서 작업이 완료되지 않아도 사용자는 새로운 명령을 입력하거나 실행할 수 있다. 백그라운드에서 명령을 실행하려면 명령어 끝에 & 기호를 추가하면 된다. 예를 들어, sleep 10 & 명령을 실행하면, 해당 명령이 백그라운드에서 실행되며 사용자는 즉시 다른 작업을 수행할 수 있다.

백그라운드 작업 상태를 확인하려면 jobs 명령어를 사용하고, 실행 중인 백그라운드 작업을 포그라운드로 전환하려면 fg 명령어를 사용한다. 반대로, 정지된 작업을 백그라운드에서 다시 실행하려면 bg 명령어를 사용한다. 작업을 중단하거나 종료하려면 kill 명령어를 사용하여 특정 작업을 종료할 수 있다.

형식(명령어)	기능
명령어	## 포그라운드로 명령어를 실행
명령어 &	## &를 추가하여 백그라운드로 명령을 실행

[그림 2-63] 포그라운드 및 백그라운드 프로세스로 실행 방법

백그라운드 및 포그라운드 프로그램 운용과 종료 과정을 [그림 2-64]에 나타내었다. 이 그림을 통해 백그라운드와 포그라운드 프로세스의 생성, 변환, 종료 과정을 확

인할 수 있다. 또한, jobs 명령어를 사용하여 Job 번호(JobNo)를, ps 명령어를 사용하여 프로세스 ID(ProcessId)를 확인할 수 있다.

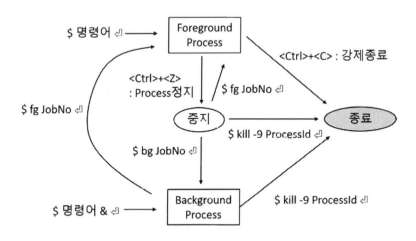

[그림 2-64] 백그라운드 및 포그라운드 프로세스의 운용과 종료

백그라운드와 포그라운드 프로그램 운용을 위해, 다음과 같은 셸(Shell) 스크립트 testProgram.sh를 vi 편집기로 작성하자.

testProgram.sh 의 내용	
#!/bin/sh	## 사용 shell 지정
NUM=0	## 변수 NUM 초기화
while true; do	## 무한 Loop 실행
sleep 1	## 1초 sleep
NUM=`expr $NUM + 1`	## = 주위에 공백 없음, + 주위에 공백 있음, NUM 변수에 +1
echo $NUM	## NUM 변수 출력
done	## 무한 Loop

[그림 2-65] 셸 프로그램 testProgram.sh의 코드 내용

셸 프로그램 testProgram.sh를 다음 절차에 따라 실행하여 백그라운드와 포그라운드 프로세스의 작동 방식을 비교한다.

백그라운드 프로세스 실행에서는 프롬프트 $가 화면에 표시되며, 사용자의 입력을 받을 준비를 한다. 반면, 포그라운드 실행에서는 프로그램의 실행이 완료되어 결과가 출력되기 전까지 프롬프트 $가 화면에 표시되지 않아 사용자가 추가 입력을 할 수 없다.

순서	비고
$ sh testProgram.sh	## 셸 스크립트 testProgram.sh의 포그라운드 실행
1	## testProgram.sh의 결과가 모니터에 출력
2	## testProgram.sh의 결과가 모니터에 출력
^Z	## 사용자에 의한 testProgram.sh 일시 정지
Suspended	## 프로그램 정지 상태
$ jobs	## jobs 명령어로 현재 작업 상태 확인
[1]+ Suspended sh testProgram.sh	## testProgram.sh의 정지 상태가 모니터 출력
$ fg 1	## 1번 작업(job) 포그라운드에서 재실행
sh testProgram.sh	## testProgram.sh 재실행 후 상태 출력
3	## 1번 작업(job) 재실행 후 모니터에 결과 출력
4	## 1번 작업(job), 모니터에 결과 출력
^Z	## 사용자에 의한 testProgram.sh 정지
Suspended	## 프로그램 정지 상태
$ jobs	## jobs 명령어로 현재 작업 상태 확인
[1]+ Suspended sh testProgram.sh	## testProgram.sh의 정지 상태가 모니터 출력
$ bg 1	## 1번 작업(job)을 백그라운드에서 재실행
$5	## 1번 작업(job), 모니터에 결과 출력
6	## 1번 작업(job), 모니터에 결과 출력
fg7	## 임의의 시점에서 fg 1 입력 후 포그라운드로 전환
1	## 프로그램 출력(7)과 사용자의 입력(1)이 혼재됨
sh testProgram.sh	## testProgram.sh 재실행 후 상태 출력
8	## 1번 작업(job), 모니터에 결과 출력
^C	## 사용자에 의한 포그라운드 실행 종료
$	## 사용자 프롬프트 표시

[그림 2-66] 포그라운드와 백그라운드 프로세스 실행 방법

[백그라운드 프로세스 실습]

testProgram.sh의 결과가 모니터가 아닌 파일 testProgramFile.txt에 저장되는 스크립트 testProgramFile.sh를 작성하라.

2.9 C 셸(Shell)과 Bourne 셸(Shell)

C 셸(C Shell, csh)은 C 언어의 구문과 유사한 명령어 구조를 가진 셸로, C 프로그래밍 스타일을 반영한 것이 특징이다. 주요 기능으로는 변수 할당, 명령어 그룹화, 명령어 치환, 파이프라인 등이 있으며, 초기 환경 설정은 .cshrc와 .login 파일을 통해 이루어진다. C 셸은 csh 명령어로 호출하며, 종료는 ^D(<Ctrl>+<D>), exit, 또는 logout 명령어를 사용한다.

Bourne 셸(Bourne Shell, sh)은 Unix 시스템에서 가장 기본적인 셸로, 이후 개발된 Bourne-Again Shell(BASH)의 기반이 된 초기 셸이다. 사용자 환경 설정은 .profile 파일을 통해 관리되며, 로그인할 때 자동으로 실행된다. Bourne 셸은 sh 명령어로 호출하며, 종료는 exit 명령어 등을 사용한다.

2.9.1 C 셸(Shell)

C 셸의 기본 사용 형식은 $ 명령어 [옵션] [인수]이다.

$ 명령어 [옵션] [인수]

이를 통해 환경 설정 파일 수정, 단일 명령 실행, 명령 그룹화, 파이프라인 사용 등 다양한 작업을 수행할 수 있다. 다음은 C 셸에서 사용되는 주요 명령어 예시이다.

명령어	기능
$ alias ll 'ls -l'	## .cshrc 파일을 사용하는 경우, ls -l 대신에 ll을 사용할 수 있도록 별칭(alis)을 설정
$ ls -l /usr/bin	## 단일 명령으로, /usr/bin 디렉터리 내용 보기
$ mkdir temp; cp aa bb temp; cd temp; ls -l	## 세미콜론(;)을 사용하여 여러 명령을 한 줄에서 순차적으로 실행
$ who | wc -l	## 파이프(|)를 사용하여 who 명령의 출력 결과를 wc -1의 입력으로 전달

[그림 2-67] C셸의 명령어와 사용 예

C 셸에서 제공하는 .login 셸 스크립트는 로그인 시 한 번만 자동 실행되며, 환경 변수, 터미널 타입, 기본 경로(PATH) 등을 설정한다. 반면, 새로운 C 셸을 호출할 때마다 실행되는 .cshrc 스크립트는 특정 셸에 국한된 변수, 파라미터, alias 등을 설정한다. 로그아웃 시에는 .logout 스크립트가 수행된다. 이 3개의 셸 스크립트는 모두 사용자의 홈 디렉터리(~/)에 위치한다.

.login 파일 내용	의미
setenv TERM vt100	## 환경 변수 TERM을 vt100(터미널의 종류)으로 설정(setenv)
stty erase '^X' kill '^U'	## stty(set tty) 명령어를 통해 터미널 장치의 동작을 설정
	## erase: 마지막 문자를 삭제하는 기능을 ^X(<Ctrl>+<X>)에 지정
	## kill: 현재 행 전체를 삭제하는 기능을 ^U(<Ctrl>+<U>)에 지정
echo "Hello:"	## 화면에 Hello: 메시지를 출력

[그림 2-68] .login 파일 설정 예

.logout 파일 내용	의미
clear	티미널 화면을 지움
echo "bye"	화면에 bye 메시지를 출력

[그림 2-69] .logout 파일 설정 예

.cshrc 파일 내용	의미
set history = 100	## history크기 지정
set prompt = ' ! % '	## !는 명령어 번호, %는 기본적인 프롬프트 기호를 지정
set PATH = (/usr/bin /usr/ucb /usr/sbin ~/bin)	## PATH 지정 ## 설정된 PATH에 덧붙일 때는 ':'와 $PATH 활용
alias h history	##

[그림 2-70] .cshrc 파일의 설정 예

명령어/변수	기능
#argv	## 셸의 명령어 인자를 저장하는 목록 변수 (argv[0]: 스크립트 이름, argv[1] 첫 번째 인수)
$cdpath	## cd 명령 실행 시 파일 이름을 탐색하는 경로를 지정 (예: set cdpath = (/home/kim /home/kim/Text)
$cwd	## 현재 작업 디렉터리의 경로를 저장
$history	## 히스토리 크기를 지정
$HOME	## 홈 디렉터리의 경로명
$PATH	## 명령어 탐색시 사용되는 디렉터리들의 경로를 지정
$prompt	## 프롬프트를 지정 (Bourne shell에서의 PS1과 동일)
$savehist	## 로그아웃시 히스토리 리스트에 기억되는 명령어의 개수를 지정 (홈 디렉터리의 .history 파일에 저장됨)
$shell	## 셸의 경로명
$status	## 이전 명령어 종료 상태
$$	## 현재 셸의 PID 번호
echo	## 변수나 문자열을 출력

[그림 2-71] C 셸 명령어 및 변수의 간단한 예

C 셸(C Shell) 스크립트는 첫 번째 줄에 #!/usr/bin/csh를 명시하여 사용할 셸 환경을 지정한다. 스크립트를 실행하는 방법에는 두 가지가 있다. 첫 번째는 csh [script 파일 이름] 형식으로 명령어를 입력하여 실행하는 방법이다. 두 번째 방법은

스크립트에 실행 권한을 부여(chmod +x [script 파일 이름])하고 직접 실행(./[script 파일 이름])하는 것이다.

```
입력 받은 숫자를 기반으로 클래스 분류하는 간단한 프로그램 예
#!/usr/bin/csh
## 입력 받은 숫자를 기반으로 클래스 분류
set number = $argv[1]              ## 명령어 인자의 첫 번째 값을 변수 number에 저장
if ($number < 0) then
   set class = 0
else if ($number >= 0 && $number < 100) then
   set class = 1
else if ($number >= 100 && $number < 200) then
   set class = 2
else
   set class = 3
endif
echo "The number is in class $class."
```

[그림 2-72] C 셸을 활용한 간단한 프로그램 예제

2.9.2 Bourne 셸(Bourne Shell)

Bourne 셸은 Unix 및 Linux 시스템에서 사용되는 기본 셸로, 현대에 널리 사용되는 Bourne-Again Shell (BASH)의 기반이 된 셸이다. 이 셸은 사용자와 시스템 간의 기본적인 인터페이스 역할을 하며, 명령어 실행 및 스크립트 작성 기능을 제공한다. Bourne 셸의 초기 명령과 환경 변수는 .profile 파일에 저장된다. 이는 C 셸의 .cshrc 와 유사한 역할을 하지만, Bourne 셸에서는 로그인 시에만 실행된다.

Bourne 셸은 다양한 내부 명령어를 제공한다. 예를 들어 디렉터리를 변경하는 cd, 파일과 디렉터리 목록을 표시하는 ls, 파일을 복사하는 cp, 파일을 이동하는 mv, 파일을 삭제하는 rm, 메시지를 출력하는 echo 등의 기본 명령어가 포함된다. 또한, 명

령어에 별칭을 부여하는 alias, 환경 변수를 설정하는 export, 스크립트 파일을 실행하여 현재 셸에 적용하는 source 등의 명령어도 자주 사용된다.

Bourne 셸(Bourne Shell) 스크립트는 일반적으로 .sh 확장자를 사용하며, 스크립트를 실행하는 방법에는 두 가지가 있다. 첫 번째는 source [script 파일 이름] 형식으로 명령어를 입력하여 실행하는 방법이다. 두 번째 방법은 스크립트에 실행 권한을 부여(chmod +x [script 파일 이름])하고 직접 실행(./[script 파일 이름])하는 것이다.

간단한 프로그램 예	의미
#!/bin/sh	## 사용 셸 선언
echo "현재 디렉터리의 파일 목록:"	## 출력 메시지
ls	## 실제 디렉터리의 파일 목록을 출력

[그림 2-73] Bourne 셸을 활용한 간단한 프로그램 예제

2.10 스크립트(Script) 언어 awk

프로그래밍 언어는 실행 방식에 따라 컴파일 언어와 인터프리터(스크립트) 언어로 나눌 수 있다.

컴파일 언어는 소스 파일(텍스트 파일)을 컴파일러를 사용해 이진 파일(실행 파일)로 변환한 후, CPU에서 실행한다. 이 방식은 실행 속도가 빠르다는 장점이 있지만, 운영 체제 간 호환성이 부족한 경우가 많다. 컴파일 언어의 예로는 C++, Visual C++, Java(컴파일 방식으로 사용할 경우), C 등이 있다.

인터프리터 언어는 소스 파일을 사전에 컴파일하지 않고, 인터프리터(해석기)가 소스 파일을 이진 코드로 변환하여 CPU에서 바로 실행한다. 이 방식은 이식성이 뛰어나며, 다양한 운영 체제에서 동일한 소스 파일을 실행할 수 있는 장점이 있다. 인

터프리터 언어에는 Python, JavaScript, 그리고 인터프리터 방식으로도 사용할 수 있는 Java 등이 포함된다.

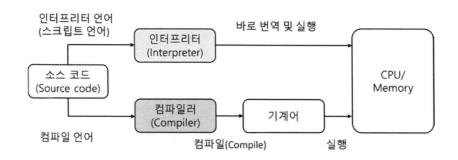

[그림 2-74] 컴파일 언어와 인터프리터 언어의 실행 방식

awk는 텍스트 처리에 사용되는 스크립트 언어로, Alfred Aho, Peter Weinberger, Brian Kernighan 세 발명자의 이름에서 유래되었다. 이 언어는 텍스트를 행과 단어 단위로 처리하며, 간단한 스크립트를 작성하여 복잡한 텍스트 조작을 손쉽게 수행할 수 있다. 이러한 기능으로 텍스트 처리와 데이터 추출 작업에 널리 활용되며, 특히 로그 파일 분석, 텍스트 파일에서 특정 패턴을 검색하고 처리하는 작업에 매우 유용하다.

awk는 정규 표현식(Regular Expressions)을 활용하여 텍스트를 검색하고 변환하며, 조건에 따라 행을 처리하거나 생략할 수 있다. 배열을 사용하여 데이터를 저장하고 관리할 수 있으며, 사용자 정의 함수를 작성하여 반복 작업을 자동화할 수도 있다. 이를 통해 문자열을 분할, 결합, 수정하거나 파일을 행 단위로 읽고, 지정된 패턴과 일치하는 행이나 필드에서 작업을 수행할 수 있다.

이 도구는 텍스트 파일의 각 행을 레코드(record)라고 부르고, 구분자를 기준으로 나뉜 각 부분을 필드(field)라고 한다. [그림 2-75]에서 볼 수 있듯이, 행 단위 데이터를 처리하며 매칭, 연산 등을 수행한 결과를 제공한다. 기본 사용 방식은 명령어 형식과 유사하며, 명령행에서 [그림 2-76]과 같이 활용한다.

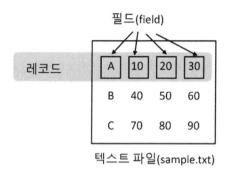

[그림 2-75] awk로 처리하는 텍스트 파일(sample.txt)의 레코드와 필드

명령어	의미
awk [OPTION...] [pattern {action} ...]	## awk: awk 명령어
target	## pattern: 처리할 텍스트의 패턴을 지정
	## action: 패턴이 일치할 때 수행할 작업을 지정
	## target: 처리할 대상 파일 또는 입력 데이터

[그림 2-76] awk명령어의 기본 사용 형식

Option	기능
-F	## 필드 구분자를 설정
-F ‘:’	## 콜론(:)을 필드 구분자로 사용
-v	## 변수를 설정
-v var=42	## 변수 var를 값 42로 변경
-f	## awk가 처리할 명령어를 외부 파일에서 읽도록 지정
awk -f script.awk file.txt	## script.awk 파일에 있는 프로그램을 file.txt를 대상으로 실행

[그림 2-77] awk명령어 option과 의미

자신의 홈 디렉터리에서 명령어를 사용하여 dir_awk와 dir_command 디렉터리를 생성한다. dir_command 디렉터리에는 [그림 2-78]의 grep1.txt와 grep2.txt 파일을 작성하고, dir_awk 디렉터리에는 데이터를 처리할 [그림 2-79]의 awk_data1.txt와

awk_data2.txt 파일을 작성한다. 이 작업은 vi 편집기를 사용하거나, cat 명령어를 활용하여 수행할 수 있다.

grep1.txt 파일의 내용	grep2.txt 파일의 내용
Korea Seoul Busan CJ1 CJ2 CJ3	Korea Seoul Busan CJ1 CJ2 CJ3
Kim Lee Park	Kim Lee Park
USA Korea Japan China EU	USA Korea Japan China EU
USA KOREA JAPAN CHINA EU	USA KOREA JAPAN CHINA EU
korea* seoul busan	korea* seoul busan
seoul busan korea	seoul busan korea
	Korea Seoul Busan CJ1 CJ2 CJ3
	Kim Lee Park
	USA Korea Japan China EU
	USA KOREA JAPAN CHINA EU
	korea* seoul busan
	seoul busan korea

[그림 2-78] grep1.txt와 grep2.txt 파일 내용

awk_data1.txt 파일의 내용	awk_data2.txt 파일의 내용
A 10 20 30	1 ppotta 30 40 50
B 40 50 60	2 soft 60 70 80
C 70 80 90	3 prog 90 10 20

[그림 2-79] awk_data1.txt와 awk_data2.txt 파일 내용

awk의 다양한 명령어를 명령행에서 사용하는 예를 [그림 2-79]에서 살펴볼 수 있다. 이 예에서는 입력 파일을 출력하는 기본적인 사용법부터, 특정 필드만 출력하거나, 필드에 임의의 문자열을 추가하는 방법을 보여준다. 또한, 문자열을 검색하여 조건에 맞는 행을 출력하거나, 특정 조건을 만족하는 데이터를 선택적으로 처리하는 방법도 포함되어 있다.

특히, awk 명령어를 사용하여 파일의 데이터를 처리하기 전에 초기화 작업을 수행하거나 (BEGIN 블록), 데이터를 처리한 후 결과를 정리하는 작업 (END 블록)을 수

행할 수도 있다. 이러한 기능은 대규모 데이터 처리나 로그 파일 분석과 같이 반복적이고 체계적인 작업에서 매우 유용하다.

awk 명령어와 실행 결과	의미
$ awk '{print}' awk_data1.txt	## awk_data1.txt 내용을 출력
A 10 20 30	## '{print}'는 입력 파일의 내용을 그대로 출력
B 40 50 60	
C 70 80 90	
$ awk '{print $1, $2}' awk_data1.txt	## 파일 awk_data1.txt의 첫번째 필드 ($1)와 두
A 10	번째 필드($2)만을 출력
B 40	
C 70	
$ awk '{print "user:"$1, "score:"$2}'	## 첫 번째 필드 앞에 "user:"를, 두 번째 필드
awk_data1.txt	앞에 "score:"를 추가하여 출력
user:A score:10	
user:B score:40	
user:C score:70	
$ awk '/A/' awk_data1.txt '	## 파일 awk_data1.txt 에서 "A"를 포함한 행을
A 10 20 30	출력 (/A/와 "/A/" 는 동등)
$ awk '$2 ==40 {print $0}' awk_data1.txt	## 두 번째 필드 값이 40인 행을 출력
B 40 50 60	($0는 한 행 전체를 의미)
$ awk 'BEGIN{} {sum += $3} END {print	## Begin 블록은 데이터 처리 전 초기 작업을
sum}' awk_data1.txt	수행, 데이터 처리는 모든 행의 세 번째 필드
150	($3) 합산, END 블록은 최종 작업으로 합산
	값 출력

[그림 2-80] 명령행에서의 awk 실행 예제

awk 명령어가 여러개 포함된 awk_com.txt 파일을 vi 편집기로 작성한다. 다음은 awk_com.txt 파일의 awk 명령어와 해당 의미가 설명되어 있다.

awk_com.txt 파일의 내용	의미
awk '{ for (i=2; i<=NF; i++) total += $i }; END { print "TOTAL : "total }' ./awk_data1.txt	## NF: 행의 필드 개수를 나타내는 변수 $i: 는 i번째 필드를 의미, 모든 행을 처 리한 후 END 블록에서 합계 출력
awk '{print $1, $2, $3+2, $4, $5}' ./awk_data1.txt	## 3번째 필드 값에 2를 더하고, 1, 2, 새로 운 3, 4, 5 번째 필드 값을 출력
awk 'length($0) > 20' ./awk_data1.txt	## 행($0)의 length가 20 초과 시 출력
awk -f awk.com ./awk_data1.txt	## 명령어를 awk.com에서 읽어(f) 실행
awk -F ':' '{ print $1 }' ./awk_data1.txt	## 필드 구분자(F)를 ":"로 설정하고 첫 번 째 필드 출력
awk 'NR == 2 { print $0; exit }' ./awk_data1.txt	## NR: 현재 레코드(행) 번호, 2번째 행을 출력한 뒤 실행 종료(exit)
awk '{ printf "%-3s %-8s %-4s %-4s %-4s\n", $1, $2, $3, $4, $5}' ./awk_data1.txt	## c 언어 스타일로 출력 필드의 너비를 형식화하여 출력
awk '{max = 0; for (i=3; i<NF; i++) max = ($i > max) ? $i : max ; print max}' ./awk_data1.txt	## 3번째 필드부터 마지막 필드(NF) 사이 의 최대 값을 계산하여 출력

[그림 2-81] awk_com.txt 파일과 설명

명령창에서 단일 명령어를 반복적으로 실행하는 대신, 여러 명령어를 한번에 처리하려면 셸 스크립트가 유용하다. 스크립트 이름은 awk_com.sh로 하며, 이를 작성하기 위해 vi 편집기를 사용한다. 다음은 스크립트 각 행의 의미이며, 동일한 방법으로 awk_com.sh 파일 작성을 완료한다.

첫 번째 행: #!/bin/sh를 작성하여 사용하고자 하는 셸을 지정한다.

두 번째 행: title이라는 변수에 실행할 awk 명령어를 문자열 형태로 저장한다. 이 때 변수명과 값 사이에 공백을 넣지 않도록 주의해야 한다. 또한, awk 명령어에서 $0은 변수로 인식될 수 있으므로, 이를 문자 그대로 처리하기 위해 백슬래시(₩)를 사용한다

세 번째 행: 새로운 파일 awk_result.txt를 생성하고 내용을 비운다. 이 과정에서 echo "" > awk_result.txt 명령어를 사용하여 줄을 강제로 바꾼다. 이는 기존 파일이 존재할 경우에도 초기화하여 새로운 내용을 기록하기 위함이다.

네 번째 행: 앞서 선언한 변수 title의 내용을 awk_result.txt 파일에 추가하여 명령어 자체를 기록한다. 이를 통해 어떤 명령어가 실행되었는지 파일에 명시적으로 남길 수 있다.

다섯 번째 행: 선언된 awk 명령어를 실행하고, 그 결과를 awk_result.txt 파일에 추가한다. 이를 위해 >> 연산자를 사용하여 결과를 파일의 기존 내용 뒤에 이어붙인다.

행번호	awk_com.sh 파일의 내용
1	#!/bin/sh
2	title="awk 'length(₩$0) > 10 { print ₩$3, ₩$4, ₩$5}' ./awk_data2.txt > awk_result.txt"
3	echo "" > awk_result.txt
4	echo $title >> awk_result.txt
5	awk 'length($0) > 10 { print $3, $4, $5}' ./awk_data2.txt >> awk_result.txt
6	title="awk 'BEGIN {print ₩"TITLE : initial₩"} {print ₩$1, ₩$2} END {print ₩"Finished₩"}' awk_data2.txt >> awk_result.txt"
7	echo "" >> awk_result.txt
8	echo $title >> awk_result.txt
9	awk 'BEGIN {print "TITLE : initial"} {print $1, $2} END {print "Finished"}' awk_data2.txt >> awk_result.txt
10	title="awk '{ print }' ./awk_data2.txt >> awk_result.txt"
11	echo "" >> awk_result.txt
12	echo $title >> awk_result.txt
13	awk '{ print }' ./awk_data2.txt >> awk_result.txt
14	title="awk '{ print ₩$0}' ./awk_data2.txt >> awk_result.txt"
15	echo "" >> awk_result.txt
16	echo $title >> awk_result.txt
17	awk '{ print $0}' ./awk_data2.txt >> awk_result.txt
18	title="awk '/pp/' ./awk_data2.txt >> awk_result.txt"
19	echo "" >> awk_result.txt
20	echo $title >> awk_result.txt

```
21    awk '/pp/' ./awk_data2.txt >> awk_result.txt
22    title="awk '/[2-3]0/' ./awk_data2.txt >> awk_result.txt"
23    echo "" >> awk_result.txt
24    echo $title >> awk_result.txt
25    awk '/[2-3]0/' ./awk_data2.txt >> awk_result.txt
26    title="awk '₩$3 == 30 && ₩$4 ==40 { print ₩$2 }' awk_data2.txt >>
           awk_result.txt"
27    echo "" >> awk_result.txt
28    echo $title >> awk_result.txt
29    awk '$3 == 30 && $4 ==40 { print $2 }' ./awk_data2.txt >> awk_result.txt
30    title="awk '{ print ₩$0 }' ./awk_data2.txt | sort -r >> awk_result.txt"
31    echo "" >> awk_result.txt
32    echo $title >> awk_result.txt
33    awk '{ print $0 }' ./awk_data2.txt | sort -r >> awk_result.txt
34    title="awk '{ print ₩$1; exit }' awk_data2.txt >> awk_result.txt"
35    echo "" >> awk_result.txt
36    echo $title >> awk_result.txt
37    awk '{ print $1; exit }' ./awk_data2.txt >> awk_result.txt
```

[그림 2-82] sh셸 프로그램을 활용한 실습

sh 셸로 작성된 awk_com.sh 스크립트를 실행하려면 두 가지 방법이 있다. 첫 번째는 작성된 스크립트에서 사용된 셸인 sh를 명시적으로 지정하여 실행하는 방법이다. 이를 위해 터미널에서 sh awk_com.sh 명령어를 입력하면 된다. 이 방법은 스크립트 파일에 실행 권한이 없어도 바로 실행할 수 있는 장점이 있다.

두 번째 방법은 스크립트에 실행 권한을 부여한 후, 현재 디렉터리에서 직접 실행하는 것이다. 먼저 chmod +x awk_com.sh 명령어를 사용하여 스크립트에 실행 권한을 부여한다. 이후 ./awk_com.sh 명령어를 입력하면 스크립트가 실행된다. 이 방법은 특정 셸을 명시하지 않아도 실행 가능하며, 기본 셸 환경에서 작동한다.

만약 실행 결과가 예상과 다르다면 디버깅을 위해 -x 옵션을 활용할 수 있다. sh -x awk_com.sh 명령어를 사용하면 스크립트의 각 명령어가 실행되기 전에 출력되므로 문제를 파악하는 데 유용하다.

따라서 awk_com.sh 스크립트를 실행하기 위해서는 사용한 셸을 명시적으로 지정하거나, 실행 권한을 부여하여 직접 실행하면 된다. 디버깅이 필요할 경우 -x 옵션을 추가로 사용하여 실행 흐름을 확인할 수 있다.

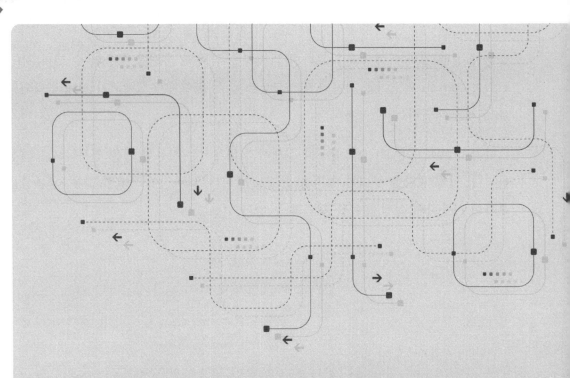

아날로그 제품을 제작하려면 회로도 작성, 시뮬레이션을 통한 동작 검증, 레이아웃 설계, 레이아웃 검증, 그리고 IC 제조의 단계를 거쳐야 한다. 본 장에서는 이 중 아날로그 회로도와 심벌(Symbol) 작성 과정을 다룬다.

Cadence사의 Virtuoso 설계 툴을 활용하여 NMOSFET, PMOSFET, 그리고 인버터(Inverter) 회로를 설계 대상으로 선정하고, 이를 구현하기 위한 설계 환경의 이해와 설정 방법을 학습한다. 설계를 위해 필요한 PDK(Process Design Kit), 테크놀로지 파일(Technology File), 라이브러리(Library), 셀(Cell)의 개념을 익히고 이를 기반으로 회로도를 작성한다. 작성된 회로는 이후 동작 검증을 통해 설계의 타당성을 확인한다.

본 장의 내용은 회로도 작성과 동작 검증, 레이아웃 설계의 기초가 되는 중요한 단계이며, 설계 전반에 걸쳐 반드시 깊이 있는 이해와 충분한 연습이 요구된다.

다음 장인 Chapter 4에서는 3장에서 작성한 회로를 Spectre 설계 툴을 이용하여 시뮬레이션으로 동작을 검증한다. 동작 검증이 완료된 회로는 Chapter 5에서 PCell 기반의 레이아웃 설계를 진행하며, 설계된 레이아웃에 대한 검증 과정을 학습한다.

제3장_ **03**

Virtuoso 실행과
회로도 작성

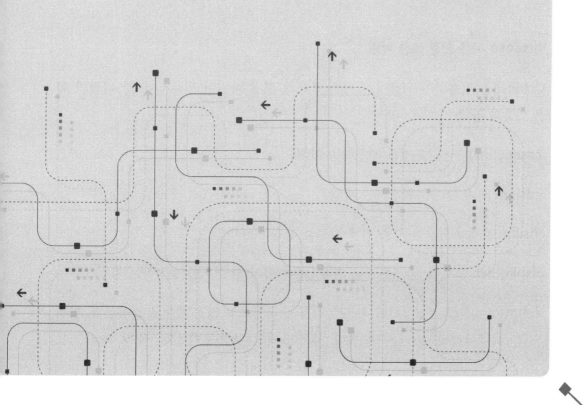

3.1 Virtuoso 618 환경 설정

Virtuoso 설계 툴을 사용하려면 두 가지 종류의 환경 설정 파일이 필요하다. 첫 번째는 Virtuoso 프로그램에 접근하기 위한 환경 설정 파일이며, 두 번째는 프로그램 사용 환경 설정 파일이다.

Virtuoso 프로그램 접근 환경 설정

Virtuoso 접근 환경 설정에는 일반적으로 두 가지 방법이 있으며, 자동 설정 방식과 직접 호출 방식이 있다.

자동 설정 방식은 사용자 로그인 시 자동으로 설정되는 .cshrc 파일을 이용하는 방법이다. 직접 호출 방식은 사용자가 특정 환경 파일(idec.cshrc, cju.cshrc, layout.cshrc 등)을 직접 호출(sourcing)하여 설정하는 방법이다. 본 장에서는 직접 호출 방식을 사용하여 환경 설정을 진행한다.

Virtuoso 사용 환경 설정 파일

Virtuoso를 사용하기 위해서는 여러 종류의 환경 파일이 필요하며, 각 파일의 역할은 다음과 같다.

.cdsenv: 기본 사용 환경을 설정하는 파일

.cdsinit: 초기 환경을 설정하는 파일

cds.lib: 설계에 필요한 각종 설계 자료를 설정하는 파일

display.drf: 모니터 및 프린트를 위해 Layer(레이어) 정보를 설정하는 파일

Virtuoso는 실행 과정에서 위의 파일들을 순차적으로 읽고 설정을 적용한다. 따라서, 홈 디렉터리에 이러한 파일이 올바르게 존재하는지 확인해야 한다. 특

히, .cdsenv와 .cdsinit처럼 파일 이름 없이 확장자만 있는 파일은 기본적으로 숨김 파일로 처리되기 때문에 ls, ls -alt, ll 등 파일 목록 출력 명령어를 사용할 때 표시되지 않을 수 있으므로 주의해야 한다.

아래 그림은 아날로그 회로(Schematic), 시뮬레이션 및 레이아웃 설계를 위한 툴인 Virtuoso 6.1.8이 성공적으로 실행된 메인 창(CIW)을 보여준다. CIW 창은 Virtuoso 설계 작업의 시작점이자 주요 작업을 관리하는 인터페이스이다.

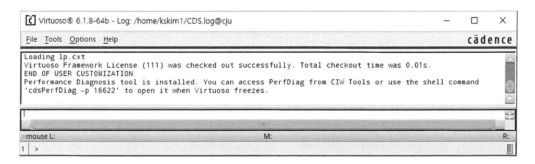

[그림 3-1] Virtuoso의 메인 화면 CIW(Command Interpreter Window)

3.1.1 프로그램 실행을 위한 환경 파일

프로그램 접근용 환경 파일은 일반적으로 확장자가 .cshrc인 C Shell Script 파일이다. 예를 들어, 사용자가 파일명을 idec으로 설정한 [그림 3-2]의 idec.cshrc 파일은 텍스트 파일 형식이므로 cat 명령어나 vi 편집기를 이용해 내용을 확인할 수 있다.

이 .cshrc 환경 파일에는 설계 툴 실행에 필요한 다양한 설정이 포함된다. 주요 내용에는 라이선스 설정 (setenv 명령어를 이용한 설계 툴의 라이선스 정보를 지정), 설계 툴 실행에 필요한 다양한 경로 지정 설정, 사용자 환경에 맞게 정의된 명령어 등이 있다.

[그림 3-2]에 있는 $CDS_ROOT의 $기호는 변수를 호출함을 의미한다. 이를 통해 시스템에 설정된 환경 변수를 참조하거나 값을 가져올 수 있다.

파일 idec.cshrc 내용

```
umask 022                                    # 755 권한의 파일이 Default로 설정됨
###################### 라이선스 설정 ###########################
                                             # setenv는 c-shell에서 사용됨
setenv CDS_LIC_FILE 5280@CDS_LIC_SITE        # Cadence License 설정
                                             # /etc/hosts에 CDS_LIC_SITE (Cadence)정의
setenv LM_LICENSE_FILE 5280@143.248.230.161  # Synopsys, Mentor License 설정
setenv CDS_ROOT /eda_tools/cadence           # CDS_ROOT에 /eda_tools/cadence 지정
setenv LD_LIBRARY_PATH /usr/lib:/usr/:/lib:/lib64  # 동적 Library 경로 설정
setenv LD_PRELOAD /usr/lib64/libssl.so.1.0.2k:/usr/lib/libcrypto.so.1.0.2k
###################### IC 618 Configuration ########################
setenv SPECTRE_HOME $CDS_ROOT/SPECTRE201
setenv PVSHOME $CDS_ROOT/PVS201
setenv ASSURA_USE_PVS_LICENSE
setenv CDS_INST_DIR $CDS_ROOT/IC618
##(중략)##
###################### 경로(path) 설정 ##########################
set path=( $path {$SPECTRE_HOME}/tools/bin {$SPECTRE_HOME}/tools/dfII/bin )
set path=( $path {$PVSHOME}/tools/bin {$PVSHOME}/tools/dfII/bin)
set path=( $path {$CDSHOME}/tools/bin {$CDSHOME}/tools/dfII/bin )
set path=( $path {$QRC_HOME}/bin )
set path=( $path {$ASSURAHOME}/tools/bin {$ASSURAHOME}/tools/dfII/bin )
###################### 사용자 정의 명령 #########################
alias cl 'clear'
alias virtuoso 'virtuoso &'
```

[그림 3-2] 파일 idec.cshrc내용

3.1.2 Virtuoso 사용 환경 설정

환경 설정용 파일인 .cdsenv, .cdsinit, cds.lib, 그리고 display.drf는 Virtuoso 실행 시 순서대로 호출된다. 이때, 동일한 환경 설정 값이 중복될 경우 가장 마지막에 읽힌 값으로 적용된다.

이들 파일의 기본 위치는 시스템 관리자에 의해 설계 툴이 설치된 디렉터리에 따라 달라질 수 있다. 따라서, 각 파일의 위치와 내용을 확인하려면 설치 환경에 맞는 디렉터리를 참조해야 한다.

.cdsenv (Virtuoso 프로그램의 기본 사용 환경을 설정하는 파일)	
설치 시 위치 (사이트 위치)	/eda_tools/cadence/IC618/tools/dfII/samples/.cdsenv
사용자 홈 디렉터리 위치	~/.cdsenv
호출 순서	(1) 설치 시 위치에 있는 파일을 먼저 호출
	(2) 사용자 홈 디렉터리 위치를 순차적으로 호출

[그림 3-3] 환경 설정 파일 .cdsenv

.cdinit (Virtuoso 프로그램의 사용 초기 환경을 설정하는 파일)	
설치 시 위치(사이트 위치)	/eda_tools/cadence/IC618/tools/dfII/cdsuser/.cdsinit
사용자 홈 디렉터리 위치	~/.cdsinit
사용자 작업 디렉터리 위치	./.cdsinit
호출 순서	(1) 설치 시 위치에 있는 파일을 먼저 호출
	(2) 작업 디렉터리에 있는 파일을 다음으로 호출
	(3) 사용자 홈 디렉터리 위치를 순차적으로 호출

[그림 3-4] 환경 설정 파일 .cdsinit

cds.lib (설계에 필요한 각종 설계 자료의 위치를 설정하는 파일)	
설치 시 위치 (사이트 위치)	/eda_tools/cadence/IC618/share/cdssetup/dfII/cds.lib
	DEFINE cdsDefTechLib ../../../tools/dfII/etc/cdsDefTechLib
내용 발췌	SOFTINCLUDE ../../../tools/dfII/etc/cdsDotLibs/composer/cds.lib

	SOFTINCLUDE	../../../tools/dfII/etc/cdsDotLibs/spectre/cds.lib
	SOFTINCLUDE	../../../tools/dfII/etc/cdsDotLibs/artist/cds.lib
사용자 홈 디렉터리 위치 내용 발췌	~/cds.lib	
	DEFINE basic $(inst_root_with:tools/dfII/bin/virtuoso)/tools/dfII/etc/cdslib/basic	
	DEFINE gpdk180 /eda_tools/config/GPDK/gpdk180_v3.3/libs.oa22/gpdk180	
	DEFINE ADC /home/userA/ADC	
호출 순서	(1) 설치 시 위치에 있는 파일을 먼저 호출	
	(2) 사용자 홈 디렉터리 위치를 순차적으로 호출	

[그림 3-5] 환경 설정 파일 cds.lib

3.2. Virtuoso 618 실행하기

환경 설정이 완료되면 Virtuoso 설계 툴을 사용한 설계를 시작할 수 있다. 본 절에서는 Virtuoso를 실행하여 기본 메뉴와 동작을 확인한다. 이를 통해 IC 설계 과정에서 자주 사용하는 Library와 Cell View의 개념을 이해한다. 또한, 설계용 공정 자료인 PDK(Process Design Kit)와 Technology 파일이 무엇인지 살펴본다.

Virtuoso는 환경 파일(예: idec.cshrc)을 적용한 후 원하는 디렉터리에서 실행할수 있다. 환경 파일은 Virtuoso 실행에 필요한 경로와 설정 정보를 정의하며, 이를 시스템에 적용하기 위해 source 명령어를 사용한다.

[표 3-1]은 Virtuoso를 실행하기 위한 디렉터리(~/virtuoso)를 생성하고 실행하는 과정을 보여준다. 명령을 순서대로 실행하여 환경 설정을 완료하고, Virtuoso를 시작할 수 있다.

[표 3-1] Virtuoso 실행 순서

명령어	의미와 예
$ cd ~	홈 디렉터리로 이동
$ csh	Virtuoso 실행 환경을 설정하기 위해 c shell 호출 로그인 셸이 csh로 지정된 경우 .cshrc 및 .login 파일이 자동 실행됨
$ source idec.cshrc	환경 파일(idec.cshrc)을 적용(sourcing)
$ mkdir virtuoso	현재 디렉터리에서 virtuoso 디렉터리 생성(없는 경우에만)
$ cd ~/virtuoso	Virtuoso를 실행할 디렉터리로 이동
$ ls	디렉터리 내용 확인 (옵션 예: ll, ls -alt)
$ virtuoso [-log LogFileName] &	Virtuoso 프로그램을 백그라운드(&)로 실행 [-log LogFileName]: Virtuoso 프로그램의 로그 파일이며, 명시되지 않는 경우 기본 로그 파일(예: CDS.log)이 생성

Virtuoso 실행 창 (CIW, Command Interpreter Window)

Virtuoso 실행창은 CIW(Command Interpreter Window)라고 하며 Virtuoso의 메인 창으로, 설계 작업의 중심 역할을 한다. [그림 3-6]에서 보이는 CIW는 다음과 같은 주요 구성 요소로 이루어져 있다.

타이틀 창: 최상단에 위치하며 현재 사용 중인 로그 파일의 이름(예: CDS.log)을 표시한다.

Pull Down Menu 창: File, Tools, Options, Help 메뉴로 구성되어 있으며, 주요 명령어 및 설정에 접근할 수 있는 인터페이스를 제공한다.

로그 출력창: Virtuoso 실행 중 출력된 기록과 메시지가 표시되어 설계 진행 상황과 오류 메시지 등을 확인할 수 있다.

입력창: SKILL 명령어를 입력할 수 있는 창으로, 사용자 명령 실행에 활용된다. 따라서, 사용자 지정 동작을 자동화하거나 특정 명령을 실행하는 데 사용될 수 있다.

마우스 버튼 큐(Mouse Button Cues) 창: 'Mouse L: M: R:'로 구성되며, 마우스의 좌/중/우 버튼 각각의 기능을 표시한다. 예를 들어, 'Mouse L:' 이후의 내용은 마우스 좌 클릭 시 수행되는 동작을 의미한다.

창 번호(Window Number) 창: 최하단에 위치하며, 현재 창의 번호를 나타낸다. 여러 창을 사용할 때 창 간 구분을 쉽게 한다.

프롬프트(Prompt Lines) 창: '>' 표시가 있는 부분으로, 사용자가 명령어를 입력하고 실행하는 인터페이스 창이다.

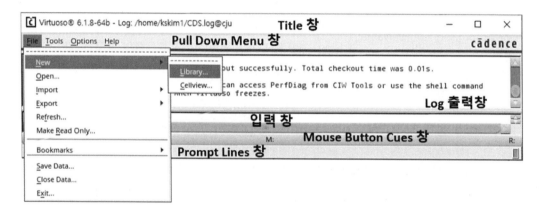

[그림 3-6] Virtuoso CIW의 File 메뉴 구성

CIW 메인 메뉴와 하위 메뉴

Virtuoso 프로그램의 주 메뉴는 설계 작업과 관리를 위한 주요 기능을 제공한다. CIW 창의 Pull Down 메뉴인 'File', 'Tools', 'Options', 'Help'를 클릭하면 해당 메뉴의 하위 메뉴가 나타난다.

[그림 3-6]의 'CIW → File' 메뉴는 Library 및 File의 생성과 저장을 위한 메뉴이다. [그림 3-7]의 'CIW → Tools' 메뉴는 각종 설계 연관 툴과 Library 관리를 위한 기능을 제공한다.

사용자 편의를 위한 설정과 인터페이스 옵션을 제공하는 [그림 3-8]의 'CIW →
Options'과 Virtuoso 사용에 대한 도움말과 기술 문서를 확인할 수 있는 기능을 제
공하는 'Help'도 주메뉴의 일부로 포함된다.

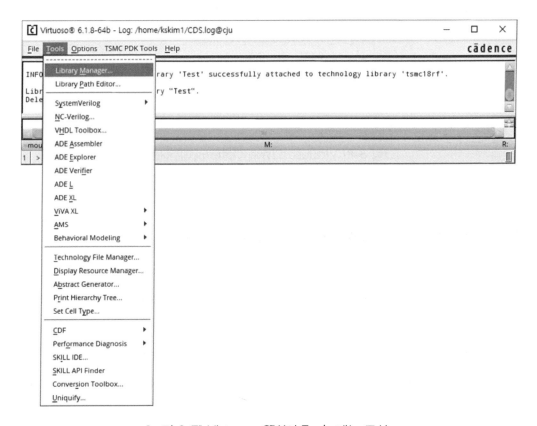

[그림 3-7] Virtuoso CIW의 Tools 메뉴 구성

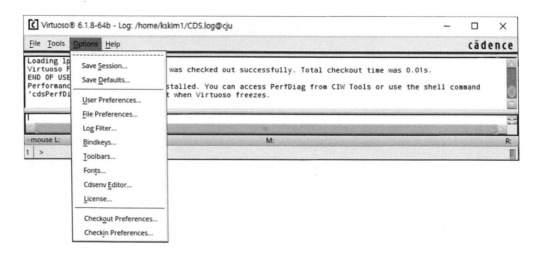

[그림 3-8] Virtuoso CIW의 Options 메뉴 구성

3.3 PDK, 라이브러리(Library)와 셀뷰(Cellview)

Virtuoso는 반도체 설계 자동화(EDA, Electronic Design Automation)툴로, 세 가지 구성요소로 이루어진다. 세 가지 구성요소는 Virtuoso에서 제공하는 설계 프로그램, 파운드리에서 제공하는 설계 환경(PDK, Process Design Kit), 그리고 설계자의 결과물이다. 설계자의 결과물은 일반적으로 Library와 Cellview 형태로 저장되거나 표현된다.

Virtuoso에서 IC 설계를 진행한다는 것은 설계 툴에서 파운드리의 PDK를 활용하여 설계자가 Library(디렉터리)에 Schematic, Layout 등 다양한 Cellview를 생성하는 것을 의미한다.

본 절에서는 이러한 설계 환경의 구성 요소와 역할을 이해하고 Virtuoso에서 IC 설계를 수행하는 기본 원리와 과정을 학습한다.

PDK(Process Design Kit)

PDK는 파운드리가 제공하는 반도체 제조 공정 정보를 담고 있으며, 회로 설계를 위한 필수 자료로 사용된다. 여기에는 공정 파라미터, 레이아웃 규칙, 레이어(Layer) 구조, 그리고 다이오드와 트랜지스터 같은 소자의 물리적 특성이 포함된다. 이러한 PDK는 특정 공정 기반의 설계를 위해 반드시 설계 환경에 포함되어야 한다.

Technology 파일

Technology 파일은 PDK의 일부 정보를 추상화한 파일로, 설계자가 Virtuoso와 같은 EDA 툴에서 PDK 정보를 설계에 활용할 수 있도록 한다. 이 파일에는 공정 파라미터, 레이아웃 규칙, 레이어 스택(Layer Stack)의 물리적 특성, 그리고 소자의 전기적 특성 등이 포함된다. 특히, 레이아웃 규칙이 포함되어 있으므로, 레이아웃 설계 환경에서 필수적으로 사용된다.

라이브러리(Library)

Library는 IC 칩 설계를 위한 정보나 설계 자료의 집합으로, 디렉터리 형태로 표현된다. 이는 공정 Library, Layout Library, 소자 Library, Check Rules, 사용자 Library 등으로 구성된다.

공정 Library: 저항·커패시턴스 추출 규칙(RC Extraction Rule)과 공정 Technology 파일 등 공정에 관한 기술 정보를 포함한다.

Layout Library: 레이아웃 패턴 정보와 Standard Cell Library 정보를 포함하며, 공정 Library와 함께 설계자가 레이아웃 작업을 수행할 때 상호 보완적인 역할을 한다.

소자 Library: 소자의 모델 파라미터(Model Parameter)와 회로 Symbol 등으로 구성되며, 회로의 전기적 시뮬레이션(Simulation)을 가능하게 한다.

Check Rules: 레이아웃된 결과물을 공정 및 소자 관점에서 확인하기 위한 규칙으로, 다음 항목을 포함한다.

- Core DRC(Design Rule Check): 칩 내부의 파운드리 공정을 확인하는 규칙

- ESD DRC(Electrostatic Discharge DRC): 칩 내부와 외부 패키지 접속을 위한 규칙

- Latch-up DRC: Well (Substrate) 공정 확인을 위한 규칙

- LVS(Layout Versus Schematic): 회로와 레이아웃 간의 일치 여부를 검증하는 규칙

사용자 Library: 설계자가 각종 Library를 활용해 제작한 설계 자료를 포함한다. 아날로그 회로와 레이아웃, 디지털 코드(Code), P&R 결과 등으로 구성되며, 특정 파운드리 공정과 연관되어야 하므로 반드시 PDK와 연계되어야 한다.

셀뷰(Cellview)

Cell은 Virtuoso 설계 툴에서 작성된 Library(디렉터리)의 하위 개념으로, 회로(Schematic), 레이아웃(Layout), 심볼(Symbol), 또는 디지털 코드(예: Verilog/VHDL 코드) 등의 형태(Cellview)로 존재한다.

Virtuoso 설계 툴에서 IC 칩 설계를 Library와 Cellview로 표현한다는 것은, PDK와 연관된 특정 Library에 다양한 Cellview를 가진 Cell을 생성하는 과정을 의미한다.

[표 3-2] IC 칩 설계에 필요한 종류와 자료

종류	구체적인 자료
설계 툴(Tool) 회사가 제공한 설계용 SW와 자료	S/W 툴 자료
파운드리 회사가 제공한 공정/소자 자료 등 PDK (Process Design Kit) 자료 (Technology 파일)	공정 Library, Layout Library 소자 Library, Check Rules
사용자가 작성한 아날로그 회로와 로직 코드	사용자가 만든 Schematic/functional Cellview
사용자가 작성한 P&R과 Full-custom Layout	사용자가 만든 Layout Cellview

3.4 라이브러리(Library) 관리

IC 칩 설계를 위해 Virtuoso설계 툴을 사용하여 PDK에 연결된 Library와 설계 결과물인 Cell을 생성하고 관리하는 과정을 살펴보자.

Virtuoso설계 툴에서 사용되는 Library는 cds.lib 파일에 정의되며, 이 파일은 프로그램 설치 디렉터리뿐만 아니라 사용자의 홈 디렉터리(예: ~/cds.lib)에 위치할 수 있다. cds.lib 파일을 통해 사용자는 설계 자료를 효율적으로 관리할 수 있다.

3.4.1 라이브러리(Library) 생성

Virtuoso에서 Library를 생성하거나 관리하려면, CIW창의 'File → New → Library' 메뉴를 사용하거나, Library Manager 창 또는 Library Path Editor창을 활용할 수 있다.

(A) CIW → File → New → Library 메뉴를 통한 Library/Cell 생성과 기존 파일 열기

CIW 창에서 'File → New → Library/Cellview' 메뉴를 선택하여 새로운 Library 와 Cellview를 생성할 수 있다. 이때, Library이름과 사용자가 사용할 Technology 파일을 지정해야 한다. 기존 파일은 'File → Open → Library/Cellview' 메뉴를 이용 하여 열 수 있다.

[그림 3-9]는 'CIW → File → New → Library' 메뉴를 사용하여 New Library 창을 생성한 후, 생성된 Library에 Technology Library(파일)을 Attach하기 위해 Attach Library to Technology Library 창을 여는 과정을 보여준다.

[그림 3-9(a)]의 New Library 창에서 Library 이름(예: Test)과 Technology Library(파일) 지정 방법(예: Attach to an existing technology)을 선택한 후, 'OK' 버튼을 클릭하면, [그림 3-9(b)]와 같이 Attach Library to Technology Library 창이 생성된다.

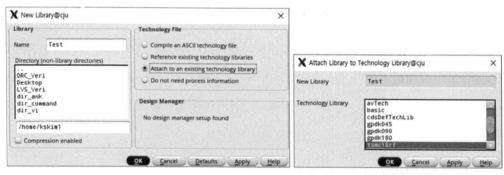

(a) Library 이름 지정과 Technology File 지정   (b) 기존 Technology File에서 선택

[그림 3-9] 'CIW → File → New → Library'를 통한
New Library 창과 Attach Library 창 생성

생성된 창에서 기존의 Technology Library 중 적용할 파일(예: tsmc18rf)을 선택 하고, 'OK' 버튼을 누르면 Technology 파일이 로딩(loading)되어 추가된다. 정상적 으로 추가되면, [그림 3-10]과 같이 PDK 상황이 표시되며, Technology Library가 Attach된 Library(예: Test)가 생성된다.

[그림 3-10] 새로운 PDK(TSMC PDK)가 성공적으로 Attach된 예시

(B) Library Path Editor창에서 Library 추가

Library Path Editor 창은 임의의 Library를 사용자의 Library로 추가하거나, Library에 Technology 파일을 추가하는 데 사용된다. 이를 통해 PDK Library를 효율적으로 관리할 수 있다. 반면, 일반적인 Library와 Cell 관리는 'Library Manager' 창을 통해 이루어진다.

Library Path Editor 창을 이용하여 PDK Library를 추가해보자. Library Path Editor 창은 'CIW → Tools → Library Path Editor' 또는 'CIW → Tools → Library Manager → Library Path Editor' 메뉴 선택 방법 중 하나로 열 수 있다.

Library Path Editor 창에서는 창 내의 텍스트 에디터를 이용하거나 브라우저를 이용하여 Library를 추가할 수 있다. [그림 3-11]은 Library Path Editor 창에서 추가할 Library이름과 위치를 직접 입력하는 방법(a)과, 'Edit → Add Library' 메뉴를 선택하여 생성된 'Add Library' 창에서 Library 위치를 브라우저로 선택하여 추가하는 방법(b)을 보여준다. 이 예시에서는 /home/kskim1 경로의 tsmc18rf를 선택하였다.

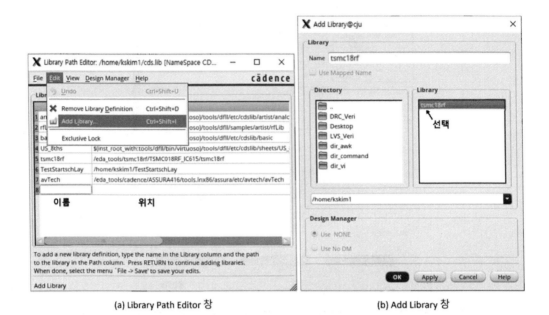

(a) Library Path Editor 창
(b) Add Library 창

[그림 3-11] Library Path Editor 창과 Add Library 창

(C) Library Manger에 의한 Library 관리

Library Manager는 'CIW → Tools'에서 선택할 수 있으며, 이 창은 'Library Path Editor' 창에 표시된 Library와 동일한 내용을 보여준다. [그림 3-12]는 이러한 동일성을 시각적으로 나타낸다.

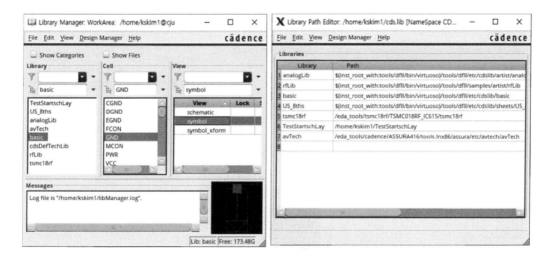

[그림 3-12] 'Library Manager' 창과 Library Path Editor 창

[그림 3-13]은 'Library Manager' 창에서 'File → New → Library'를 선택한 다음 New Library 창을 생성하고, /home/kskim1 디렉터리에 새로운 Library(예: Test)를 생성하는 과정을 보여준다.

1. New Library창에서 새로운 Library 이름(예: Test)을 입력한 후 'OK' 버튼을 클릭하여 Library를 생성한다.

2. Library가 생성되면, Technology File for New Library 창([그림 3-14])이 자동으로 나타난다.

3. [그림 3-14]에서 'Attach to an existing technology library' 옵션을 선택한 후 'OK' 버튼을 클릭한다.

4. 이후 [그림 3-9(b)]와 같은 창이 생성되며, 여기에서 적용할 Technology 파일을 선택한다.

5. Technology 파일이 Library에 Attach되면 [그림 3-10]과 같은 상태가 표시된다.

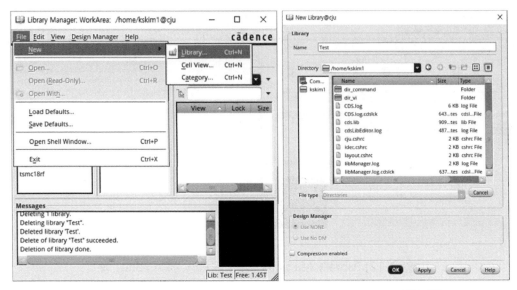

(a) 'File→ New → Library'   (b) Library 이름 지정

[그림 3-13] 'Library Manager' 창과 New Library 창 생성

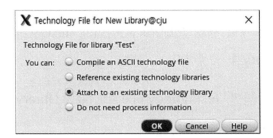

[그림 3-14] Technology File for New Library 창에서 Technology 연결 방법 선택

3.4.2 라이브러리(Library) 저장과 확인

원하는 Library에 Technology Library을 추가한 후, Library Path Editor 창에서 'File → Save' 메뉴를 선택하여 추가된 Library를 저장한다.

저장된 Library는 'Library Manager' 창에서 확인하거나, cds.lib 파일의 내용을 통해 확인하고 관리할 수 있다.

(A) 'Library Manager' 창을 통한 확인

'CIW → Tools → Library Manger' 메뉴를 선택하면 'Library Manager' 창이 생성되며, [그림 3-12]와 같이 Library 이름과 위치를 확인할 수 있다.

설계자는 일반적으로 'Library Manager' 창을 통해 Library와 Cell을 효율적으로 관리한다.

(B) cds.lib 파일 내용 확인

cds.lib 파일은 설계자가 Library를 관리하는 텍스트 파일로, 'DEFINE 이름 경로' 형식의 3개의 레코드로 구성된다. 이에 대한 예시는 [그림 3-15]에 제시되어 있다.

[그림 3-15]의 cds.lib에서는 analogLib, rfLib, basic, US_8ths, gpdk180, tsmc18rf 등 총 6개의 Library가 관리되고 있음을 보여준다. 예를 들어, 마지막 행은 경로가 /eda_tools/tsmc/TSMC018RF_IC615/tsmc18rf인 PDK를 tsmc18rf Library로 관리하고 있음을 의미한다.

cds.lib 파일은 Virtuoso 프로그램의 Library Manager를 통해 관리할 수 있다. 또한, 텍스트 파일이므로 vi 편집기 등을 사용해 형식에 맞게 직접 편집하여 관리할 수도 있다.

cds.lib 파일 내용
DEFINE analogLib $(inst_root_with:tools/dfII/bin/virtuoso)/tools/dfII/etc/cdslib/artist/analogLib
DEFINE rfLib $(inst_root_with:tools/dfII/bin/virtuoso)/tools/dfII/samples/artist/rfLib
DEFINE basic $(inst_root_with:tools/dfII/bin/virtuoso)/tools/dfII/etc/cdslib/basic
DEFINE US_8ths $(inst_root_with:tools/dfII/bin/virtuoso)/tools/dfII/etc/cdslib/sheets/US_8ths
DEFINE gpdk180 /eda_tools/config/GPDK/gpdk180_v3.3/libs.oa22/gpdk180
DEFINE tsmc18rf /eda_tools/tsmc/TSMC018RF_IC615/tsmc18rf

[그림 3-15] cds.lib파일 내용 예

3.5 Analog Library, Cell View 생성

Library와 Cell의 개념 및 생성 과정을 이해하였으므로, 이제 Inverter 회로 (Schematic)와 레이아웃 설계를 위한 Library와 Cell을 직접 작성해 본다.

3.5.1 Library 생성

Inverter 회로(Schematic)와 레이아웃 설계를 위해, 'Library Manager' 창에서 TestStartSchLay라는 Library를 생성하고 PDK Library(Technology File)를 Attach 한다.

설계자의 모든 Design Library는 반드시 Technology 파일을 Attach하여야 한다. Technology파일에는 Design Layer(레이어)와 Via, Device(소자) 등의 내용이 포함 된다.

Library를 생성하고 Technology 파일(예: tsmc18rf)을 Attach하면, CIW 출력 로 그 창에 Library 생성 및 Technology 파일 Attach 과정이 [그림 3-16]처럼 표시된다. 또한, CIW 메인창에는 해당 PDK 정보 탭 메뉴(예: TSMC_PDK)가 생성된다. Attach 과정이 완료되면, PDK에 따라 해당 PDK의 간략한 정보가 [그림 3-10]처럼 나타난다.

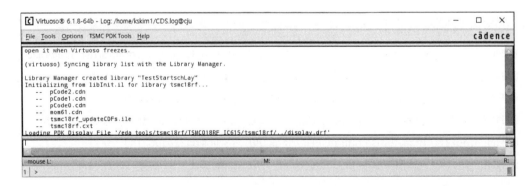

[그림 3-16] CIW 출력 로그창: Library 생성 및 Technology 파일 Attach 과정

마지막으로, Technology 파일이 Attach된 Library 생성이 완료되면, 'CIW →
Tools → Library Manager'를 통해 추가된 Library(예: TestStartSchLay)를 확인할
수 있다[그림 3-17].

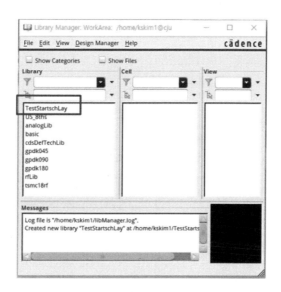

[그림 3-17] 'Library Manager' 창에서 생성된 Library 확인

3.5.2 Schematic Cell View 생성

Library가 생성되었으므로, 이제 생성된 Library에 Cell을 만들어 보자. Cell은 여
러가지 형태로 존재할 수 있으며, 그 중 아날로그 회로(Schematic) 형태의 Cellview
를 생성하자.

다음은 Library에 새로운 Schematic(Cell)인 이름 INV1을 생성하고 저장하는 방
법이다.

1. 'New File' 창 생성

'Library Manger' 창에서 'File → New → Cell View' 메뉴를 선택하여 [그림 3-
18(b)]와 같이 'New File' 창을 연다.

2. 새로운 Schematic Cellview 생성을 위한 설정

'New File' 창에서 'Library'는 기본으로 선택된 값을 사용하거나, 필요에 따라 스크롤 메뉴를 이용해 변경한다. 'Cell' 값은 원하는 Schematic 이름(예: INV1)을 입력하고, 'View'와 'Type'은 'schematic'으로 설정한다. 'Open with'는 'Schematic L'을 선택한 후 'OK' 버튼을 클릭한다 [그림 3-18(b)].

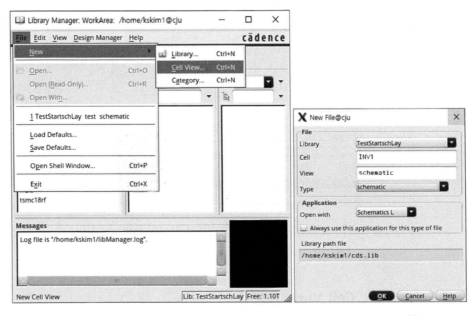

(a) 'Library Manager → New → Cell View'   (b) New File 창

[그림 3-18] Schematic Cell View 생성

3. 'Schematic Editor' 창 생성

'Schematic Editor' 창이 [그림 3-19(a)]처럼 생성된다. 이 창은 사용자가 심벌(Symbol)을 활용해 회로를 작성하는 그래픽 에디터로서, 회로 작업 공간 역할을 한다.

4. 'Schematic Editor' 창에서 Cell 저장

'Schematic Editor' 창에서 사용자가 회로 작성을 완료한 후, 'File → Check and Save'를 선택하여 INV1 Schematic Cell을 저장한다. 'Check' 하는 과정에서 문제가 발생하면 Error 또는 Warning 메시지가 표시되며, 이 경우 반드시 이를 수정해야 한다 [그림 3-19(b)].

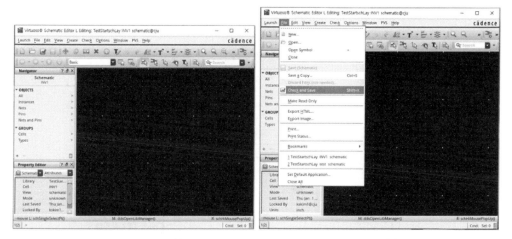

(a) Schematic Editor 창　　　　　(b) Schematic Editor 사용 후 Check&Save

[그림 3-19] 'Schematic Editor' 작업창과 저장

5. CIW 로그창 확인

CIW 로그창에는 INV1 Schematic이 추출되고 Check 과정을 거쳐 Error 없이 저장되는 일련의 과정이 [그림 3-20]처럼 표시된다. 또한, [그림 3-20]을 통해 PDK가 추가되었음을 CIW 상단 메뉴에서 알 수 있다.

6. 'Library Manager' 창에서 저장 확인

'Library Manager' 창에서 INV1 Cell이 저장되었는지 확인한다[그림 3-21].

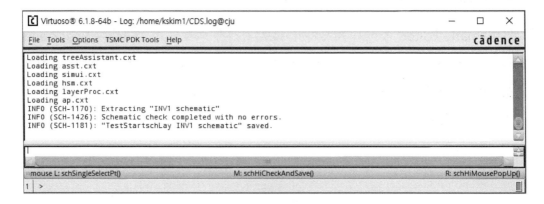

[그림 3-20] CIW 창에 나타나는 PDK 로그

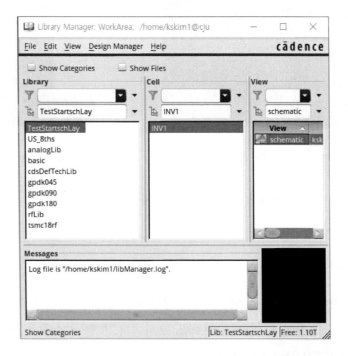

[그림 3-21] 'TestStartschLay' Library에 만들어진 Schematic view의 INV1 Cell

3.5.3 저장 후 Virtuoso 종료

Virtuoso 설계 툴에서 생성된 창은 화면의 우측 상단의 X 표시를 클릭하거나, 창의 메뉴를 통해 닫을 수 있다. 예를 들어, 'Schematic Editor' 창에서 'File → Close' 메뉴를 선택하여 하나의 창을 닫을 수 있고, 'File → All Close' 메뉴를 선택하면 모든 'Schematic Editor' 창을 닫을 수 있다.

'Library Manager' 창은 'File → Exit'를 통해 닫을 수 있다. 모든 창을 닫은 후, 'CIW → File → Exit'를 선택하여 정상적으로 Virtuoso를 종료한다.

[그림 3-22(a)]의 'Exit virtuoso' 창에서 'Yes' 버튼을 클릭하면 환경 파일을 저장할 것인지 선택하는 'Save display Information' 창이 [그림 3-22(b)]처럼 나타난다. 일반적으로 'Cancel' 버튼을 클릭하여 Virtuoso를 종료한다. 문제가 없는 경우 CIW 창이 사라지며 Virtuoso 설계 툴에서 완전히 빠져나오게 된다.

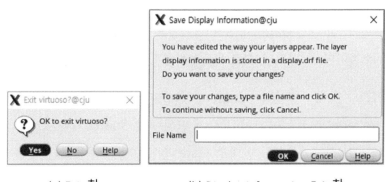

(a) Exit 창　　　(b) Display information Exit 창

[그림 3-22] 'Exit virtuoso' 창과 'Save Display Information' 창

3.6 Schematic Editor를 이용한 회로도 그리기

3.5절에서 회로 작성을 위한 Library와 Cell을 생성하였다. 이번 절에서는 생성된 Cell을 사용하여 Virtuoso Schematic Editor에서 NMOSFET과 PMOSFET 등 MOSFET 심벌(Symbol)과 다양한 회로 Symbol을 활용해 직접 Inverter 회로도 (Schematic)를 작성하고, 새로운 Symbol을 만든다.

3.6.1 PDK 소자에 대한 이해

Virtuoso Schematic Editor에서 Schematic을 작성할 때는 일반적으로 Symbol로 표현된 PDK 소자를 사용하여 회로도를 구성한다. 이번 절에서는 NMOSFET, PMOSFET, 그리고 Inverter 와 같은 PDK 소자에 대해 살펴본다.

NMOSFET

NMOSFET은 Drain(D), Gate(G), Source(S), 그리고 Bulk 또는 Body(B)로 구성된 4단자(Port) 소자이며, 일반적인 회로 Symbol은 [그림 3-23]과 같다.

NMOSFET의 Gate 전압이 Source 전압보다 NMOSFET의 문턱전압(Vth, Threshold Voltage)보다 높아지면, Drain 단자에서 Source 단자로 전류가 흐르며 NMOSFET이 ON 상태가 된다. 반대로 Gate 전압이 문턱전압보다 낮을 경우, 전류가 흐르지 않는 OFF 상태가 된다.

NMOSFET Symbol에서 화살표의 위치는 Source 단자를 나타내며, 화살표 방향은 전류 흐름의 방향을 표시한다. Body 단자는 일반적으로 Source 단자와 연결되므로, 회로 Symbol에서 생략되는 경우가 많다. Body 단자가 생략된 경우에는 Source 단자와 연결되어 있음을 의미한다.

또한, NMOSFET의 Source와 Drain은 대칭적 특성을 가지므로, 특정 상황에서는 화살표 없이 Source와 Drain을 구분하지 않고 표현할 수 있다. 이 경우, 외부 환경에 의해 더 높은 전압이 인가되는 단자가 Drain이 된다.

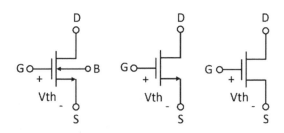

[그림 3-23] NMOSFET의 심벌

PMOSFET

PMOSFET의 회로 Symbol은 [그림 3-24]와 같으며, NMOSFET과 마찬가지로 Drain(D), Gate(G), Source(S) 그리고 Bulk 또는 Body(B)로 이루어진 4단자(Port) 소자이다.

PMOSFET에서 Gate 전압이 Source 전압보다 PMOSFET의 양의 문턱전압(Vth, Threshold Voltage)보다 낮아질 때, 높은 전압인 Source에서 낮은 전압인 Drain으로 전류가 흐르며, PMOSFET이 ON 상태가 된다. 반대로 Gate 전압이 이 조건을 만족하지 않으면 전류는 흐르지 않고, PMOSFET은 OFF 상태가 된다.

Body 단자는 일반적으로 Source 단자와 연결되므로, 회로 Symbol에서 Body 단자를 생략하는 경우가 많다. 그러나 생략되었더라도 Body 단자는 항상 Source 단자와 연결되어 있음을 의미한다.

PMOSFET Symbol에서 화살표의 위치는 Source 단자를 나타내며, 화살표 방향은 전류 흐름의 방향을 표시한다.

PMOSFET임을 명확하게 나타내기 위해 Gate 단자에 원모양(O)을 추가한 Symbol을 사용하기도 한다. PMOSFET은 NMOSFET와 마찬가지로 Source와 Drain 이 대칭적 특성을 가지므로, 화살표 없이 Source와 Drain을 구분하지 않고 표현할 수도 있다. 이 경우, 외부 환경에 의해 더 높은 전압이 인가되는 단자가 Source가 된 다.

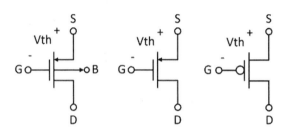

[그림 3-24] PMOSFET의 심벌

Inverter

Inverter는 NMOSFET과 PMOSFET으로 구성된 대표적인 회로이며, 해당 회로와 Symbol은 [그림 3-25]에 나타나 있다.

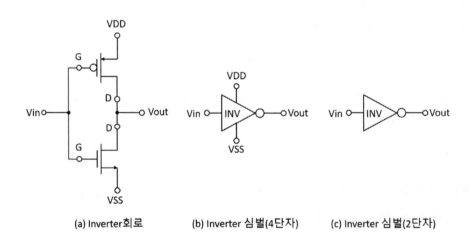

(a) Inverter회로   (b) Inverter 심벌(4단자)   (c) Inverter 심벌(2단자)

[그림 3-25] NMOSFET, PMOSFET의 심벌로 이루어진 Inverter회로와 심벌

Inverter는 VDD, VSS, Vin, Vout으로 이루어진 4단자 소자이다. 다만, Power(VDD)와 Ground(VSS) 단자가 명확히 정의된 경우에는, 이를 생략하여 2단자 소자로 심벌화할 수 있다

Inverter는 입력 신호가 출력에서 위상이 반전되기 때문에 이러한 이름이 붙었다. Inverter Symbol의 Vout 단자에 있는 원모양(O)은 입력에 비해 출력이 반전됨을 의미한다.

여기에서 반전이란, 입력 단자에 Power(VDD)가 입력되면, 출력에서 Ground(VSS)가 나타나고, 반대로 Ground(VSS)가 입력되면, 출력에서 Power(VDD)가 나타나는 것을 의미한다.

Inverter는 Power에서 공급되는 전류와 Ground로 빠져나가는 전류의 비가 같을 때 대칭적으로 동작하며, 이러한 대칭성은 설계에서 일반적으로 선호된다. NMOSFET의 전류 공급 능력은 동일 크기의 PMOSFET보다 2배 크다. 따라서 Inverter 회로에서는 PMOSFET의 크기를 NMOSFET의 2배로 설계하여 두 소자의 전류 공급 능력을 균형 있게 맞춘다.

3.6.2 INV1 Cell Schematic 그리기

본 절에서는 PDK 소자를 호출하여 원하는 특성을 지정한 후, 이를 활용해 Inverter Schematic을 작성한다. Schematic 작성을 위해 가장 먼저 회로도 작업창의 정밀도(Grid)를 설정하여 정확한 작업 환경을 구축한다. 이후, 'Schematic Editor' 창의 간단한 메뉴를 익히고, Pin과 Wire의 개념을 이해하여 활용한다.

Virtuoso 실행과 Schematic Editor 창 열기

작업 디렉터리에서 백그라운드 프로세스로 Virtuoso를 실행하는 방법인 [표 3-1]을 다시 참고한다. 이미 홈 디렉터리에 virtuoso 디렉터리가 생성되어 있으므로, 디렉터리를 새로 만드는 과정은 필요하지 않다.

작업 디렉터리에서 백그라운드 프로세스로 virtuoso 실행	
$ cd ~	## 홈 디렉터리로 이동
$ csh	## c shell 호출
$ source idec.cshrc	## 환경 파일 적용
$ cd virtuoso	## 작업 디렉터리로 이동
$ virtuoso &	## Virtuoso를 백그라운드 프로세스로 실행

[그림 3-26] 작업 디렉터리에서 백그라운드 프로세스로 Virtuoso 실행

Virtuoso 실행 후, [그림 3-21]과 같이 'Library Manager' 창을 연다. 좌측 마우스로 Library 이름(예: TestStartSchLay), Cell 이름(예: INV1), 그리고 View 이름(예: schematic)을 차례로 클릭하여 선택한다. 선택된 Library, Cell, View는 메뉴 색상이 반전되어 표시되므로 이를 확인한다.

[그림 3-21]처럼 선택된 Schematic View이름을 좌측 마우스로 두 번 클릭하면 Schematic Editor 창이 열린다. 또 다른 방법으로는 [그림 3-21]처럼 Schematic Cell View가 선택된 상태에서 나타나는 하단 우측의 검은색 바탕 창을 두 번 클릭해 Schematic Editor 창을 열 수 있다.

Cell을 Open하는 또 다른 방법으로는, 선택된 이름(개체) 위에 커서를 위치한 상태에서 우측 마우스를 클릭하여 나타나는 하위 메뉴 창([그림 3-27])을 이용하는 것이다. 이 메뉴 창에는 'Open', 'Copy', 'Rename', 'Delete' 등의 옵션이 있으며, 'Open'을 선택하면 회로를 작성할 수 있는 'Schematic Editor' 창이 열린다

이렇게 열린 Schematic Editor 창은 [그림 3-28]과 같으며, Library와 Cell 등이 Load되는 과정이 CIW 로그 창에 표시된다.

[그림 3-27] 'Library Manager' 창에서의 하위 메뉴 창

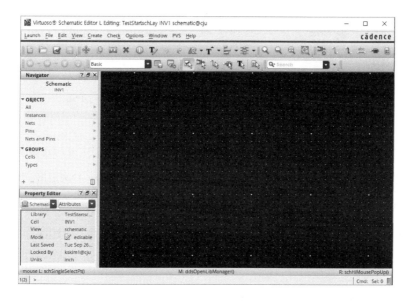

[그림 3-28] 생성된 'Schematic Editor' 창

Schematic 회로도의 정밀도 선택(Grid 설정)과 환경 저장

'Schematic Editor' 창에서 회로도의 정밀도(Grid) 설정을 설정하려면, 'Schematic Editor' 창의 Option → Display 메뉴를 선택하거나 단축키 'O'를 사용하여 'Display

Options' 창([그림 3-29])을 연다. 이 창에서 'Grid Controls' 항목에 있는 'Spacing' 값을 0.0625, 'Snap Spacing' 값을 0.03125로 변경하여 설정한다.

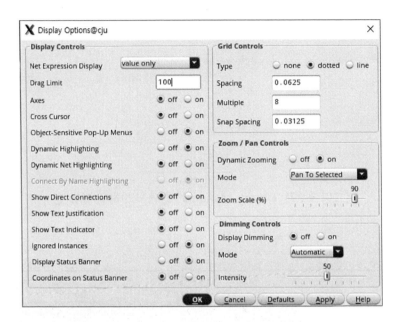

[그림 3-29] 'Display Options' 창에서의 Grid 변경

환경 변수인 Grid가 변경되었으므로, 이를 환경 설정 파일인 ~/.cdsenv에 저장해야 한다. 저장하려면 'Library Manager' 창에서 'File → Save Defaults'를 선택하여 [그림 3-30(b)]와 같이 'Save Library Manager Defaults' 창을 생성한 후, 홈 디렉터리에 .cdsenv 파일 이름으로 저장한다. 이렇게 저장된 설정은 Virtuoso 툴 실행 시마다 자동으로 적용된다.

환경 변수 설정이 올바르게 저장되었는지 확인하려면, 명령창에서 $ ls -alt 명령어를 사용하여 ~/.cdsenv 파일의 생성 시간 등을 확인한다. 또한, vi 편집기 또는 cat 명령어를 사용하여 [그림 3-31]과 같이 ~/.cdsenv 파일에서 변경된 내용을 확인한다.

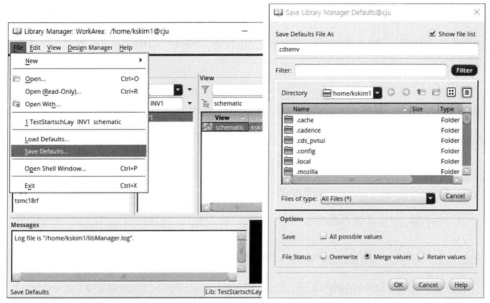

(a) Library Manager 창　　　(b) Save Library Manager Defaults 창

[그림 3-30] 환경 설정용 파일 ~/.cdsenv 저장 과정

~/.cdsenv의 내용 발췌	
schGridSpacing, symGridSpacing float 0.0625	## 0.0625로 변경 확인
schSnapSpacing, symSnapSpacing float 0.03125	## 0.03125로 변경 확인

[그림 3-31] 환경 파일 ~/.cdsenv에서 변경 내용 확인

Schematic Editor의 메뉴

'Schematic Editor' 창에서는 다양한 메뉴를 통해 PDK 소자를 불러오고, 이를 활용해 회로를 설계할 수 있다. 이를 위해 소자를 불러오는 Create기능, 회로 편집 작업을 위한 Edit 기능, 회로도의 보기 설정을 위한 View 기능, 환경 설정을 위한 Options기능, 파일 관리 기능인 File기능, 다양한 툴을 실행하는 Launch기능, 작성한 Schematic을 점검하는 Check기능, 창 관리와 관련된 Window 기능, 그리고 레이아웃과 연관된 PVS 기능이 제공된다. 또한 'Help' 메뉴를 통해 기능에 대한 도움말을 확인할 수 있다.

'Create' 메뉴는 MOSFET, 저항, 커패시터 등 PDK 소자를 불러오는 'Instance' 기능 외에도 'Wire', 'Wire Name', 'Pin', 'Cellview', 'Note', 'Probe' 등 회로 작성에 필요한 다양한 명령어를 제공한다.

불러온 소자를 활용해 회로를 설계하거나 수정하려면 'Edit' 메뉴에서 'Undo', 'Redo', 'Move', 'Copy' 등의 편집 기능을 사용할 수 있다. 작업창의 환경을 설정하려면 'Options' 메뉴에서 'Editor'나 'Display' 창을 통해 작업 환경을 정의할 수 있다. 작성된 Schematic View를 관리하려면 'File' 메뉴에서 'New', 'Open', 'Close' 등의 기능을 사용해 파일처럼 Schematic View를 관리할 수 있다.

'Launch' 메뉴는 Virtuoso 툴의 다양한 기능을 실행하기 위한 메뉴로, 기본적인 기능을 제공하는 'Schematic L'과 고급 기능이 추가된 'Schematic XL'을 선택해 사용할 수 있다.

회로 시뮬레이션을 위해서는 ADL(Analog Design Environment)이 사용되며, 기본적인 'ADE L'부터 'ADE XL', 'ADE GXL', 'ADE Explorer', 'ADE Assembler'까지 다양한 시뮬레이션 환경을 지원한다. 또한, 레이아웃 설계를 위해 'Layout XL', 'Layout GXL', 'Layout EAD' 등의 기능도 제공한다.

[그림 3-32]와 [그림 3-33]은 'Schematic Editor' 창에서 제공하는 다양한 메뉴를 보여준다.

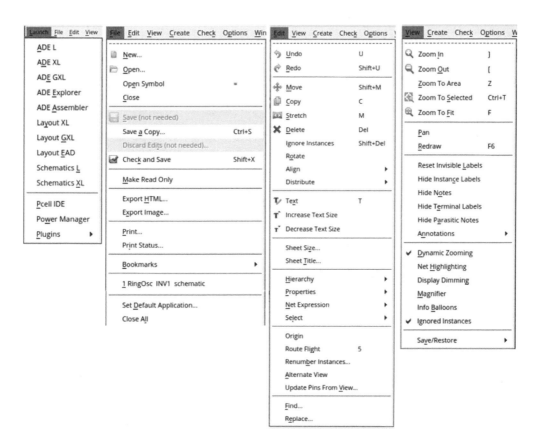

[그림 3-32] 'Schematic Editor'의 'Launch', 'File', 'Edit', 'View' 메뉴와 하위 메뉴

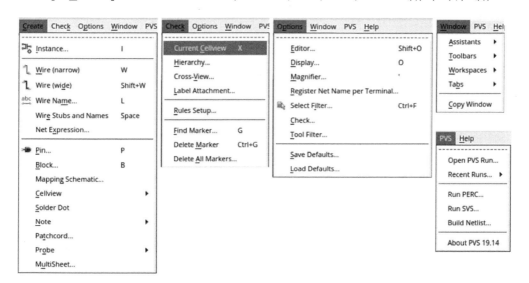

[그림 3-33] Schematic Editor의 'Create', 'Check', 'Options',
'Window', 'PVS' 메뉴와 하위 메뉴

Schematic Editor에서의 회로도 구성 요소

기본적인 설정이 완료되면 [그림 3.34(a)]의 NMOSFET와 PMOSFET으로 구성된 Inverter 회로를 'Schematic Editor' 창에 Schematic으로 작성할 수 있다. 일반적으로 Schematic은 다음과 같은 요소로 구성되며, 이들은 모두 Schematic Editor의 'Create' 메뉴를 통해 호출하여 사용할 수 있다.

- **Instance**: 파운드리에서 제공하는 Cell(PDK소자)로, 회로의 기본 구성 요소

- **Wire**: Instance 간의 전기적 연결을 위한 구성 요소

- **Pin**: 단자 이름을 지정하여 회로를 명확히 표현하기 위한 구성 요소

- 전원 **Symbol**: 회로 동작과 시뮬레이션에 필요한 구성 요소

Inverter Schematic 작성

NMOSFET, PMOSFET, 저항, 커패시터 등 회로 설계에 사용되는 모든 소자는 Instance(Cell)로 표현되며, 이는 웨이퍼 위에 구현 가능한 물리적 구조를 나타낸다. 파운드리 회사는 IC 설계를 지원하기 위해 PDK를 제공하며, 여기에는 소자의 Symbol과 Layout View가 포함된다. Instance에는 Virtuoso에서 제공하는 기본 모델뿐만 아니라, 파운드리에서 제공하는 설계 자료와 사용자가 직접 만든 설계 자료도 포함된다.

'Schematic Editor'에서 Schematic을 작성하는 일반적인 과정은 다음과 같다.

Instance 호출: MOSFET과 같은 Instance를 호출하기 위해 'Create → Instance' 메뉴를 사용한다.

Instance 위치 이동: 호출한 Instance를 'Edit → Move' 메뉴를 통해 적절한 위치로 이동한다.

Instance 연결: 'Create → Wire' 메뉴를 사용해 Wire를 생성하여 Instance를 전기적으로 연결한다.

Pin 지정: 단자 이름을 지정하기 위해 'Create → Pin' 메뉴를 사용한다.

[그림 3-34]는 일반적인 회로와 'Schematic Editor'에서 작성된 Schematic과의 관계를 시각적으로 보여준다. 'Schematic Editor'를 통해 작성된 회로도는 IC 설계와 시뮬레이션에서 중요한 역할을 한다.

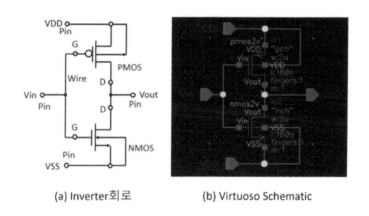

(a) Inverter회로   (b) Virtuoso Schematic

[그림 3-34] 회로와 'Schematic Editor' 창에서 Instance, Wire, Pin을 이용한 Schematic

Instance 호출(가져오기)과 배치

Instance를 호출하려면 'Schematic Editor' 창에서 'Create → Instance' 메뉴를 선택하거나 단축키 'I'를 사용하여 'Add Instance' 창([그림 3-35])을 생성한다. 이후, 'Add Instance' 창에서 Instance를 지정하고 'Schematic Editor' 창에 배치하는 과정은 다음과 같다.

Library 선택: 'Library'에서 브라우저로 호출할 Instance가 있는 Library를 선택한다(예: tsmc18rf).

Cell 선택: 'Cell'에서 사용할 소자(Cell)를 브라우저를 이용하여 선택한다(예: nmos2v). 이때 표시되는 Cell 목록은 선택된 Library에서 사용할 수 있는 소자들로 구성된다.

View 설정: symbol로 설정한다.

Instance 배치: 설정을 완료한 후 'Hide' 버튼을 클릭한다. 그런 다음, 'Schematic Editor' 창에서 커서를 원하는 위치에 지정하면 Instance가 해당 위치에 추가된다.

선택하는 Cell에 따라 'Add Instance' 창에는 [그림 3-35(b)]와 같이 해당 Cell에 맞는 'Property' 항목이 표시된다. 이를 통해 Instance의 특성을 세부적으로 설정할 수 있다.

[그림 3-35(b)]의 예시에서는 다음과 같이 설정되었다.

Library: tsmc18rf

Cell: nmos2v

View: symbol

Instance 특성:

- Length l=180nm, Width w=2um

- Finger 개수(Number of Fingers)=1

- Multiplier=1

이 설정은 NMOSFET의 총 Width를 2um로 지정하며, w/l=2um/0.18um인 NMOSFET이 선택됨을 의미한다. 특성 메뉴에서 바탕이 회색인 항목은 사용자가 변경할 수 없는 값을 나타낸다.

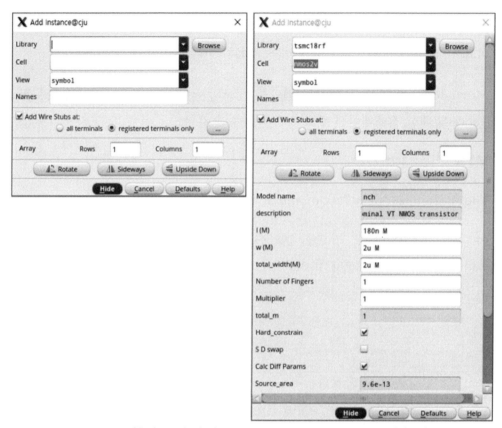

(a) Add Instance창의 초기 상태　(b) nmos2v Cell의 특성 창

[그림 3-35] 'Add Instance' 창: 초기 상태와 nmos2v 소자의 Property 창

'Add Instance' 창에서 Instance를 지정한 후, 커서를 Schematic Editor 작업창에 위치시키면 [그림 3-36(a)]와 같이 'Schematic Editor' 창에 Cell을 배치할 수 있다. 배치된 Instance(Cell)는 커서를 사용해 전체를 선택하거나 특정 단자를 선택하여 작업할 수 있다. 선택한 대상은 대시(Dash) 선으로 표시되며, 이를 통해 선택된 요소를 확인할 수 있다.

[그림 3-36(a)]는 Instance nmos2v의 Gate가 점선으로 표시되어, Gate가 선택되었음을 표현한다. [그림 3-36(b)]는 Cell 전체가 점선으로 표시되어, Instance nmos2v 전체가 선택되었음을 표현한다.

[그림 3-36]에서 Instance nmos2v는 호출 시 이름을 지정하지 않으면 자동으로 부여되며(예: M0) 사용자는 필요에 따라 부여된 이름을 변경할 수 있다.

Schematic은 PDK를 통해 시뮬레이션 정보와 연결된다. [그림 3-36]에 나타난 Instance에 대한 시뮬레이션 주요 정보는 다음과 같다.

Model 이름: nch

Width=2um, Length=180nm, multiplier=1, fingers=1

이 값들은 Instance를 호출할 때 설정되는 특성 변수이다. 초기 호출 이후 Instance 특성을 변경하려면, Instance를 좌측 마우스로 선택한 다음, 단축키 'Q'를 눌러 [그림 3-35(b)]와 같은 'Add Instance' 창을 열고 설정을 수정한다.

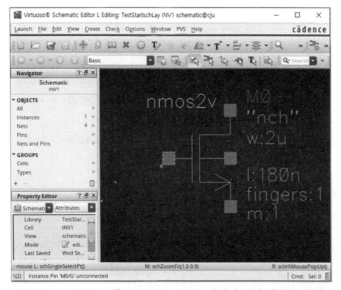
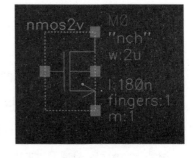

(a) Schematic Editor에 NMOSFET nmos2v가 호출되어 배치된 상태   (b) 불려온 셀이 선택된 상태

[그림 3-36] 'Schematic Editor' 창에 배치된 instance와 Cell의 선택

Inverter의 한 구성 요소인 PMOSFET 소자(예: pmos2v)를 [그림 3-35]와 같이 호출하고, 다음과 같이 설정한다.

Length l=180nm, Width w=2um, Finger 개수=1, Multiplier=1

설정이 완료되면 PMOSFET Instance를 'Schematic Editor' 작업창에 추가하여 [그림 3-37]처럼 배치한다.

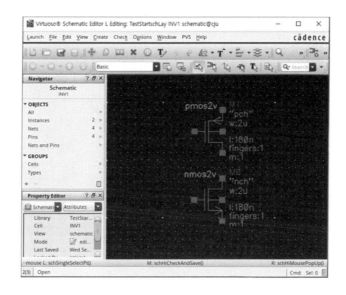

[그림 3-37] 'Schematic Editor' 창에서 호출된 NMOSFET, PMOSFET 배치

배치가 완료되면, 필요한 핀 (Pin)을 생성하기 위해 Pin Symbol과 회로 연결용 Wire를 사용한다. 이를 통해 'Schematic Editor' 창에서 [그림 3-34(b)]에 나타난 것과 동일한 형태로 Inverter를 완성한다.

Pin 호출 ('Create → Pin')

Pin Symbol을 호출하려면 'Schematic Editor' 창에서 'Create → Pin' 메뉴(또는 단축키 'P')를 선택한다. 이후 생성된 'Create Pin' 창([그림 3-38])에서 Pin의 이름과 속성(Direction, Output/Input)을 지정한 후, 'Hide' 버튼을 클릭하면 설정된 이름과 속성으로 커서가 지정한 위치에 Pin Symbol이 생성된다.

Pin의 속성은 출력으로 사용하는 경우에는 output [그림 3-38(a)], 입력인 경우에는 input [그림 3-38(b)]으로 지정한다. 신호의 형태는 신호인 경우에는 signal로, 전원으로 사용되는 경우에는 power로 지정한다. 일반적으로는 signal로 지정한다.

동일 Direction의 Pin을 여러 개 생성하려면, Pin 이름을 [공백, 스페이스]로 구분하여 작성한 후, 커서를 사용해 원하는 위치를 연속해서 지정하면 각 위치에 Pin이 생성된다[그림 3-38(c)].

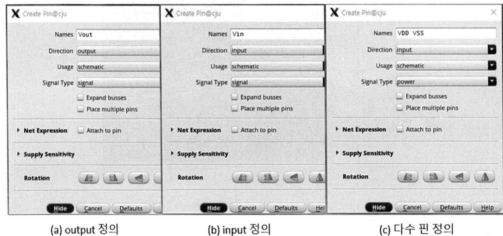

(a) output 정의   (b) input 정의   (c) 다수 핀 정의

[그림 3-38] 여러 속성의 Pin과 이름 명명

Wire 사용(Instance와 Instance 연결)

'Create → Wire' 메뉴(또는 단축키 'W')를 사용하여 다음과 같이 개체 간 전기적 연결을 수행할 수 있다.

● Instance와 Instance 간 연결

● Pin과 Instance 간 연결

● Net(Wire)과 Pin(Wire) 간 연결

이러한 개체 간의 연결은 'Create → Wire' 메뉴(또는 단축키 'W')를 선택한 후, 좌측 마우스 클릭으로 첫 번째 지점을 지정하여 출발점으로 설정한다. 이후, 다음 지점을 두 번째 클릭으로 지정한다. 이 과정을 원하는 개체까지 반복해 Wire로 연결한다. 개체를 연결하는 Wire는 일반적으로 0도 또는 90도 방향으로 설정하며, 이를 Snap 모드라고 한다.

Pin 이름을 지정하는 것처럼 [그림 3-39]와 같이 Wire(또는 Net)에 이름을 지정할 수 있다. 기본적으로 Net 이름은 자동적으로 지정되며, 특별한 의미를 가지는 Net에만 이름을 명시한다. Net 이름을 지정하는 과정은 다음과 같다.

- 'Create → Name' 메뉴(또는 단축키 'L')를 선택한다.

- 생성된 'Create Wire Name' 창에서 한 개 또는 여러 개의 Wire Name을 스페이스로 구분하여 입력한다.

- 'Hide'버튼을 클릭하여 창을 닫는다.

- 'Schematic Editor' 창에서 특정한 Wire를 선택하면 입력한 이름이 해당 Wire에 부여된다. 여러 이름을 입력한 경우, 선택한 순서에 따라 이름이 지정된다.

[그림 3-39] 'Create Wire Name' 창에서 Wire 이름 지정

Schematic에서는 같은 이름의 Net은 물리적으로 연결되지 않아도 논리적으로 연결된 상태로 간주된다. 반면, 다른 이름의 Net이 서로 연결되어 있으면 이는 Short Error(단락 에러)에 해당하므로 반드시 수정해야 한다. 따라서, 다른 이름의 Wire는 서로 연결하지 않아야 하며, 같은 이름의 Net과 Pin은 서로 연결이 가능하다.

Inverter 회로의 완료와 저장

작성된 Schematic 회로(Inverter Cell INV1)를 저장하려면, 'Schematic Editor' 창에서 'File → Check and Save' 메뉴를 선택한다. 이 메뉴는 현재 창에 생성된 Schematic Cellview를 검증(Check)하고 저장(Save)한다.

[그림 3-40]은 'Check & Save' 과정에서 Warning이 발생한 경우의 예를 보여준다.

- 'Schematic Editor' 창에서 Warning 이 발생한 위치는 노란색으로 표시된다. [그림 3-40]에서는 NMOSFET의 Body가 연결되지 않아 끊어진 Wire가 있음을 나타낸다.

- 'Schematic Check' 창에서는 Warning 메시지가 출력된다. [그림 3-40]에서는 총3개의 Waring이 발생하였으며, NMOSFET Body의 VSS에 연결되지 않은 Wire가 2개 존재하며, NMOSFET의 Body가 연결되지 않았음을 보여준다.

Warning 또는 Error가 발생한 경우, 반드시 문제를 수정한 후 Schematic [그림 3-41]을 저장한다.

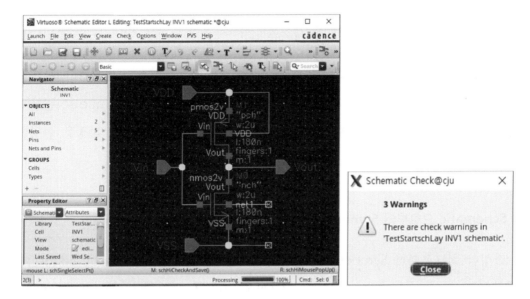

[그림 3-40] 'File → Check and Save'에서 Warning 발생

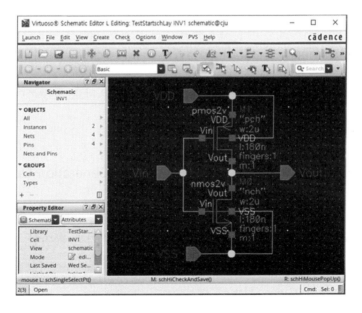

[그림 3-41] 완성된 Inverter 회로

3.6.3 INV1 Cell의 심벌 만들기

Schematic을 작성하기 위해 PDK Instance를 Symbol로 호출하는 것처럼, 사용자가 작성한 회로를 Schematic에서 사용하려면 해당 Schematic을 Symbol로 변환해서 호출하여야 한다. 본 절에서는 Schematic을 Symbol로 변환하는 과정을 설명한다.

Schematic 으로부터 Symbol 만들기와 저장

작성한 회로로부터 Symbol을 만들려면, [그림 3-42]처럼 'Schematic Editor' 창에서 'Create → Cellview → From Cellview' 메뉴를 선택한다. 그러면, 'Cellview Form Cellview' 창이 생성되며, 여기서 Library와 Cell 이름을 확인한 후 Symbol을 생성한다. 'Cellview Form Cellview' 창에서 Symbol을 생성하는 과정은 다음과 같다.

- Library Name(예: TestStartschLay)과 Cell Name(예: INV1)을 확인한다.

- 'From View Name' 변수에 schematic을 브라우저로 지정한다.

- 'To View Name' 변수에 symbol을 지정한다.

- 'OK' 버튼을 클릭하면 [그림 3-43]의 'Symbol Generation Options' 창이 생성된다.

'Symbol Generation Options' 창에서 Pin 이름과 위치를 확인한 후, 문제가 없으면 'OK' 버튼을 클릭한다. 이 과정을 통해 'Symbol Editor' 창에 [그림 3-44]와 같이 기본(Default) 모양의 사각형 심벌이 생성된다.

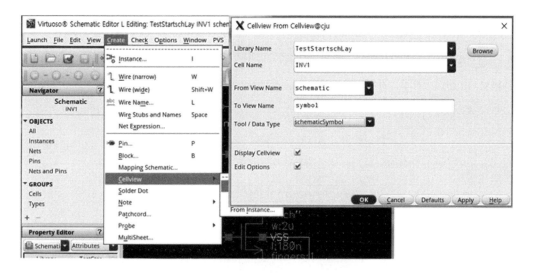

[그림 3-42] 심벌 생성을 위한 'Cellview From Cellview' 창

'Symbol Generation Options' 창([그림 3-43])에서는 Left Pins 목록이 기본 (Default) 심벌의 왼쪽에 배치되며, Right Pins 목록이 오른쪽에 배치된다. 또한, 심벌의 모양에 따라 Top과 Bottom에도 Pin을 배치할 수 있다.

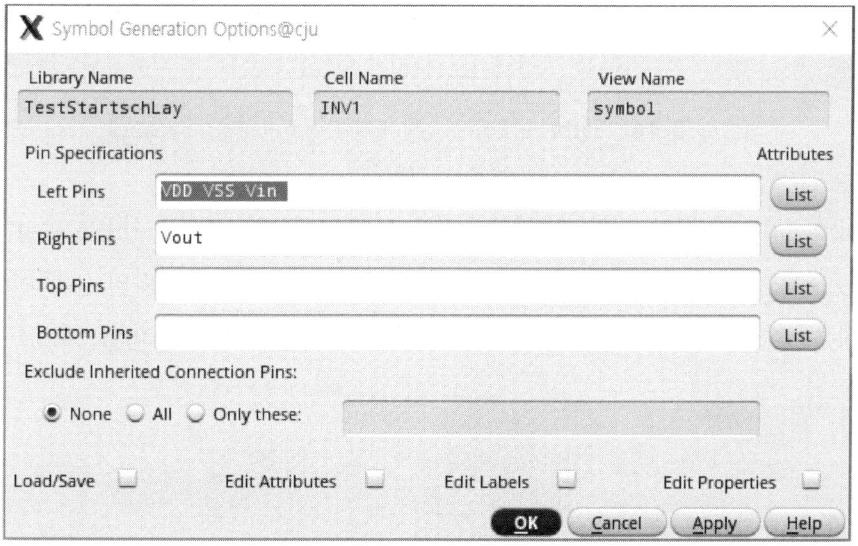

[그림 3-43] 'Symbol Generation Options' 창

Default 심벌이 완성되면, 'Symbol Editor' 창에서 'File → Check and Save' 메뉴를 선택하여 Error와 Warning을 확인한다. 심벌의 [@PartName]과 [@instancename]은 변경하지 않으며, 심벌의 모양은 필요에 따라 'Symbol Editor' 창에서 수정할 수 있다.

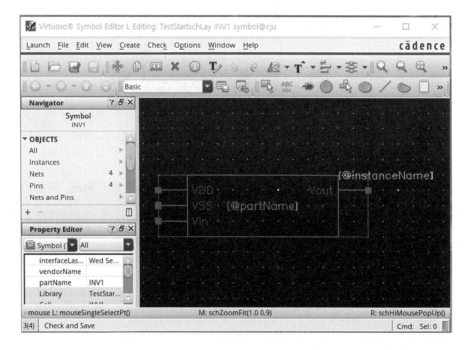

[그림 3-44] 'Symbol Editor' 창에서 Default INI1 Symbol

'Symbol Editor' 창에서 'Check&Save'를 실행했을 때, [그림3-45]와 같이 노란색 사각형 안에 X표시로 나타나는 Error 또는 Warning이 표시되면, Schematic과 Symbol을 수정한 후 다시 'File → Check and Save'를 실행하여 이를 해결한다.

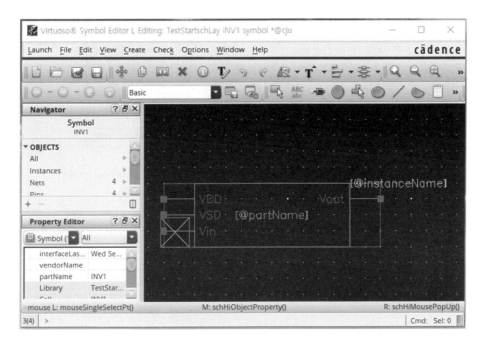

[그림 3-45] 'Symbol Editor' 창에서의 Warning 표시

Symbol Editor에서 Symbol 모양 변경

'Symbol Editor' 창을 열려면, 'Library Manager' 창에서 특정 Symbol을 선택한 후, 마우스 오른쪽 버튼을 클릭하고 [그림 3-46]의 'Open' 메뉴를 선택한다. 또는 선택한 Symbol을 마우스 왼쪽 버튼을 두 번 클릭하여 'Symbol Editor' 창을 열 수 있다.

'Symbol Editor' 창에서 'Create → Edit'와 'Create → Shape'를 사용하여 Symbol 모양을 변경할 수 있다. 이때, Symbol의 영역을 표시하는 Selection Box는 단자를 최대한 포함하는 빨간색 사각형 모양을 유지해야 하며, 이는 Symbol 호출 시 Instance를 보호하는 역할을 한다. Selection Box는 'Create → Selection Box' 메뉴를 통해 생성할 수 있다.

[그림 3-47]은 'Symbol Editor' 창에서 사용되는 'Edit'와 'Create' 메뉴의 하위 메뉴를 보여준다.

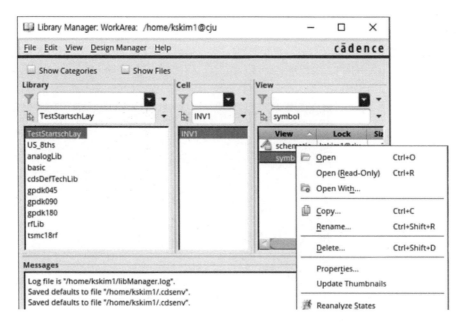

[그림 3-46] 'Library Manager' 창에서 INV1 Cell Symbol 열기

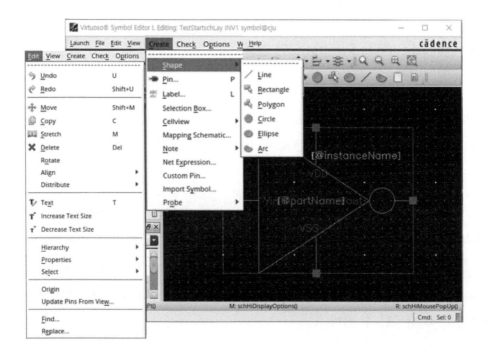

[그림 3-47] 'Symbol Editor' 창의 하위 메뉴와 변경된 INV1 Symbol

'Create → Shape' 메뉴를 선택하면 Symbol의 모양을 생성할 수 있는 'Line', 'Rectangle', 'Polygon', 'Circle', 'Ellipse', 'Arc' 등의 옵션을 제공한다. 이를 활용하면 기본(Default) 사각형 모양의 Symbol을 일반적인 Inverter Symbol 모양으로 변경할 수 있다.

'Schematic Editor'나 'Symbol Editor'에서 편집 작업을 완료한 후에는 'File → Check and Save'를 실행하여 변경 내용을 저장하고 확인해야 한다.

3.6.4 Library, Cell의 Copy, Rename, Delete 등 파일 처리

Virtuoso에서는 기존의 Library, Cell, View를 복사(Copy), 이름 변경(Rename), 삭제(Delete)할 수 있다. 예를 들어, Library를 파일로 처리하려면 Library Manager 창의 메뉴에서 Library의 목록을 선택하고, Cell을 파일로 처리하려면 Cell 목록을 선택한다. View를 파일로 처리하려면 Library Manager 창의 메뉴에서 View 목록을 선택한 다음, 마우스 오른쪽 버튼을 클릭하여 하위 메뉴를 활성화하고 Copy, Rename, Delete 기능을 선택한다.

Cell INV1을 동일(또는 다른) Library에 INV2로 Copy

Cell INV1을 동일하거나 다른 Library에 INV2로 복사하는 과정은 다음과 같다.

1. Cell INV1을 선택한 뒤, 오른쪽 마우스 클릭으로 하위 메뉴를 활성화하고 'Copy' 메뉴를 선택한다.

2. [그림 3-48]과 같이 'Copy Cell' 창이 열리면 다음을 입력한다.

 - 'From' 메뉴: 복사할 Cell의 Library와 Cell이름(예: TestStartschLay, INV1) 입력

 - 'To' 메뉴: 복사될 Cell의 Library와 Cell 이름(예: TestStartschLay, INV2) 입력

3. 'OK' 버튼을 클릭하면 'Library Manager' 창에서 TestStartschLay Library 아
래에 INV2 Cell이 생성된다. 이때 해당 Cell의 Schematic View와 Symbol
View도 함께 복사된다.

[그림 3-48] 'Copy Cell' 창에서 Library Cell INV1복사

3.7 Cell INV1과 INV2를 이용한 버퍼(Buffer) 회로 작성

Buffer 회로는 Inverter가 짝수 개로 연결된 회로를 의미한다. Inverter는 입력 신
호를 반전시키므로, 두 개의 Inverter로 구성된 Buffer는 입력 신호가 두 번 반전되
어 출력 신호는 입력 신호와 동일한 위상을 가지며, 신호가 지연된다. 일반적으로
Buffer 회로는 출력의 구동 능력을 높이기 위해 회로에서 사용된다.

　'Schematic Editor'를 사용하여 Inverter Symbol INV1과 INV2를 이용해 작성한
Buffer 회로는 [그림 3-49]에 나타나 있다. 이때 사용된 Instance INV1과 INV2는
TestStartschLay Library에 생성된 Cell을 사용했으며, Inverter INV1의 출력 단자인
Net(또는 Wire) 이름을 단축키 'L'을 이용하여 VOUTB로 지정하였다.

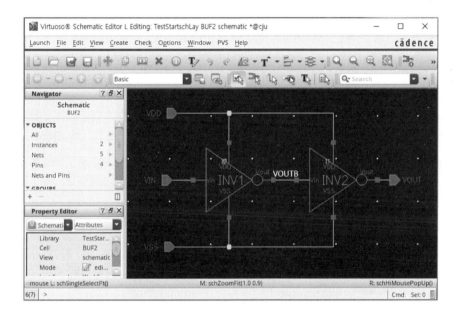

[그림 3-49] INV1, INV2 Symbol을 이용한 Buffer 회로

3.8 Schematic Editor 창에서 나타나는 일반적인 오류

　[그림 3-50]은 'Schematic Editor' 창에서 발생할 수 있는 전형적인 Error를 보여
준다. Error는 노란색 X로 표시되며 반드시 수정해야 한다. 이러한 Error는 Symbol
이 사용된 이후 Symbol 회로가 변경되었거나, 'Check & Save' 작업이 수행되었으
나, Symbol을 사용하는 회로에서 변경된 내용을 반영하는 'Refresh' 작업을 하지 않
은 경우 등이 주된 요인이다.

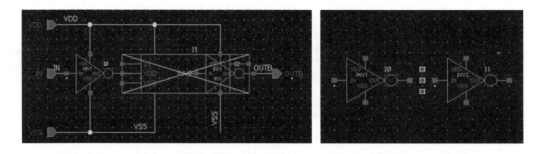

[그림 3-50] 'Schematic Editor' 창에 나타나는 전형적인 Error

Refresh

Symbol 또는 Schematic이 최신 상태로 반영되지 않는 문제는 'Library Manager' 창에서 'View → Refresh' 메뉴를 선택하여 해결할 수 있다. 이를 통해 사용 중인 회로를 최신 버전으로 동기화할 수 있다.

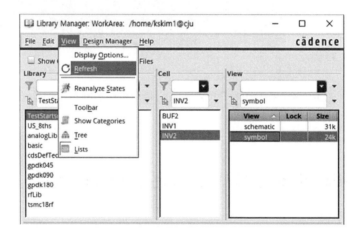

[그림 3-51] 'Schematic Editor' 창에서 View → Refresh 메뉴

Lock 개념

다중 사용자 환경에서 Virtuoso 파일을 사용할 경우, 한 사용자가 파일을 편집 중이라면 다른 사용자는 파일을 수정할 수 없다. 이를 Lock 상태라고 한다.

사용자가 Cell을 사용하면 해당 Cell은 Lock 상태가 된다. 작업 후 창이 정상적으로 종료(Exit)되지 않으면 Lock 상태가 유지되어, 이후 다른 사용자가 Cell을 변경하기 어려워진다. 따라서 작업창은 항상 정상적으로 종료(Exit)하여 Lock 상태를 해제해야 한다.

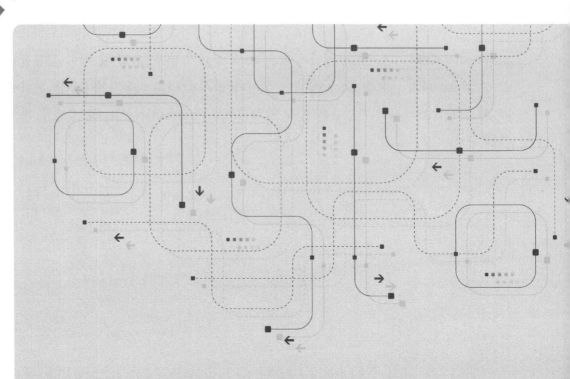

본 장에서는 작성한 회로의 동작을 검증하기 위해 Spectre 설계 툴에서의 시뮬레이션 환경 설정 및 대표적인 시뮬레이션 기법을 학습한다. 이를 통해 NMOSFET와 PMOSFET 의 DC Simulation 및 Inverter의 DC 및 Transient(Tran, 과도) Simulation을 수행하 며, 기본 소자의 전기적 특성을 이해하고 설계 툴 활용 방안을 익힌다.

또한, Spice Simulation 실행 결과를 Display 화면에 파형으로 출력하는 방법을 Cadence의 EDA 툴인 Spectre설계 툴 환경을 기반으로 설명한다.

회로도 동작 검증 (Simulation)

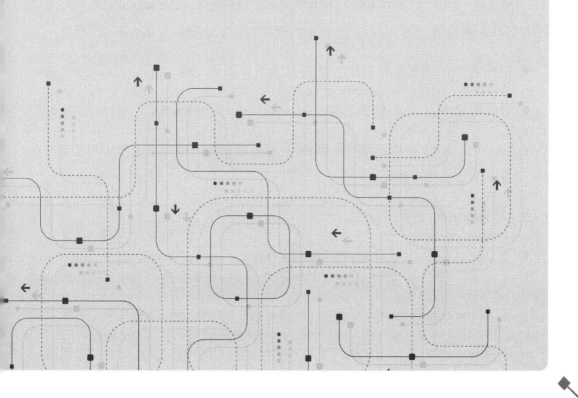

4.1 회로 시뮬레이션(Simulation)

일반적으로 회로 시뮬레이션은 다음 두 가지로 구분되며, 본 절에서는 Pre-Layout Simulation에 집중한다.

- Pre−Layout Simulation: 레이아웃 효과가 반영되지 않은 회로 시뮬레이션

- Post−Layout Simulation: 레이아웃 효과가 추가된 회로 시뮬레이션

Schematic은 PDK용 Schematic과 Simulation(Test Bench)용 Schematic으로 구분된다.

- PDK Schematic: PDK 소자로만 구성된 Schematic 회로를 의미하며, 파운드리에서 제조가 가능한 회로

- Simulation(Test Bench)용 Schematic: PDK Schematic에 회로 시뮬레이션을 위한 요소(신호 및 전원 Schematic)가 추가된 회로

[그림 4-1]은 전형적인 Simulation Schematic을 나타낸다. PDK Schematic 외에 시뮬레이션을 위해 추가된 신호 및 전원 Schematic은 다음과 같은 요소를 포함한다.

- GND와 전원 전압을 포함하는 각종 전압/전류 전원 심벌

- 입력 전압/전류 신호 발생 심벌

Simulation Schematic 회로에서는 회로의 동작 검증을 위해 일반적으로 다음과 같은 전기적 특성을 측정한다.

- Net(Node)의 전압

- 각 PDK 소자 또는 전원 단자에 흐르는 전류

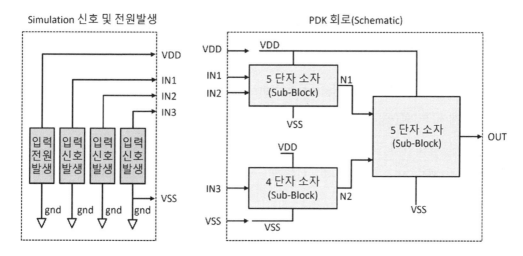

[그림 4-1] SPICE Simulation을 하기 위한 Simulation 용 Schematic

[그림 4-1]의 PDK Schematic 은 5단자 소자(또는 여러 개의 소자로 이루어진 Sub-Block) 2개와 4단자 소자(또는 Sub-Block) 1개로 구성된다. Simulation Schematic은 PDK Schematic이외 1개의 gnd, 1개의 전원 발생기(VDD), 그리고 3개의 신호 발생기(IN1, IN2, IN3)로 구성된다. 전원 및 입력 신호 발생을 위한 Symbol은 analogLib Library에서 호출할 수 있다. 일반적으로 analogLib에는 다양한 신호 및 전원 발생기가 있다.

[표 4-1] analogLib Library의 전원 및 입력 신호 Symbol

종류	형태
vdc(DC 전원), gnd(0V)	Voltage Source Symbol
vpulse(Pulse 입력 전압 신호), vpwl(pwl 입력 전압 신호), vsin (사인 입력 전압 신호)	Input voltage Source
idc(DC 전류), ipulse(Pulse 입력 전류 신호), ipwl(pwl 입력 전류 신호), isin (사인 입력 전류 신호)	Input current Source

Simulation Schematic에서 Symbol gnd는 0V를 의미하며, VDD, IN1, IN2, IN3, N1, N2, OUT는 Net (또는 wire) 이름으로 사용된다. 이러한 Net은 물리적으로 연결되지 않더라도 같은 이름을 가지면 전기적으로 연결된 것으로 간주된다.

또한 Simulation Schematic에서는 Net, 소자의 단자, 그리고 각 Sub-block내에 존재하는 임의의 Net에 대한 전기적인 특성을 시뮬레이션을 통해 측정할 수 있다.

PDK 회로를 포함하는 Simulation Schematic에서 PDK 회로의 전기적인 특성은 다양한 설계 EDA 툴(예: Synopsys 사의 HSPICE와 Cadence사의 Spectre)을 사용하여 다양한 시뮬레이션 방법으로 추출할 수 있다. 대표적인 시뮬레이션 방법에는 DC Sweep simulation, Transient (Tran) Simulation, AC Simulation, Noise Simulation 등이 있다.

DC Sweep Simulation(Direct Current Sweep Simulation)

회로의 입력 전압이 선형적으로 변화할 때 저항 성분만을 고려하여 전기적인 특성을 분석하는 기법이다. 이 방법은 회로에서 소자의 동작점(Operation Point)을 이해하는데 적합하다.

Transient(Tran) Simulation

저항뿐만 아니라 커패시턴스(Capacitance)와 인덕턴스(Inductance) 효과를 고려한 시뮬레이션 기법이다. 입력 신호가 시간에 따라 변화할 때 회로의 시간 응답(예: 전압, 전류)을 분석하는데 사용된다. 또한 소자가 펄스 입력에 대한 스위칭 동작 특성을 이해하는데 유용하다.

AC Simulation(Alternating Current Simulation)

AC 시뮬레이션은 저항뿐만 아니라 커패시턴스와 인덕턴스 효과를 고려하여, 입력 주파수 변화에 따른 회로의 주파수 응답(전압, 전류, 전력, 이득 등)을 분석하는 기법이다. 이 기법은 필터, 증폭기, 발진기 등의 분석에 유용하며, 일반적으로 결과는 Bode Plot으로 표현된다. Bode Plot을 통해 회로의 입출력 전압비와 위상 차이를 시각적으로 확인할 수 있다.

Noise Simulation

회로 설계에서 노이즈 요소를 분석하는 기법으로, 주파수 영역에서 스펙트럼 분석을 수행하여 Phase (위상) Noise와 Jitter를 확인한다. 이 기법은 RF PLL, VCO 등 고주파 회로의 분석에 적합하다.

4.2 시뮬레이션 환경 설정과 ADE(Analog Design Enviroment)

시뮬레이션 환경을 설정하려면 ADE(Analog Design Environment) 창을 생성해야 한다. ADE 창을 활성화하는 방법은 두 가지가 있다. 첫 번째는 'Schematic Editor' 창에서 'Launch → ADE(Analog Design Environment) L'를 선택하는 방법이며([그림 3-32]), 두 번째는 CIW창에서 'Tools → ADE(Analog Design Environment) L'를 선택하는 방법이다([그림 3-7]).

ADE 창이 생성되면 [그림 4-2]와 같은 화면이 나타난다. 이 창은 최상단에 Design 정보 Bar가 배치되어 있으며, 바로 아래에는 'Launch', 'Session', 'Setup', 'Analyses', 'Variables', 'Outputs', 'Simulation', 'Results', 'Tools', 'Help'와 같은 메뉴들이 나열되어 있다.

시뮬레이션 작업의 효율성을 높이기 위해 Setup Tool Bar는 창의 아래쪽에, ADE Tool Bar는 창의 오른쪽에 아이콘 형태로 배치되어 있다. 또한, 시뮬레이션 작업을 지원하기 위한 'Design Variables' 창, 'Analyses' 창, 'Outputs' 창이 포함되어 있어 필요한 설정과 결과 확인이 가능하다.

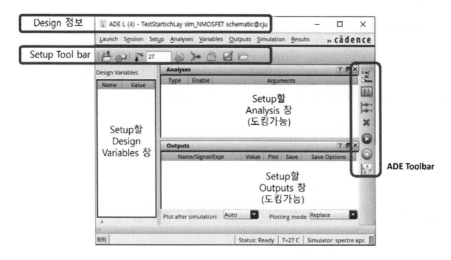

[그림 4-2] ADE(Analog Design Environment) 창

시뮬레이션을 위한 기본 설정에는 몇 가지 중요한 작업이 포함되며, 이러한 작업은 ADE 창의 'Setup' 메뉴에서 이루어진다.

1. 회로 설정: 'Setup → Design' 메뉴를 사용하여 시뮬레이션할 회로를 설정한다 ([그림 4-3]).

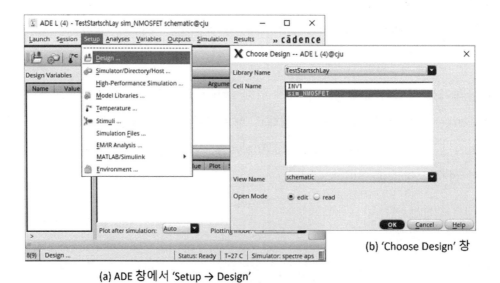

(a) ADE 창에서 'Setup → Design'

(b) 'Choose Design' 창

[그림 4-3] ADE 창에서 Simulation Cell 선택

2. SPICE Simulator 선택: 'Setup → Simulation/Directory/Host…' 메뉴를 통해 SPICE를 실행할 소프트웨어와 디렉터리를 지정한다([그림 4-4]). 기본은 spectre이지만, 환경이 추가 설정되면 hspiceD를 선택하여 Synopsy의 Hspice 를 사용할 수 있다. Simulator 설정에 따라 시뮬레이션을 실행할 수 있도록 Netlist가 추출된다.

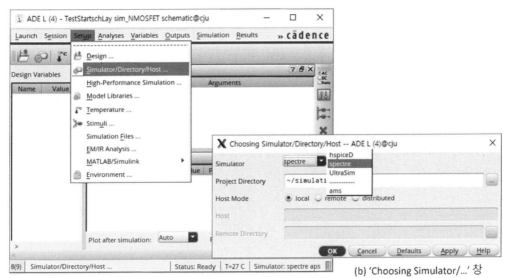

(a) ADE 창에서 'Setup → Simulator/Director/Host…' (b) 'Choosing Simulator/…' 창

[그림 4-4] ADE 창에서 SPICE Simulation 선택

3. Device Model 선택: 시뮬레이션에 사용할 Device Model은 'Setup → Model Libraries…' 메뉴를 통해 선택한다([그림 4-5]). MOSFET, BJT, 저항 등의 Device Model 선택에 따라, 공정 변화에 따른 회로 특성을 추출할 수 있다.

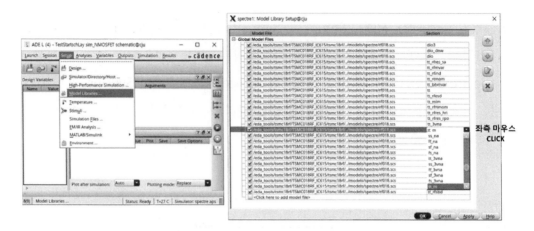

[그림 4-5] ADE 창에서 Device Model 선택

4. 시뮬레이션 온도 설정: 시뮬레이션에서 필요한 온도는 'Setup → Temperature...' 메뉴를 이용해 설정한다([그림 4-6]). 기본 온도는 상온인 27도 이다.

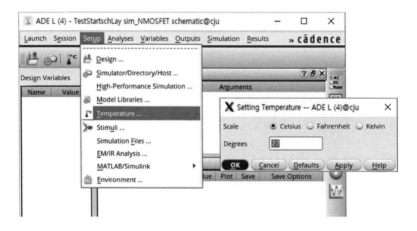

[그림 4-6] ADE 창에서 시뮬레이션 온도선택

5. 추가 환경 설정: 추가로 필요한 include file, definition file, stimulus file, parasitic RC 파일 등은 ADE 창의 'Setup → Simulation files....' 메뉴를 통해 설정할 수 있다([그림 4-7]).

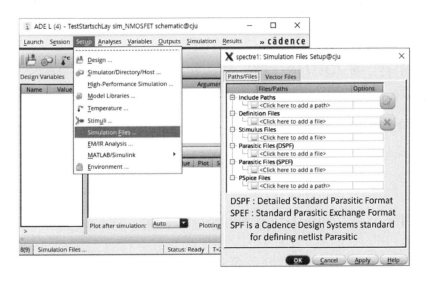

[그림 4-7] ADE 창에서 시뮬레이션을 위한 기타 파일 설정

기본적인 설정을 완료한 후, 시뮬레이션할 회로에 맞게 ADE 창의 'Design Variables' 창, 'Analyses' 창, 그리고 'Outputs' 창을 설정한다.

먼저, 'Design Variables' 창에서는 설계 변수(Variables)를 정의하여 회로의 특정 파라미터를 설정한다. 이어서, 'Analyses' 창에서는 시뮬레이션 분석 방법을 선택하고, DC 또는 Transient(Tran) Simulation과 같은 분석 유형을 지정한다. 마지막으로, 'Outputs' 창에서는 시뮬레이션 결과로 관찰할 Net(Node) 전압이나 소자 전류 등의 출력을 설정한다.

이후, 설정이 완료된 환경에서 SPICE 시뮬레이션을 실행하고 결과를 확인할 수 있다. 이러한 각 창의 구체적인 설정 방법과 사용 절차는 각 회로에 대해 DC Simulation과 Transient Simulation을 수행하는 과정에서 설명한다.

4.3 NMOSFET의 DC Simulation

본 절에서는 NMOSFET의 DC Simulation을 수행하기 위해 Simulation Schematic을 작성하고, ADE 창에서 'Design Variables', 'Analyses', 그리고 'Outputs'를 설정하는 방법을 다룬다. 이후 시뮬레이션을 실행하여 결과를 확인하고 저장하는 과정을 설명한다.

4.3.1 NMOSFET Simulation Schematic 작성

NMOSFET Symbol과 Simulation Schematic에 필요한 Symbol을 이용하여 [그림 4-8]과 같이 Cell 이름이 sim_NMOSFET인 Simulation Schematic을 작성한다.

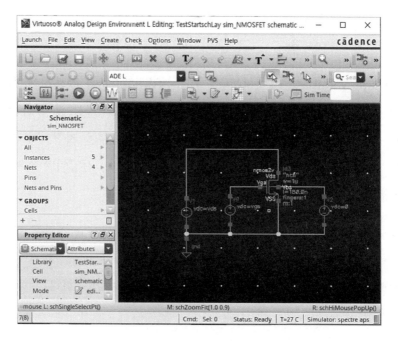

[그림 4-8] NMOSFET의 Simulation용 Schematic

이를 위해, [그림 4-9]와 같이 analogLib에서 simulation용 Symbol을 호출하여 DC 전원과 기준 전압을 설정한다. 먼저 vdc Symbol을 이용해 DC voltage 값을 vds(Parameter), vgs(Parameter)로 설정한 전원, 0V로 설정한 전원을 생성한다. 이후, 기준 전압 gnd Symbol을 호출한다.

생성된 전원과 기준 전압은 Wire를 사용해 연결한다. 모든 전원의 음의 단자를 gnd 단자에 연결하여 기준 전압을 0V로 맞춘다. 그런 다음, vgs 전원의 양의 단자를 MOSFET의 Gate 단자에, vds 전원의 양의 단자를 MOSFET의 Drain 단자에, 0V 전원의 양의 단자를 MOSFET의 Body에 각각 연결한다. 이로써 MOSFET의 Gate에는 vgs, Drain에는 vds, Body에는 0V(gnd) 전압이 인가된다. 이때 vgs와 vds는 Parameter로 지정되었으므로 시뮬레이션에서 다양한 값으로 설정할 수 있다.

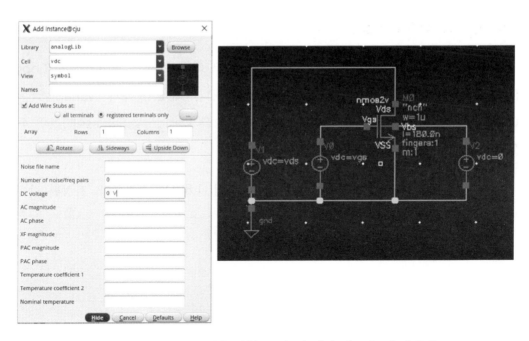

[그림 4-9] 시뮬레이션용 전원, gnd, 및 입력 신호 Symbol 호출

4.3.2 NMOSFET의 ADE(Analog Design Environment) 설정

시뮬레이션을 위하여 Schematic sim_NMOSFET Cell이 열려 있는 'Schematic Editor' 창에서 'Launch → ADE L'를 선택하여 ADE창을 생성한다.

이후, [그림 4-2]와 같이 생성된 ADE 창에는 시뮬레이션할 회로가 sim_NMOSFET 으로 자동 설정된다. 만약 회로가 설정되지 않은 경우, ADE 창에서 'Setup → Design' 메뉴를 통해 수동으로 설정한다. 이 과정에서, 'Schematic Editor' 창은 'Analog Design Environment L Editing:' 창으로 이름이 변경된다.

이제 ADE 창에서 'Design Variables', 'Analyses', 그리고 'Outputs' 창을 순차적으로 설정한 뒤, SPICE 시뮬레이션을 실행하여 결과를 분석한다.

Design Variables 창 설정

'Design Variables' 창에서 우측 마우스 클릭으로 메뉴를 열고, 팝업창에서 'Copy From Cellview' 메뉴를 선택([그림 4-10(a)])하거나, ADE 창에서 'Variables → Copy From Cellview' 메뉴를 선택하면, 정의된 모든 Design Variables이 [그림 4-10(b)]와 같이 'Design Variables' 창으로 복사된다.

복사된 Design Variables의 'Value'에 대표값(예: 1.8V)을 지정한다. 지정된 값이 회로 시뮬레이션에서 DC Operation Point 값으로 사용된다.

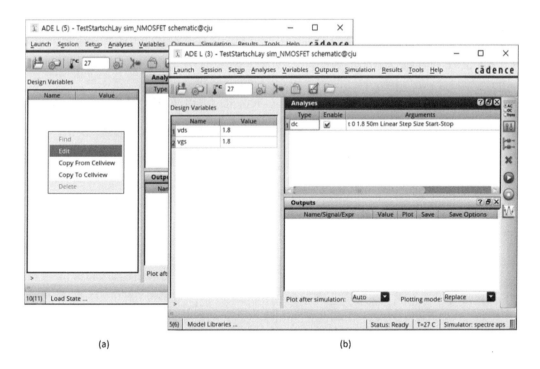

(a)   (b)

[그림 4-10] 'Design Variable' 창의 하위 메뉴와 추가된 'Design Variable' 목록

Analyses 창 설정

'Analyses' 창에서 우측 마우스를 클릭하면 'Choosing Analyses' 팝업창이 생성된다. 여기에서 'dc'를 선택한 후, 'Save DC operating Points'를 선택한다. DC Sweep 할 변수를 선택하는 'Sweep Variable'에서 'Design Variable' 또는 'Component Parameter'를 선택할 수 있다.

'Component Parameter'는 소자의 Physical 크기(예: Width, Length 등)를 의미하며, 'Design Variable'은 주로 전압을 의미한다. 'Design Variable'은 'Tools → Parameter Analysis...' 메뉴를 통해 Parameter로 설정할 수 있다.

'Sweep Variable'로 'Design Variable'을 선택한 뒤, 'Select Design Variable' 버튼을 클릭하면 'Select Design Variable' 창이 생성된다. 이 창에서 1차 Sweep할 변수를 선택할 수 있다. [그림 4-12(a)]는 Design Variable로 선언된 vds와 vgs 중 vds

를 1차 변수로 선택한 경우를 보여준다. 선택되지 않은 vgs는 [그림 4-10]에서 지정된 1.8V 값이 시뮬레이션에서 적용되고, vds는 Sweep 된다.

[그림 4-12(a)]에서 1차 변수로 vds를 선택하고, [그림 4-12(b)]에서 Sweep 범위를 0V에서 1.8V, Step Size를 0.05V, Sweep Type을 Linear로 설정함을 보여준다. 이후 'Enable' 체크 박스를 활성화하고 설정을 완료한 뒤, 'OK' 버튼을 클릭하면 'Choosing Analyses' 창을 닫을 수 있다.

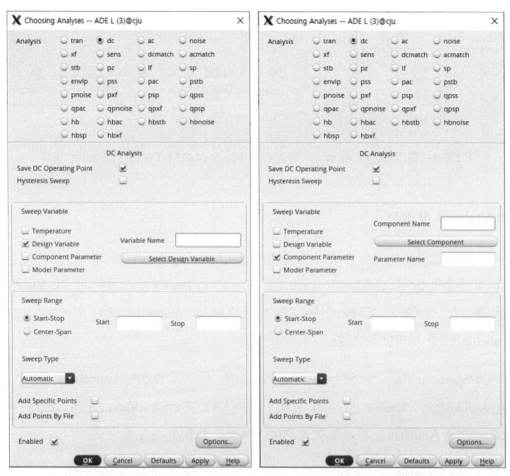

(a) dc, Design Variable 선택   (b) dc, Component Parameter 선택

[그림 4-11] 'dc' Simulation에서 Sweep 변수로 'Design Variable'
또는 'Component Parameter' 선택

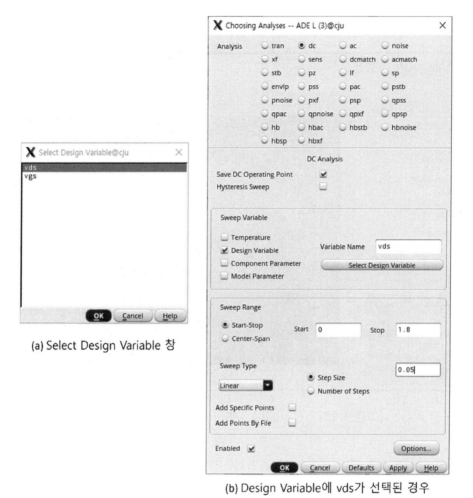

(a) Select Design Variable 창

(b) Design Variable에 vds가 선택된 경우

[그림 4-12] 'Select Design Variable' 창에서 vds 변수 선택과 Analyses 창 설정

Outputs 창 설정

Spectre 툴에서 전압은 Net(Node, Wire)에서, 전류는 소자의 단자에서 측정한다. 이를 위해, 측정을 위한 Net에 고유 이름을 지정한다. 'Schematic Editor' 창이나 'ADE - Analog Design Environment L Editing:' 창에서 'Create → Name' 또는 단축키 'L'을 이용해 필요한 Net(Node, Wire)에 vd, vg, vb와 같은 이름을 추가한다. 이름을 지정한 후 'Check&Save'를 클릭하여, 변경된 Schematic을 검증하고 저장한다.

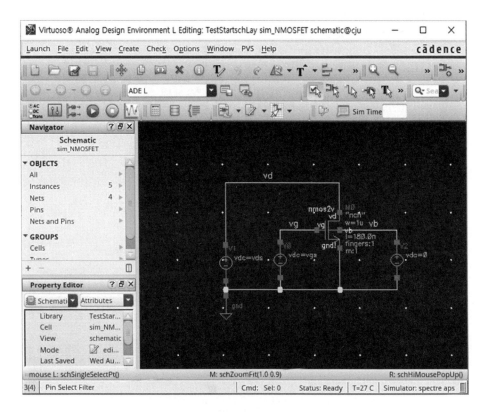

[그림 4-13] Net 이름이 부여된 Simulation Schematic

DC Simulation에서는 각 Net의 전압과 소자 단자에 흐르는 전류를 측정할 수 있다. 이를 위해, 'Outputs' 창에서 우측 마우스 클릭 후 나타나는 하위 메뉴에서 'Edit'를 선택([그림 4-14(a)])하여 'Setting Outputs' 창([그림 4-14(b)])을 설정한다. 또한, 'Setting Outputs' 창은 ADE 창에서 'Outputs → Setup'을 선택하면 직접 활성화할 수 있다.

[그림 4-14(b)]의 'Setting Outputs' 창에서 'From Design' 버튼을 클릭한 뒤, 'Schematic Editor' 창에서 전압을 측정하려면 Net을 선택하고, 전류를 측정하려면 소자의 단자를 마우스로 선택한다.

이 과정에서 선택된 Net 또는 단자는 'Table of Outputs' 창에 표시된다. 이후, 'Setting Outputs' 창에서 'OK' 버튼을 클릭하여 창을 닫으면, [그림 4-15]와 같이 'Outputs' 창에 설정이 완료된다.

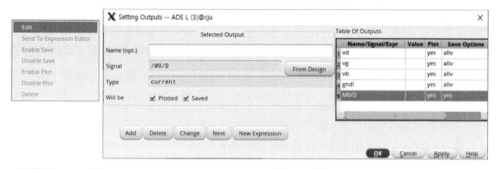

(a) 팝업창에서 'Edit' 선택   (b) 'Setting Outputs' 창에서 측정할 Node 선택

[그림 4-14] 'Setting Outputs' 창에서 측정할 Output Net 및 Node 설정

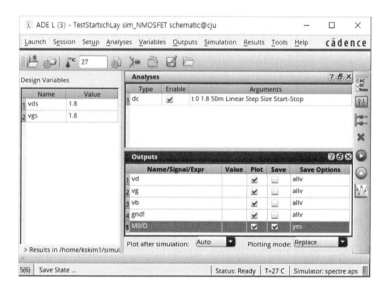

[그림 4-15] ADE 창에서 시뮬레이션 설정 완료

4.3.3 SPICE Simulation

'Design Variables' 창, 'Analyses' 창, 그리고 'Output' 창 설정이 완료되면 ADE 창에서 Simulation Icon ▶ 을 클릭하여 Netlist를 추출하고 시뮬레이션을 실행한다. 이는 ADE 창에서 'Simulation → Netlist and Run' 메뉴와 동일한 동작을 수행한다.

SPICE Simulation은 Schematic에서 Netlist를 추출한 후, 이를 기반으로 실행된다. Netlist를 생성하려면, ADE 창에서 'Simulation → Netlist → Create' 메뉴를 선택한다. 이 과정을 통해 [그림 4-16]과 같이 Netlist 가 추출된다. 해당 Netlist에는 다음과 같은 정보가 포함된다.

- 시뮬레이션에 필요한 각종 툴 Option

- 회로 Net 정보

- 시뮬레이션에서 사용되는 전원 및 입력 신호 규정

- 시뮬레이션 방법과 출력 정보

[그림 4-16]으로부터, Simulation용 툴은 Spectre이며, 0V(gnd!)를 글로벌 단자로 사용하고, vds, vgs를 Parameter로 선언하고 있음을 알 수 있다. 또한, PDK 소자의 특성을 정의하는 Model Parameter가 Netlist 상단에 위치함을 알 수 있다.

Netlist의 핵심인 회로는 nch라는 SPICE model parameter를 사용하는 MOSFET M0와 3개의 전원 V0, V1, V2로 구성되어 있음을 알 수 있다.

일반적으로 MOSFET의 소자 모델 nch은 첫 문자로 인해 NMOSFET을 의미한다. NMOSFET의 4개의 단자는 (Drain, Gate, Source, Bulk)로 구성된다. 따라서, vd 전원이 Drain에, Vg전원 Gate에, global 단자인 0V가 Source에, 그리고, vb전원이 Bulk에 연결되어 있음을 알 수 있다.

NMOSFET의 물리적인 크기는 Width=1um, Length=180nm, m=1로 설정되어 있으며, Drain 면적(ad), Source 면적(as), Drain길이(pd)와 Source길이(ps)가 명시되어 있다.

Source와 Drain 저항은 각각 NRS(Number of Source diffusion squares)와 NRD(Number of Drain diffusion squares)를 기반으로 계산된다. 저항값은 다음과 같은 수식으로 정의된다.

$$R_{Source} = NRS \times RSH \quad (식4.1)$$

$$R_{Drain} = NRD \times RSH \quad (식4.2)$$

시뮬레이션 과정에서 Source와 Drain의 저항은 PDK에 명시된 RSH값을 기반으로 위 수식을 통해 자동으로 계산된다.

Netlist에는 DC 전원 V0이 단자 0(gnd)과 vg사이에, 또 다른 DC 전원 V1이 단자 0(gnd)와 vd사이에, 전원 V2가 단자 0(gnd)와 vb사이에 각각 연결되어 있음을 알 수 있다. 이는 Schematic과 동일하다.

마지막으로 시뮬레이션을 위한 방법과 조건은 Spectre Netlist 하단에 위치한다.

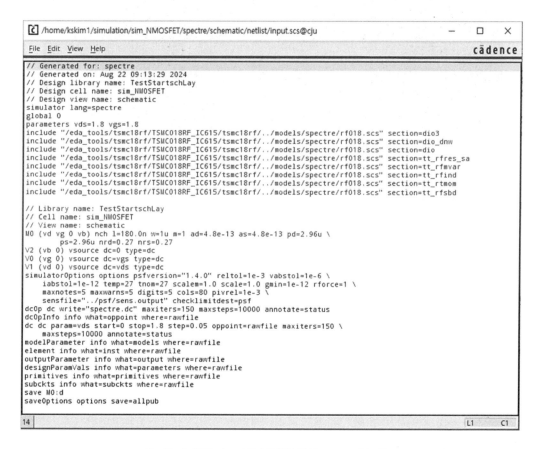

[그림 4-16] sim_NMOSFE의 Spectre Netlist

4.3.4 SPICE Simulation 결과

시뮬레이션이 완료되면, 'Outputs' 창에서 설정한 항목에 따라 'Visualization & Analysis' 창이 생성된다. 이 창에서 [그림 4-17]과 같은 파형을 확인할 수 있다.

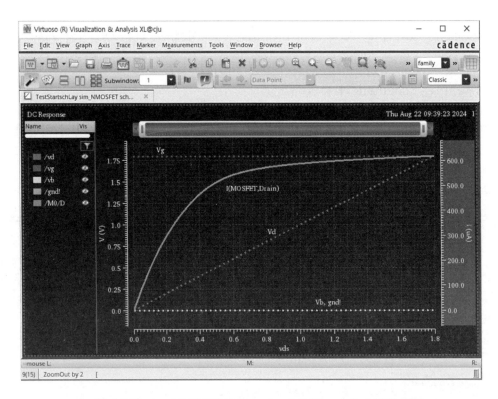

[그림 4-17] sim_NMOSFE의 Spectre DC Simulation결과 파형

결과 파형은, 창의 메뉴를 활용하여 선의 굵기, 스타일을 변경할 수 있으며, 주석 (Comment) 등을 추가로 설정할 수 있다. 또한, CIW 로그 창에는 시뮬레이션 경과 로그가 표시되어 Simulation 성공 여부를 확인할 수 있다.

[그림 4-17]의 시뮬레이션 결과 파형은, Source 전압이 0V(gnd!), Gate 전압(vg) 이 1.8V, Body 전압(vb)이 0V인 상태에서, Drain 전압(vd)을 0V에서 1.8V까지 변화 시킨 결과를 보여준다.

이 조건에서, vg를 0V에서 0.3V 간격으로 1.8V까지 2차 Sweep하여 시뮬레이션을 수행해 보자. 이를 위해 ADE 창에서 'Tools → Parameter Analysis' 메뉴를 선택하여 'Parameter Analysis' 창을 생성한다. 이 창에서 [그림 4-18]과 같이 2차 Sweep할 Parameter를 vgs로 설정하고 Sweep Mode와 Total Steps등을 설정한다. 다음, 'Parameter Analysis' 창에서 Simulation Icon ▶을 클릭하면 [그림 4-19]와 같은 결과가 나타난다.

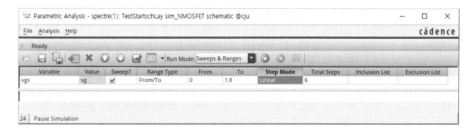

[그림 4-18] 2차 Sweep을 위한 'Parameter Analysis' 창 설정

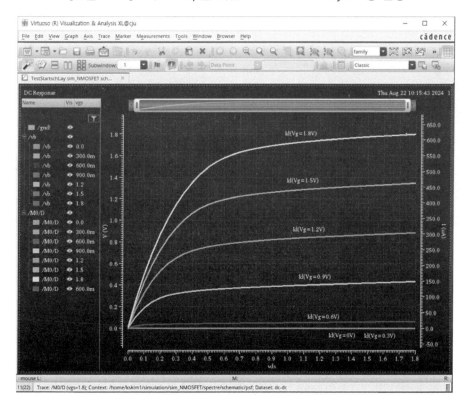

[그림 4-19] Id vs. Vds(Vgs 2차 Sweep)

Parameter Sweep Simulation 조건은 'Parameter Analysis' 창에서 'File → Save' 명령어를 통해 .il 확장자로 저장할 수 있다. 저장한 파일은 'File → Load' 명령어로 불러와 설정 없이 재사용할 수 있다.

Gate전압을 1차 Sweep변수로 설정하고, vds 또는 vbs를 2차 Sweep변수로 설정한 각각의 시뮬레이션 결과 파형이 [그림 4-20]에 나타나 있다.

이를 위해 [그림 4-12(a)]에서 'Design Variable'을 vgs로 선택한다. [그림 4-12(b)]에서는 1차 Sweep 변수인 vgs의 Sweep범위를 0V에서 1.8V, Step Size를 0.05V, Sweep Type을 Linear로 설정한다. [그림 4-18]에서는 'Parameter Variable'을 vds 또는 vbs로 설정하여 2차 Sweep변수를 지정하고 Sweep Mode(예 Linear)와 Total Steps(예: 6)를 설정한다. 설정을 완료한 뒤, 'Parameter Analysis' 창에서 Simulation Icon ▶ 을 클릭하면 [그림 4-20]과 같은 결과가 나타난다.

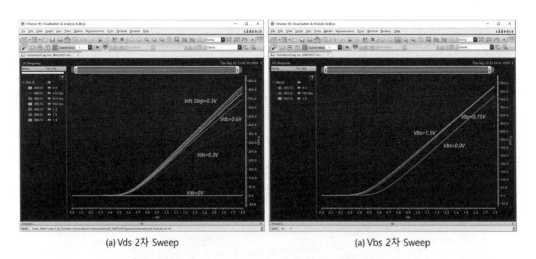

(a) Vds 2차 Sweep   (a) Vbs 2차 Sweep

[그림 4-20] Id vs. Vgs(Vds 또는 Vbs 2차 Sweep)

시뮬레이션 환경 저장

ADE 창에서 'Session → Save State' 메뉴를 선택해 시뮬레이션 환경을 저장할 수 있다. 저장된 환경은 이후 'Session → Load State' 메뉴를 통해 불러와 별도의 환경 설정 없이 시뮬레이션을 실행할 수 있다.

4.4 PMOSFET의 DC Simulation

PMOSFET DC Simulation은 4.3 NMOSFET DC Simulation과 동일한 방식으로 시뮬레이션을 수행한다. DC Simulation을 위해 'Schematic Editor'에서 Simulation Schematic인 sim_PMOSFET Cell을 생성한다. ADE 창을 설정하여 Id vs. vds([그림 4-19]) 특성과 Id vs. vgs([그림 4-20]) 특성이 출력되도록 시뮬레이션 환경을 설정한다.

환경 설정을 완료한 후 시뮬레이션을 실행하면, PMOSFET의 DC Simulation 결과가 [그림 4-21]과 [그림 4-22]와 같이 각각 나타난다.

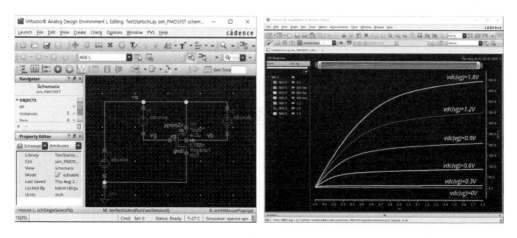

[그림 4-21] sim_PMOSFET Schematic과 Id vs. vds(vgs 2차 Sweep)

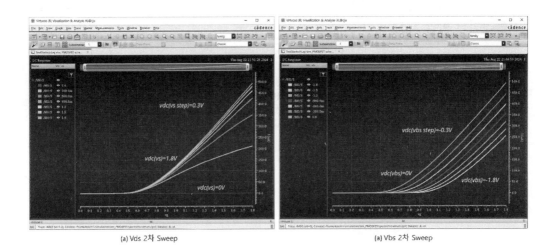

(a) Vds 2차 Sweep   (a) Vbs 2차 Sweep

[그림 4-22] Id vs. vgs(Vds 또는 vbs 2차 Sweep)

4.5 인버터(Inverter)의 DC Simulation

'Schematic Editor'에서 Simulation 용 Schematic인 sim_INV Cell을 [그림 4-23(a)]와 같이 구성한 다음, ADE 창에서 시뮬레이션 환경을 설정하고 Inverter의 DC 특성을 구한다.

Inverter의 DC 특성 결과인 [그림 4-23(b)]에서 출력 전압(Vout)이 입력 전압(Vin)과 같아지는 전압을 Logic Threshold Voltage(Logic Vt)라 한다. Inverter 회로는 Logic Threshold Voltage 전후로 입력 전압과 출력 전압의 위상이 반전된다.

sim_INV Cell을 구성하는 NMOSFET Instance(nmos2v)의 width를 1um 대신 변수 'W'로 설정한다. 이를 위해 'Schematic Editor' 창에서 단축키 'Q'를 사용해 Instance nmos2v의 'Properties' 창을 열어 width 값을 W로 변경한 후, 'Schematic Editor'에서 'Check&Save'를 실행하여 회로도가 문제가 없는지 확인한다. 여기서 설정한 W는 2차 Sweep 변수로 활용한다.

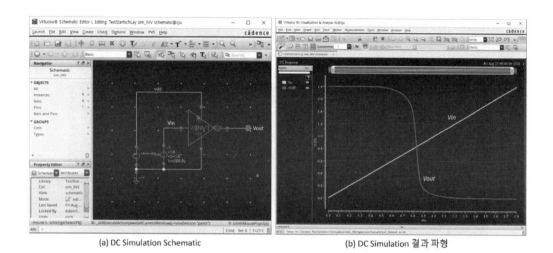

| (a) DC Simulation Schematic | (b) DC Simulation 결과 파형 |

[그림 4-23] sim_INV Schematic과 DC Simulation 결과

설정이 완료되면, [그림 4-24]와 같이 'Parameter Analysis' 창에서 2차 Sweep 변수로 W를 선택하고, Sweep 범위를 1um에서 3um까지 설정한다. 이후 아이콘 ◉을 이용하여 시뮬레이션을 수행한다.

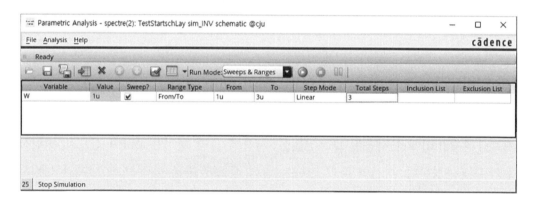

[그림 4-24] 'Parameter Analysis' 창에서 Parameter W Sweep

시뮬레이션 결과, [그림 4-25]에서 확인할 수 있듯이, Inverter를 구성하는 NMOSFET의 Width가 커질수록 Logic Threshold Voltage는 작아진다.

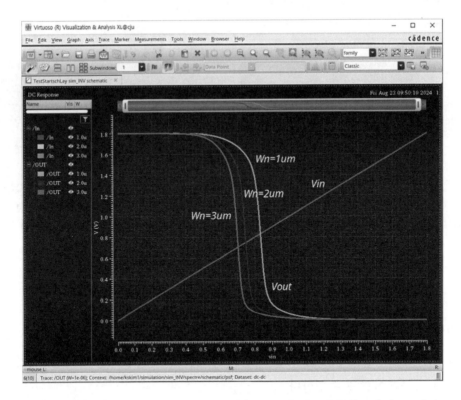

[그림 4-25] INV1에서 NMOSFET Width 변화에 따른 DC Simulation 결과

4.6 인버터(Inverter)의 Transient Simulation

[그림 4-23(a)]에서 사용된 DC 전원을, 시간에 따라 변하는 pulse 신호로 변경하여 회로를 구성한다. 시간에 따라 변하는 입력 신호에 따른 출력 변화를 확인하는 시뮬레이션을 Transient(Tran) Simulation이라고 한다. 이를 위해 입력 신호로 pulse 신호 발생기(vpulse)가 필요하다.

[그림 4-26(a)]는 'Create → Instance' 또는 단축키 'I'를 사용해 analogLib Library의 vpulse Cell을 호출하여, 'Edit Object Properties' 창에서 변수를 설정한 경우를 보여준다. 설정한 pulse 신호는 다음과 같은 특성을 갖는다.

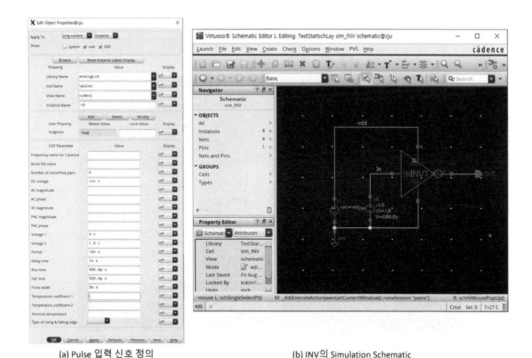

(a) Pulse 입력 신호 정의   (b) INV의 Simulation Schematic

[그림 4-26] vpulse Cell 호출 및 Tran Simulation용 Sim_INV Schematic

● 초기 전압(Voltage 1, 예: 0V)이 Delay Time(예: 1ns) 동안 유지된다.

● Rise Time(예: 0.5ns) 동안 Voltage 2(예: 1.8V)로 상승한다.

● Pulse Width(예: 5ns) 동안 유지된다.

● Fall Time(예: 0.5ns)을 거쳐 다시 Voltage 1(예: 0V)로 전환된다.

● 이 신호는 주기가 10ns인 Pulse 신호를 나타낸다.

[그림 4-26(b)]는 Tran Simulation을 위해 vpulse 입력 신호로 구성된 회로도를 보여준다. 한편, [그림 4-27]은 해당 회로의 입력과 출력파형을 나타낸다.

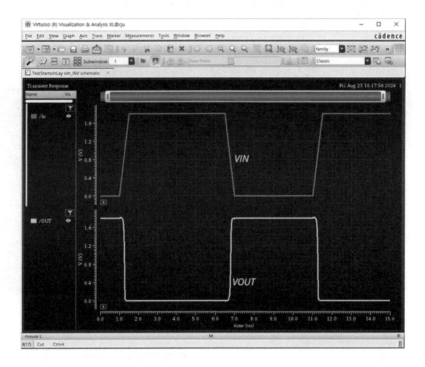

[그림 4-27] Inverter 회로의 Tran Simulation 결과

4.7 셀(Cell)의 분류(Category)

[그림 4-28]은 'Library Manager' 창에서 Cell을 일반적인 방법과 카테고리를 사용하여 표현한 두 가지 결과를 보여준다. 생성된 Cell을 카테고리로 관리하면, Library 내의 Cell을 체계적으로 정리할 수 있는 장점이 있다.

'Library Manager' 창에서 Cell을 카테고리로 정리하는 방법은 다음과 같다.

'Show Category' 활성화: [그림 4-28(a)]와 같이 'Library Manager' 창에서 'Show Category' 옵션을 체크하면, [그림 4-28(b)]처럼 'Category Column'이 추가된다.

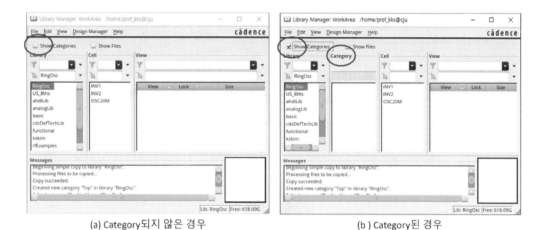

(a) Category되지 않은 경우　　　(b) Category된 경우

[그림 4-28] Library의 카테고리 미적용과 적용 비교

1. **새로운 Category 생성**: 'Category'의 빈 창에서 마우스 오른쪽 버튼을 클릭하고, 나타난 팝업 창에서 'New' 메뉴를 선택한다[그림 4-29(a)]. 이후, [그림 4-29(b)]와 같은 'New Category' 창이 나타난다.

2. **Category 설정**: [그림 4-29(b)]의 'New Category' 창에서 'Category Name'에 원하는 Category 이름(예: Top)을 입력한다. 'Not In Category' 목록에서 카테고리 하고자 하는 Cell(예: OSC20M)을 선택한 후, 화살표 버튼(→)을 눌러 'In Category'로 이동시킨다.

3. **'New Category' 창 닫기**: 설정을 완료한 후, 'OK' 버튼을 클릭하여 창을 닫는다.

카테고리별 정리 확인: [그림 4-30]처럼 'Library Manager' 창에서 Cell 목록이 카테고리별로 정리된 것을 확인할 수 있다.

(a) Show Categories 선택 및 New Category를 선택한 경우   (b) Category 설정과 선택

[그림 4-29] 'Library Manager'에서 Cell을 카테고리하는 과정

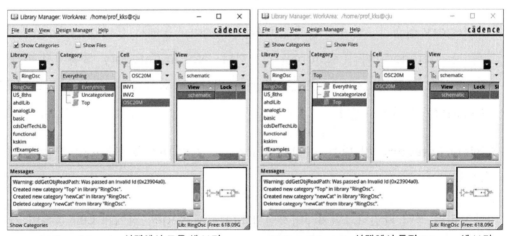

(a) Show Categories 선택에서 모든 셀 보기   (b) Show Categories 선택에서 특정 Category 셀 보기

[그림 4-30] Category로 분류된 Cell 목록

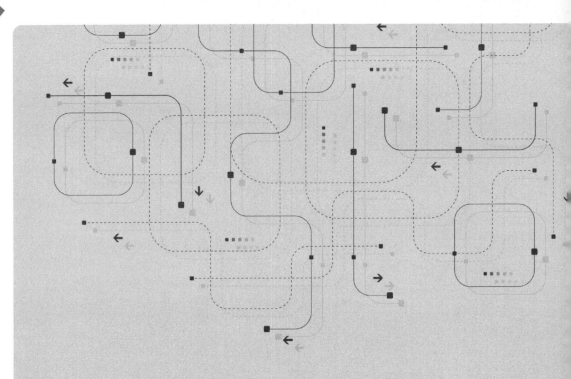

▶▷▷ **UNIT GOALS**

본 장에서는 4장에서 생성한 INV1 Schematic을 기반으로 Layout PDK의 Instance를 활용하여 Pcell(Parameterized Cell) 기반의 레이아웃 설계를 학습한다. 이 과정을 통해 Virtuoso Layout Editor의 사용법을 익히게 된다.

6장에서는 설계된 레이아웃에 대한 검증(DRC) 과정과, 회로와의 비교 검증(LVS)을 다룬다.

Pcell를 이용한
Inverter Layout

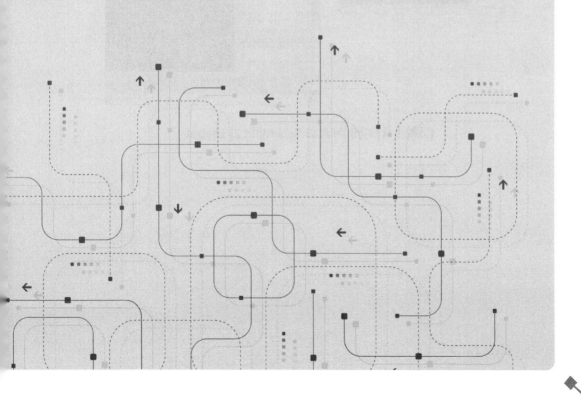

[그림 5-1]은 'Schematic Editor'에서 설계된 Inverter Schematic과 'Layout Editor'에서 구현된 Inverter Layout을 보여준다.

레이아웃 설계란 특정 PDK의 Symbol 기반 회로 도면(Schematic)을 'Layout Editor'에서 해당 PDK의 설계 규정(Design Rule)에 맞게 물리적 패턴(Layout)으로 구현하는 작업을 의미한다.

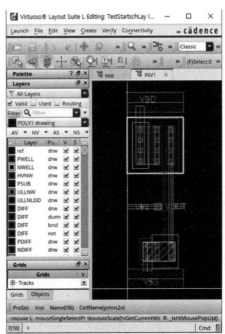

[그림 5-1] Cell INV1의 Schematic과 Layout

5.1 Inverter(INV1) 레이아웃을 위한 Layout Editor 창 열기

Schematic Cellview를 설계할 때 'Schematic Editor' 창을 여는 것처럼, Layout Cellview를 설계하기 위해서는 'Layout Editor' 창을 생성해야 한다. Virtuoso 설계 툴에서 'Layout Editor' 창을 여는 절차는 다음과 같다.

1. **'Library Manager' 창 열기**: 'CIW → Tools → Library Manager'를 선택하여 [그림 5-2(a)]와 같이 'Library Manager' 창을 연다.

2. **새로운 Cellview 생성**: 'Library Manager'창에서 'File → New → Cellview'를 선택하여 [그림 5-2(b)]와 같은 'New File' 창을 연다.

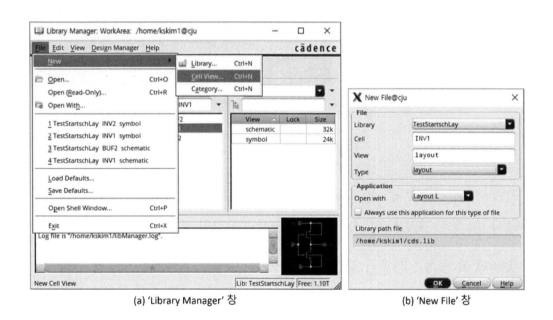

(a) 'Library Manager' 창   (b) 'New File' 창

[그림 5-2] 'New File' 창 생성과 Layout Cell선택

3. **View 설정**: 'New File' 창에서 Library와 Cell(예: INV1)을 확인한 후, 'Type'은 스크롤 메뉴에서 'layout'을 선택한다. 여기서 Cell은 레이아웃 하고자 하는 Schematic Cellview가 있는 Cell을 의미한다. 'Type'을 layout으로 선택하면

'View'는 'layout'으로 자동 설정된다. 설정을 완료한 후 'Open with Application'에서 'Layout L'을 선택하고 OK 버튼을 클릭한다. [그림 5-2(b)]

4. 'Layout Editor' 창 열기: CIW 로그창에 PDK가 적용되는 과정이 표시된 후, [그림 5-3]과 같이 'Layout Editor' 창이 열린다.

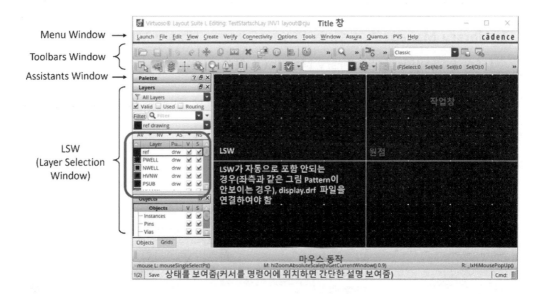

[**그림 5-3**] 'Layout Editor' 창

[그림 5-3]은 LSW (Layout Selection Window)와 함께 'Layout Editor' 창을 보여준다. 이 창의 검정색 영역은 레이아웃을 설계할 작업 공간이다.

창의 주요 구성은 다음과 같다. 창 상단에는 Title창, 하단에는 마우스 동작 표시창과 상태 표시 창이 있다. 작업창에는 수직 및 수평선을 기준으로 원점이 표현된다.

또한, 커서를 각종 아이콘 위에 위치하면 상태창에 해당 아이콘의 명령이 표시된다.

5.2 Layout Editor의 메뉴와 초기 설정

'Layout Editor'에서 사용할 수 있는 메뉴와 레이아웃 설계를 위한 초기 설정 방법을 알아보자.

5.2.1 Layout Editor의 메뉴

'Layout Editor' 창의 주요 메뉴는 [그림 5-4]에서 알 수 있듯이, 'Launch', 'File', 'Edit', 'View', 'Create', 'Verify', 'Connectivity', 'Options', 'Tools', 'Window', 'Assura', 'Quantus', 'PVS', 'Help'로 구성되어 있으며, 각 메뉴의 주요 기능은 다음과 같다.

Launch: Virtuoso 툴의 다양한 기능을 실행하며, 회로 시뮬레이션과 레이아웃 작업을 지원한다.

File: Library와 Cell등 파일 관리를 위한 기능을 제공한다.

Edit: 레이아웃 도면의 수정 및 편집 작업을 지원한다.

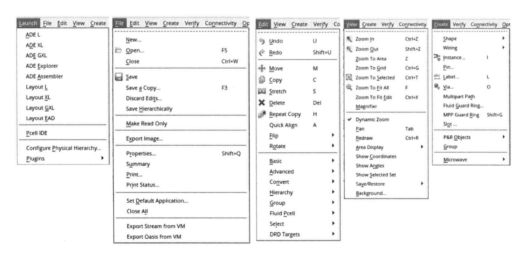

[그림 5-4(a)] 'Layout Editor' 창의 메뉴(Launch, File, Edit, View, Create)

View: 레이아웃 패턴의 가시성을 높이기 위해 개체를 확대하거나 축소하는 기능을 제공한다.

Create: 'Layout Editor'에서 필요한 각종Layer와 소자(Instance)를 생성하여 Schematic을 레이아웃으로 구현하는 기능을 제공한다.

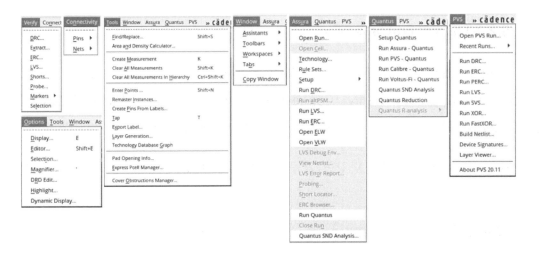

[그림 5-4(b)] 'Layout Editor' 창의 메뉴(Verify, Connectivity, Options, Tools, Window, Assura, Quantus, PVS)

Verify: 레이아웃 결과물을 확인하는 다양한 검증 기능을 제공한다. 주요 기능은 다음과 같다.

- DRC(Design Rule Check) : 레이아웃 결과물의 공정 규칙 준수 여부 확인

- LVS(Layout Versus Schematic) : 레이아웃과 회로도(Schematic)의 일치 여부 검사

- RCX(Parasitic Extraction) : 레이아웃에 의해 발생하는 기생 저항과 커패시턴스를 추출

- Antenna Check : 공정 중 발생할 수 있는 안테나 효과 검사

● ERC(Electrical Rule Check): 전기적 연결 및 제약 조건 확인과 전기적 규칙 검사

Connectivity: 회로도와 레이아웃 간의 연결 정보를 변환하는 기능을 제공하며, 'Layout XL' 이상의 환경에서 원활하게 작동한다.

Options: 'Layout Editor'의 환경을 설정하는 기능을 제공한다. 특히, Grid 및 Snap 설정 등 Display 옵션을 통해 사용자가 원하는 환경을 설정할 수 있도록 지원한다.

Tool: 개체 찾기, 대체, 크기 측정 등 레이아웃 설계와 시뮬레이션 지원을 위한 추가 작업을 지원한다.

Window: 'Assistants', 'Toolbars', 'Workspace' 창을 관리하는 기능을 제공한다.

Assura: 물리적 설계 규칙 검증(DRC)과 회로-레이아웃 비교 검증(LVS)을 수행하는 기능을 제공한다.

Quantus: Post-Layout Simulation을 위해 레이아웃에서 발생하는 저항값과 커패시턴스를 추출하는 기능을 제공한다.

PVS(Cadence Physical Verification System): 45nm 이하의 고급 기술에 최적화된 검증 시스템으로, 'Assura' 및 'Quantus'를 대체하여 사용된다.

5.2.2 Grid 설정과 환경 파일(File) 저장 및 불러오기(Save/Load)

'Schematic Editor'와 마찬가지로, 'Layout Editor'에서도 Grid 설정은 매우 중요하다. Grid 설정을 통해 정확한 레이아웃 작업이 가능하며, 팀원 간의 일관성을 유지할 수 있다. 특히, 동일한 프로젝트에서 작업하는 모든 팀원은 동일한 Grid 값을 사용해야 한다.

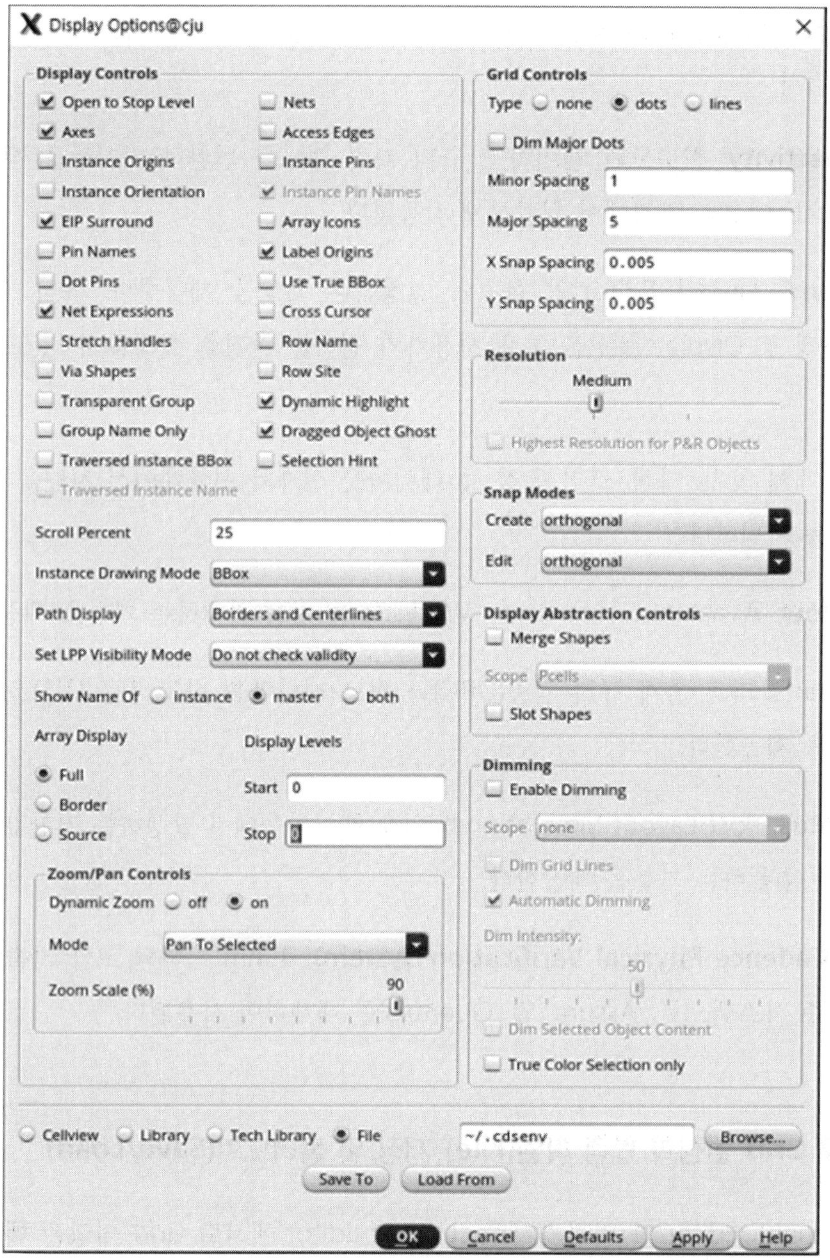

[그림 5-5] 'Grid' 설정 및 환경 파일 저장

Grid 설정 방법

Grid 설정은 다음과 같이 'Display Options' 창에서 값을 변경한다.

'Options → Display' 메뉴 열기: 'Layout Editor' 창에서 'Options → Display' (또는 단축키 E)를 선택하여 'Display Options' 창을 연다

Grid Controls 값 설정: 'Grid Controls' 항목에서 'X Snap Spacing'과 'Y Snap Spacing' 값을 각각 0.005로 설정한다.

Grid 설정이 완료되면 환경 파일(~/.cds.lib)을 선택하고 'Save To' 버튼을 클릭하여 저장한다. 저장하지 않고 Virtuoso를 종료하면, 다음 실행 시 기존 환경 파일(~/.cds.lib)이 로드되어 이전 설정이 적용된다.

5.3 LSW(Layer Selection Window)

LSW(Layer Selection Window)는 파운드리에서 제공하는 PDK를 기반으로 레이아웃 설계를 수행하기 위해 사용하는 창이다. 이 창을 통해 레이아웃 설계에 필요한 다양한 Layer의 이름, 모양, 속성 등을 확인하고 선택할 수 있다.

[그림 5-6]의 LSW 창에는 레이아웃 설계를 위해 정의된 여러 Layer의 정보가 포함되어 있으며, 사용자는 PDK 자료를 참고하여 용도에 맞게 사용할 수 있다.

LSW창의 주요 기능은 다음과 같다.

● **Layer 검색 기능**

특정 Layer를 찾기 위한 검색(Filter) 기능을 제공한다. 예를 들어, METAL1을 찾고자 할 때 검색창(Filter창)에 "ME"를 입력하면 ME로 시작하는 모든 Layer가 검색되어 표시된다.

● **Layer 표시 및 선택 설정**

Layer의 가시성과 선택 상태를 설정할 수 있는 메뉴를 제공한다

AV(All Visible): 모든 Layer를 화면에 표시한다.

NV(Non-Visible): 선택한 Layer만 화면에 표시한다.

AS(All Select): 모든 Instance, Pin, Layer를 선택 가능 상태로 설정한다.

NS(Non-Select): Instance와 Pin Layer를 선택 불가능 상태로 설정한다.

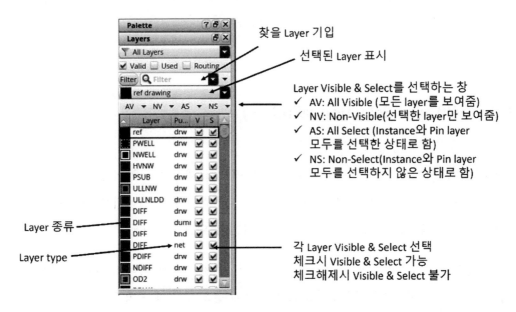

[그림 5-6] LSW창과 메뉴

Layer

[그림 5-7]은 전형적인 NMOSFET 구조를 나타낸다. 일반적으로 NMOSFET은 P형 기판 위에 P^+ Diffusion(Implant), N^+ Diffusion, Polysilicon, SiO_2, Metal1, Metal2 등의 물질이 반도체 공정을 통해 제조된다.

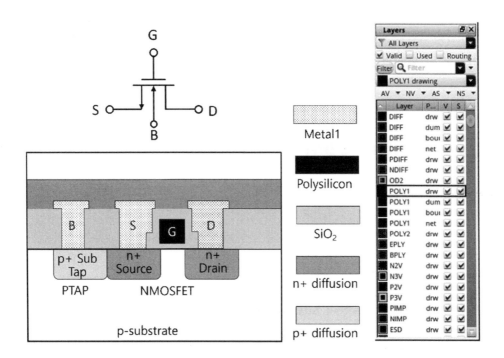

[그림 5-7] P형 기판 위 NMOSFET 구조와 LSW

'Layout Editor'에서 Layer는 반도체 공정과 소자의 물리적 구현에 직접적으로 연결된 Layout Pen 이름을 의미한다. 예를 들어, P^+ Diffusion 공정은 LSW에서 PIMP, N^+ Diffusion공정은 LSW에서 NIMP, Gate Polysilicon공정은 LSW에서 POLY1, Metal1공정은 LSW에서 METAL1으로 대응된다. 이러한 공정 Layer와 Layout Pen의 대응 규칙은 사용하는 PDK에 명시되어 있어, 설계자는 PDK문서를 참고하여 각 Layer의 용도와 역할을 정확히 이해하고 설계에 반영해야 한다.

모든 반도체 소자의 물질이 Layer로 표현되지는 않는다. 예를 들어, P형 기판은 LSW에서 별도의 Layer로 존재하지 않는다. SiO_2 역시 층간 절연 등으로 IC 공정에서 사용되지만 Layer로 직접 표현되지 않는다.

일반적으로, 파운드리 공정에서 사용되는 모든 Layer는 LSW에서 drw(drawing) 속성으로 나타난다. 이러한 drw 속성의 Layer는 실제 공정을 구현하기 위한 기본 Layer를 의미한다. 또한, PDK에는 공정 구현을 위한 Layer 외에도 레이아웃 작업의 편의를 위한 다양한 속성의 Layer가 포함되어 있다. 이러한 Layer는 LSW 창에서 dummy, pin 등의 속성으로 표시된다.

5.4 Layout Editor에서 Inverter 레이아웃

'Layout Editor'를 활용하여 Inverter 레이아웃을 설계하기 위해 기본적인 기능을 학습하고, Schematic INV1을 Pcell 기반으로 레이아웃한다

5.4.1 Schematic view와 Layout view

'Library Manager' 창에서 Cell INV1의 Schematic view를 선택한 후, [그림 5-8(a)]와 같이 'Schematic Editor' 창에서 Schematic view를 연다. 마찬가지로, 'Library Manager' 창에서 Cell INV1 Layout을 선택하고, [그림 5-8(b)]와 같이 'Layout Editor' 창에서 Layout view를 연다.

Cellview를 Open하는 방법은 여러 가지가 있으므로, 사용자에게 편리한 방법을 선택한다. 다음은 주요 Open 방법이다.

- CIW 창에서 'File → Open' 메뉴를 선택하여 'Open File' 창을 열고, view type에 맞게 Cell을 지정하여 Editor 창에서 연다.

- 'Schematic Editor' 창에서 'Launch → Layout L' 메뉴를 사용하여 Layout Cellview를 Editor 창에서 연다.

- 'Library Manager' 창에서 원하는 Cellview를 좌측 마우스로 더블 클릭하여 Editor 창에서 연다.

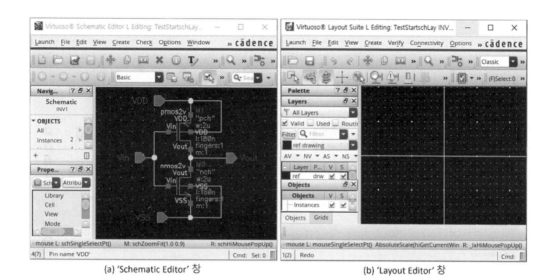

(a) 'Schematic Editor' 창   (b) 'Layout Editor' 창

[그림 5-8] Cell INV1의 'Schematic Editor'와 'Layout Editor' Open 결과

5.4.2 Instance 호출

'Layout Editor' 창에서 INV1의 Schematic을 레이아웃하기 위한 작업 과정은 다음과 같다. INV1 Schematic은 Instance, Wire(Net), Pin등으로 구성되어 있으므로, 'Layout Editor' 창에서 Schematic에 대응하는 Layout View의 Instance 호출, Instance 연결을 위한 Layer 호출, 그리고 Pin을 호출하여 레이아웃 설계를 수행한다.

레이아웃 작업은 Schematic View의 Cell을 Layout View로 변환하여 실제 물리적 구조를 배치하는 과정이다. 이 과정에서 Post-Layout Simulation 결과가 Pre-Layout Simulation 결과와 동일하도록, 레이아웃에 의한 영향(예: 저항 및 커패시턴스 성분)을 최소화하는 것이 중요하다.

'Layout Editor' 창에서 Instance를 호출하려면 'Create → Instance' 메뉴(또는 단축키 'I')를 사용해 'Create Instance' 창을 생성한다. [그림 5-9]은 'Schematic Editor'와 'Layout Editor'에서 호출된 Instance를 비교하여 보여준다.

(a) Layout Instance 호출   (b) Schematic Instance 호출

[그림 5-9] Layout과Schematic Instance 특성 비교

'Layout Editor' 창에서 'Create Instance' 창을 호출한 후, Schematic 회로와 동일한 Library의 Cell(Instance)을 선택한다. 이때, 'View'는 반드시 'Layout'으로 지정해야 한다. 'Layout Instance Name'은 특별한 경우가 아니면 자동으로 생성되도록 설정하지 않는다. Instance의 특성 변수인 Length L, Width W, Total Width와 Number of Fingers 값은 Schematic Instance와 동일하게 설정해야 한다. 단, Number of Fingers 값은 반드시 동일할 필요는 없으나, 이 값이 다를 경우 회로 특성에 영향을 미칠 수 있으므로, 회로 설계자와 협의가 필요하다.

모든 변수 값을 설정한 후, 'Hide' 버튼을 클릭하여 'Create Instance' 창을 닫으면, 'Layout Editor' 작업창으로 되돌아가간다. 이후, 커서를 작업창에서 원하는 위치에 놓고 클릭하면 선택한 Layout Instance를 호출하여 배치할 수 있다.

Layout Editor 창에서 Instance 보기

호출된 Cell pmos2v Layout View는 [그림 5-10]과 같이 'Layout Editor' 창에 나타난다. 레이아웃 보기 방식은 <Shift>+<F>와 <Ctrl>+<F> 단축키를 사용하여 전환할 수 있다. <Ctrl>+<F> 단축키는 레이아웃을 심벌 형태로 간략화하여, 박스 형태의 경계선과 Instance 이름만 표시한다. 반면, <Shift>+<F> 단축키는 Instance를 구성하는 모든 Layer를 표시한다.

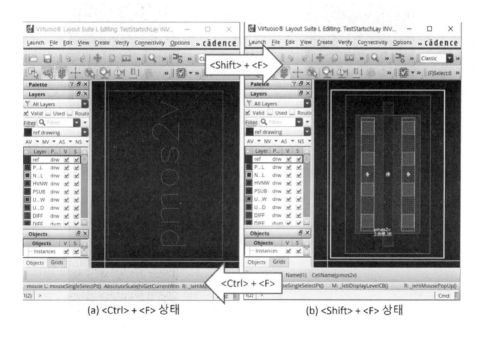

(a) <Ctrl>+<F> 상태   (b) <Shift>+<F> 상태

[그림 5-10] 'Layout Editor' 창에서 <Shift>+<F>와 <Ctrl>+<F> 기능 비교

Instance와 Layer로 작업된 레이아웃에서 자주 사용되는 Display 제어 기능에는 Zoom In, Zoom Out, Redraw, Fitting 등이 있다. 이러한 기능은 주로 단축키를 통해 실행된다.

Zoom In(확대) 기능: <Ctrl>+<Z>를 누르거나, 오른쪽 마우스로 사각형 영역을 지정하면 해당 영역이 확대된다.

Zoom Out(축소) 기능: <Shift>+<Z>를 누르면 화면이 축소된다.

Redraw(갱신) 기능: <Ctrl>+<R>을 누르면 레이아웃이 최신 자료를 기준으로 화면이 갱신된다.

Fitting(화면 맞춤) 기능: 개체(Object) 전체를 한 화면에 표시하는 기능으로, 단축키 'F'를 통해 실행된다.

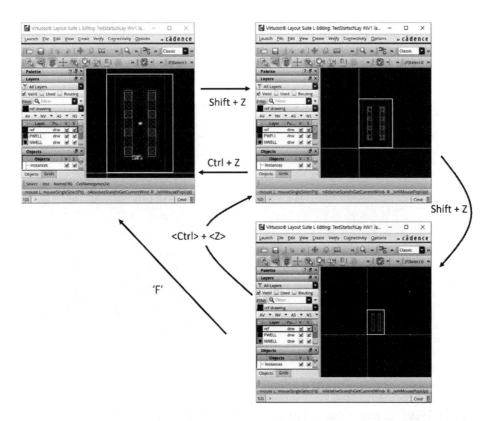

[그림 5-11] 'Layout Editor'의 <Ctrl>+<Z>, <Shift>+<Z>, 'F' 단축키 기능

호출된 MOSFET 특성 변경하기

'Schematic Editor' 창에서 MOSFET Instance(예: pmos2v)를 선택한 후, 단축키 'Q'를 누르거나 메뉴에서 'Edit → Properties → Objects'를 선택하면 'Edit Object Properties' 창이 생성된다. 이 창은 [그림 5-9(b)]와 같이 Schematic에서 호출된 Instance의 특성을 변경할 수 있는 인터페이스를 제공한다.

마찬가지로, 'Layout Editor' 창에서도 Instance(pmos2v)를 선택한 뒤, 동일한 방식으로 'Edit Object Properties' 창을 호출할 수 있다. 이 경우, [그림 5-12]와 같이 Layout Editor' 창에서 호출된 Instance의 특성을 확인하고 수정할 수 있다.

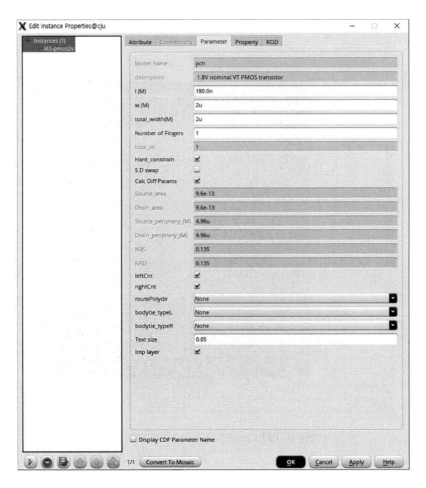

[그림 5-12] 'Layout Editor'의 'Edit Object Properties' 창

'Edit Object Properties' 창에서는 설계자가 MOSFET의 Length(L), Width(W), Number of Fingers, Total Width, S/D Swap 등의 특성을 수정할 수 있다. 다만, 회색 바탕으로 표시된 값들은 설계자가 입력한 값을 기반으로 계산 방식에 따라 자동으로 결정된 값으로, 직접 변경할 수 없다.

[그림 5-12]에서 호출된 Instance는 Model name이 pch로 표시되며, "1.8V nominal VT PMOST transistor"라는 설명이 제공된다

'Layout Editor' 창에서 'Edit Object Properties' 창을 이용해 NMOSFET과 PMOSFET을 호출하고 배치한 레이아웃이 [그림 5-13]에 나타나 있다.

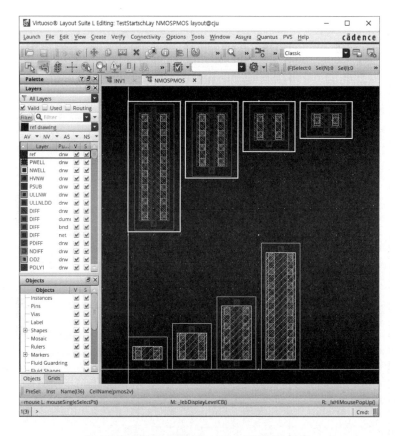

[그림 5-13] 다양한 크기의 MOSFET 호출

- NMOSFET: 0.5/0.18, 1/0.18, 2/0.18, 4/0.18

- PMOSFET: 0.5/0.18, 1/0.18, 2/0.18, 4/0.18

또한, 'Layout Editor' 또는 'Schematic Editor' 창에서 실행된 명령은 [ESC] 키를 누르기 전까지 계속 적용되므로, 작업 중 이 점을 유의해야 한다.

5.4.3 호출된 Instance의 복사, 이동 및 크기 측정

본 절에서는 호출된 Instance를 복사하고 이동하며, 크기를 측정한다.

'Layout Editor' 창에서 개체(Object) 복사

'Layout Editor' 창에서 Instance와 Layer와 같은 개체(Object)를 복사하려면 다음 단계를 따른다.

1. 단축키 'C'를 누르거나 'Edit → Copy' (아이콘 ⬚) 메뉴를 선택한다.

2. 왼쪽 마우스 버튼으로 복사할 개체를 클릭하여 선택한다.

3. 커서를 복사할 위치로 이동한 뒤, 다시 왼쪽 마우스 버튼을 클릭하면 해당 위치에 개체가 복사된다.

복사 명령을 실행하는 동안 [F3] 키를 눌러 하위 메뉴 창을 활성화하면, 복사 과정에서 사용할 수 있는 다양한 옵션을 선택할 수 있다.

여러 개의 개체를 복사할 때는 'Spacing' 배치를 설정하고 'Copies'에 입력한 개수만큼 복사할 수 있다. 또한, 하단의 아이콘을 사용하여 복사된 개체를 90도 회전, -90도 회전, 좌우 반전, 상하 반전으로 배치할 수 있다.

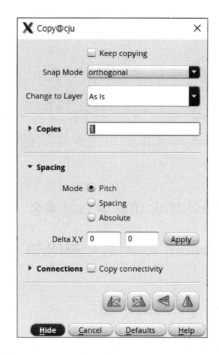

[그림 5-14] 복사 명령어 상태에서 [F3] 키로 나타나는 하위 메뉴

Snap Mode는 커서와 개체의 움직임 방식을 설정하는 기능으로 복사뿐만 아니라 이동 작업에도 동일하게 적용된다. 여기서 orthogonal로 선택하면 개체는 수평 또는 수직 방향으로만 이동한다. [표 5-1]에 다양한 Snap Mode의 종류와 동작 방식이 요약되어 있다.

[표 5-1] Snap Mode 기능 요약

Snap Mode	커서와 개체 동작
anyAngle	어떠한 방향으로도 움직임
diagonal	수평/수직/45도 방향으로만 움직임
orthogonal	수평/수직 방향으로만 움직임
horizontal	수평 방향으로만 움직임
vertical	수직 방향으로만 움직임

Layout Editor 창에서 개체의 이동

'Layout Editor' 창에서 Instance와 Layer 등 개체를 이동하는 방법은 다음과 같다.

1. 단축키 'M'을 누르거나 'Edit → Move' 메뉴(아이콘 ⊕)를 선택한다.

2. 마우스 왼쪽 버튼으로 이동할 개체(Instance 또는 Layer)를 클릭하여 선택한다.

3. 커서를 원하는 위치로 이동한 뒤, 다시 왼쪽 마우스 버튼을 클릭하면 선택된 개 체가 지정한 위치로 이동된다.

이동 명령을 실행하는 동안, [F3] 키를 눌러 하위 메뉴 창을 호출하면 다양한 옵션 을 활용하여 이동할 수 있다.

[그림 5-15] 이동 명령어 상태에서 [F3] 키로 나타나는 하위 메뉴 창

Snap Mode는 복사 명령어와 마찬가지로 커서와 개체의 움직임 방식을 설정하는 기능을 의미한다. 여기서 orthogonal로 선택하면 개체는 수평 또는 수직 방향으로 만 이동할 수 있으며, 90도 회전, -90도 회전, 좌우 반전, 상하 반전 등의 이동 방식 도 지원한다.

[표 5-2] 이동 명령어에서 Snap Mode

Snap Mode	커서와 개체 동작
anyAngle	어떠한 방향으로도 움직임
diagonal	수평/수직/45도 방향으로만 움직임
orthogonal	수평/수직 방향으로만 움직임
horizontal	수평 방향으로만 움직임
vertical	수직 방향으로만 움직임

Layout Editor 창에서 Ruler사용과 취소

'Layout Editor' 창에서는 Ruler 명령어를 사용하여 Instance와 Layer 등 개체의 크기를 마이크로미터(um) 단위로 측정할 수 있다. 사용 방법은 다음과 같다.

1. 단축키 'K'를 누르거나 'Tools → Create Measurement' 메뉴를 선택한다.

2. 마우스 왼쪽 버튼을 클릭하여 측정하려는 길이의 시작점을 지정한다.

3. 마우스를 이동한 뒤, 측정하려는 길이의 끝점을 다시 클릭하여 길이를 측정한다. 측정값은 [그림 5-15]아 같이 'Layout Editor' 화면에 표시된다.

명령 실행 중 [F3] 키를 눌러 하위 메뉴 창을 호출하면 추가 옵션(Snap Mode 등)을 사용할 수 있다.

'Layout Editor' 창에서 Ruler 표시를 취소하려면 다음 명령을 사용한다.

- [ESC] 키를 눌러 현재 실행 중인 명령을 종료한다.

- 'Tools → Clear All Measurements' 메뉴를 선택하거나 단축키 <Shift>+ <K>를 눌러 화면에 표시된 모든 Ruler 측정값을 제거한다.

[그림 5-16] Ruler 사용: 하위 메뉴 창과 0.25um 측정 예

5.4.4 레이어(Layer)를 이용한 Layout

'Layout Editor' 창에서 Layer를 선택해 Pattern을 생성하면, 해당 Pattern은 파운 드리의 공정을 통해 웨이퍼 상에 물리적으로 구현된다. 따라서 Layout Pattern은 반드시 PDK (Process Design Kit) 규정을 준수해야 한다.

Layer 선택은 LSW(Layer Selection Window)를 통해 이루어지며, 'Layout Editor' 창에서 제공되는 'Mode', 'Copy', 'Shape', 'Stretch', 'Path', 'Label' 등의 명령어를 활용하여 Layer Pattern을 생성할 수 있다. 생성된 Layer는 Contact과 Via를 사용해 물리적으로 서로 연결된다.

Layer를 사용하여 Pattern을 형성할 때 반드시 준수해야 하는 PDK 규칙을 Design Rule이라 하며, 주요 내용은 다음과 같다.

- 수직 방향에서의 층별 Layer 간 간격 및 규정

- 수평 방향에서의 Layer와 Layer 간의 공간 규격

LSW에서 Layer의 선택과 소자 단면도

P형 기판 웨이퍼에 생성된 NMOSFET의 소자 구조와 공정에 사용된 Layer를 나타내는 [그림 5-7]을 다시 살펴보자.

'Layout Editor' 작업창에서 Layer를 선택하려면 LSW(Layer Selection Window)에서 원하는 Layer를 왼쪽 마우스 버튼으로 클릭하면 된다. 예를 들어, [그림 5-7]의 LSW 창에서는 drw(drawing) 속성의 POLY1 Layer가 선택된 상태를 보여준다. 이 경우, 'Layout Editor' 작업창에서 Pattern을 작성하면 [그림 5-7]의 MOSFET 구조에 나타난 Gate가 형성된다.

따라서 NMOSFET을 형성하려면, 소자의 단면도에 따라 'n+ diffusion', 'p+ diffusion', 'Metal1' Layer를 선택하고, Design Rule을 준수하여 각 Layer를 NMOSFET의 특정 영역에 맞게 정확히 배치해야 한다.

한편, Instance로 호출되는 NMOSFET와 PMOSFET은 해당 공정에 맞게 제공된 Pcell(Parameterized Cell)로, 설계자가 Parameter 기반으로 Cell Layout을 작성할 수 있도록 구성되어 있다. Pcell은 특정 소자의 크기, 길이, 너비 등의 변수를 조정할 수 있는 기능을 제공하며, 이를 통해 설계자는 공정 규칙을 준수하면서도 설계 요구 사항을 충족할 수 있다.

선택된 Layer로 Pattern 그리기

LSW 창에서 Layer를 선택한 후, 'Layout Editor' 창의 'Create → Shape' 메뉴를 사용하여 다양한 모양의 도형을 생성할 수 있다.

[그림 5-17]은 draw 속성의 METAL1 Layer를 사용하여 도형을 그리는 예시를 보여준다. 이 예시에는 Rectangle, Path, Circle, Ellipse, Donut, Wire 등을 그리기 위해 'Rectangle', 'Path', 'Circle', 'Wire' 명령어를 활용한 사례가 포함되어 있다.

또한, 각 명령어 실행 중 [F3] 키를 눌러 하위 메뉴 창을 활성화하면, 부가적인 옵션을 설정하여 도형의 세부 속성을 조정할 수 있다.

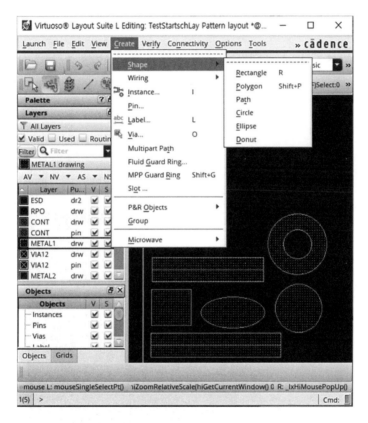

[그림 5-17] draw속성의 METAL1 Layer를 사용한 도형 그리기 예

선택된 Layer에 이름 부여하기('Create → Label')

회로에서 Pin(Net)에 이름을 지정하는 것처럼, 레이아웃에서도 특정 Layer에 이름을 지정할 수 있다. 단, 이름을 지정할 수 있는 Layer는 PDK에 미리 정의된 Layer에 한정된다. Layer에 이름을 부여하려면 다음 단계를 따른다.

1. LSW에서 지정된 Layer를 선택한다.

2. 단축키 'L'을 누르거나, 'Create → Label' 메뉴를 선택하여 'Create Label' 창을 연다.

3. 생성된 창에서 이름, 폰트, 크기 등을 설정하고, 'Label Layer/Purpose' 항목에서 'Use Current Entry layer'를 선택하고 'Hide' 버튼을 클릭한다.

4. 커서를 이용해 Layer를 클릭한다.

5. 클릭하면 + 표시가 나타나며, 설정한 이름이 해당 Layer의 위치에 부여된다.

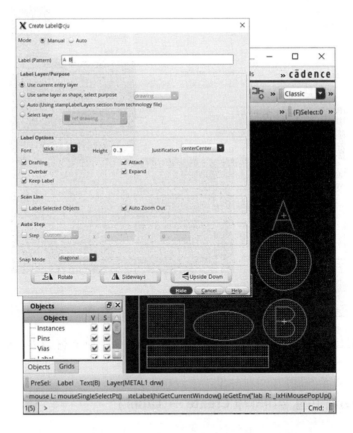

[그림 5-18] 선택된 Layer에 A와 B이름 지정하기

커서가 원하는 지정된 Layer가 아닌 빈 공간을 클릭하면, 정상적으로 Layer를 선택할 때까지 작업을 반복해야 한다. [그림 5-18]은 원 도형의 Layer에 이름이 지정된 Label B와 달리, Label A는 빈 공간에 지정되어 반복 작업 후, 도넛 형태와 연결된 상태를 보여준다. 따라서, Label B처럼 Layer에 이름을 직접 Attach하는 것이 바람직하다.

'Create Label' 창에서 이름이 공백(Space)으로 구분된 경우, 첫 번째 클릭으로 Label A가 부여된다. 이후 커서를 이동하여 다시 클릭하면, 이동한 위치에 Label B 이름을 추가로 부여할 수 있다.

패턴과 Label 붙이기

A. POLY1과 METAL1 Layer를 이용하여 아래와 같은 패턴을 'Layout Editor'에서 작성해 보자.

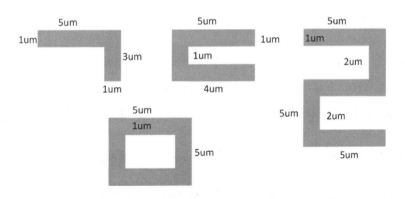

[그림 5-19] 패턴 그리기 예

B. 다음 작업을 수행하라.

1. [그림 5-19]와 같이 레이아웃을 작성하고, 각 위치(+)에 Label을 Attach하라. 이때. Poly1에 Label이 Attach되는지 확인하라.

2. 일반적인 CMOS 공정을 고려할 경우, Metal1과 Poly1 Layer중 어느 Layer가 수직적으로 더 높은 위치에 있는지 확인하라.

3. [그림 5-20]의 Pattern (C)의 POLY1 부분에는 METAL1이 존재하지 않는다. 이 경우, 상부 METAL1의 Net이름은 어떻게 되는지 분석하라.

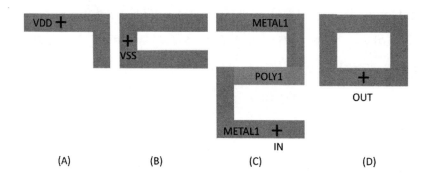

[그림 5-20] Pattern 연결 및 Label 이름 부여 예

Pin으로 이름 부여하기

레이아웃에서 'Create → Pin' 명령어는 회로의 Pin(Net)과 같이 이름이 있는 Pin 을 지정하기 위해 사용된다. Pin 메뉴는 이름만 지정하는 Label과 달리, Pattern을 생성하면서 이름도 함께 지정한다. Pin으로 이름을 부여하는 과정은 다음과 같다.

1. 'Create → Pin'을 선택하여 [그림 5-21]과 같이 'Create Pin' 창을 연다.

2. 창에서 'Terminal Names'와 Pin의 Pattern을 결정하는 'Pin Figure'를 설정(예: rectangle)한다.

3. 'Create Label' 관련 옵션을 설정하려면 'Create Label'의 'Options...'를 클릭하 여 'Set Pin Label Text Style' 창([그림 5-21])을 연다. 이 창에서 폰트와 크기 를 지정하고, 'Layer Name' 항목에서 'Same As Pin'을 선택한 후 'OK' 버튼을 클릭하여 창을 빠져나온다.

4. 'Create Pin' 창에서 'Hide' 버튼을 클릭한 뒤, 'Layout Editor' 창에서 마우스를 사용해 원하는 위치에 'Pin Figure'를 생성한다.

5. 생성된 Pin Figure에는 'Terminal Names'에서 설정한 이름이 Attach 된다.

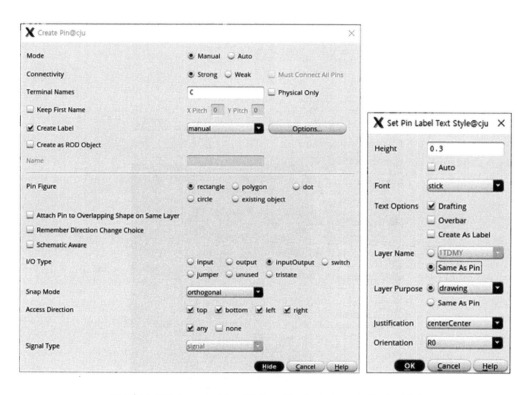

[그림 5-21] Create Pin 및 Set Pin Label Text Style 설정

[그림 5-22]는 Label을 사용하여 A, B 이름을 붙인 결과와, Pin을 사용하여 Rectangle Pattern을 생성하고 생성된 Pattern에 이름 C가 Attach된 결과를 보여준다

같은 Layer 연결과 서로 다른 Layer 연결

Layer 연결에는 같은 Layer 연결과 서로 다른 Layer 연결이 있다.

같은 Layer 연결: 같은 Layer는 반도체 공정에서 동일한 공정을 통해 형성되기 때문에, 레이아웃에서 동일 Layer가 중복되거나 간격 없이 연결되면, 이는 연결된 것으로 간주되며 실제 공정에서도 서로 연결된다.

서로 다른 Layer 연결: 서로 다른 Layer는 다른 공정을 통해 형성되므로, 이러한 Layer 간 연결을 위해 추가 공정이 필요하다. 이 역할을 수행하는 공정을 Contact 또는 Via 공정이라 한다.

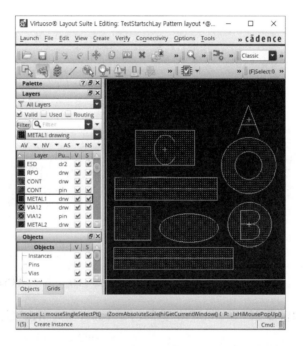

[그림 5-22] 'Create → Label'로 A, B 이름 부여 및
'Create → Pin'으로 Pattern과 이름 C 부여

Contact 공정(CONT): 일반적으로 Silicon(Active Layer)과 Metal을 연결하는 공정을 Contact 공정이라고 한다.

Via 공정: 서로 다른 수직 위치에 있는 Metal을 연결하는 공정을 Via 공정이라 한다.

가장 낮은 위치의 Metal Layer는 METAL1이며, 이 위에 위치하는 Metal Layer는 METAL2, 그 위는 METAL3로 불린다.

METAL1과 METAL2를 연결하는 Via 공정은 VIA1, METAL2와 METAL3를 연결하는 공정은 VIA2라고 한다.

[그림 5-23]의 (b)와 (c)에서는 CONT과 VIA1을 포함하는 사각형이 나타난다. 이 사각형은 서로 다른 Layer(예: POLY1과 METAL1, METAL1과 METAL2)가 중복되어 있는 구조(홀, Hole)를 보여준다.

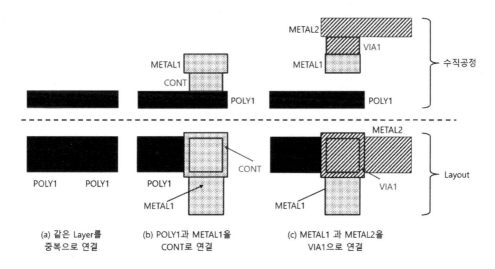

[그림 5-23] 같은 Layer 연결과 CONT, VIA1을 이용한 Layer연결

CONT와 VIA 호출

서로 다른 Layer를 연결하기 위해서는 다양한 방법이 있다. Virtuoso에서는 명령어를 사용하거나 Instance 호출을 통해 Layer간 연결을 생성할 수 있다. Instance를 호출하여 CONT과 VIA를 생성하는 방법([그림 5-24(a)])은 다음과 같다.

1. 'Create → Instance'를 선택하여 'Create Instance' 창을 연다.

2. 원하는 Cell(예: M1_POLY1는 Metal1과 Poly1 간의 Contact을 의미)을 선택한다.

3. View는 symbolic을 선택하고, 물리적인 크기(예: Width와 Length)는 PDK 값을 참고하여 설정한다.

4. 설정을 완료한 후, 'Hide' 버튼을 클릭하면 M1과 POLY1을 연결하는 Instance M1_POLY1 Cell이 'Layout Editor' 창에 생성된다.

5. 생성된 Instance는 'Create Instance' 창에서 설정한 Row와 Column 값에 따라 생성되며 xPitch와 yPitch 값 기준으로 배치된다.

다음은 단축키 'O' 또는 'Create → Via' 메뉴를 사용하여 'Create Via' 창을 생성하고 값을 설정하는 방법([그림 5-24(b)])이다.

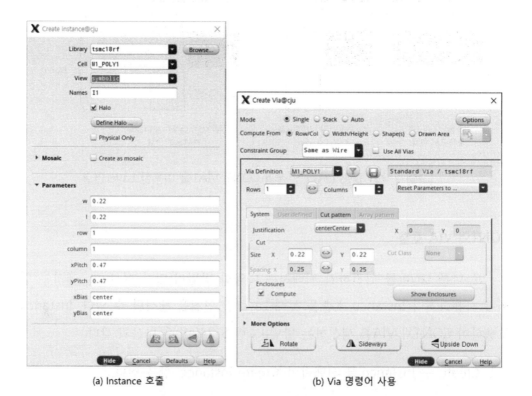

(a) Instance 호출 　　　　　　　 (b) Via 명령어 사용

[그림 5-24] M1_POLY1 CONT생성: 'Create Instance'와 'Create Via' 창

1. 'Create Via' 창을 열고, Contact(예: M1_POLY1) 또는 VIA를 선택한다.

2. 'Via Definition' 항목에서 다음 값을 설정한다.

● Cut Size: 예를 들어, X=0.22um, Y=0.22um

여기서, Cut Size는 반드시 PDK에서 정의된 값을 참고하여 지정해야 한다.

● Rows와 Columns: Contact 또는 VIA의 개수(예: Rows=1, Columns=1).

3. 설정을 완료한 후, 'Layout Editor' 창에서 왼쪽 마우스를 클릭하여 지정한 위치에 설정된 CONT 또는 VIA를 생성한다. 생성된 개수는 Rows와 Columns 값에 따라 결정된다.

[그림 5-25]는 M1_POLY Instance를 사용하여 Metal1과 Poly1을 연결하고, M1_M2 Instance를 사용하여 Metal1과 Metal2를 연결한 예를 단축키 <Ctrl>+<F>와 <Shift>+<F>를 활용한 레이아웃 표현으로 보여준다.

[그림 5-23]에서 CONT의 Cut Size는 0.22umx0.22um, VIA1의 Cut Size는 0.26umx0.26um, 그리고 METAL2의 최소 면적은 0.38umx0.38um인 공정을 고려하자. 이 경우, 공정과 연관된 레이아웃 변수는 [그림 5-25]와 [그림 5-26]에 나타나 있다.

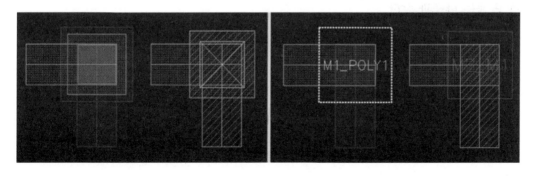

[그림 5-25] M1_POLY와 M1_M2 Instance에 의한 M1-POLY1 및 M1-M2연결 예시

VIA1의 Cut Size는 METAL1의 위 절연층을, 레이아웃된 VIA1의 사각형 모양으로 METAL1까지 식각(Etching)하여 생성된 구멍(Hole)의 크기를 의미한다. 식각 후 METAL2가 증착되어 구멍(Hole)을 채우며 Metal1과 연결된다. 이후, 0.36umx 0.36um 크기의 METAL2와 우측으로 연장된 METAL2를 제외한 나머지 METAL2 부분은 식각되어 제거된다.

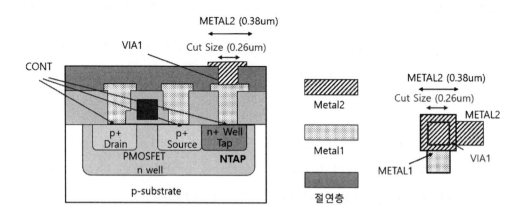

[그림 5-26] 레이아웃에서 M1_M2 VIA1 크기와 공정 변수 비교

Layer Stretch

그려진 Layer의 연장과 축소는 Stretch 기능을 사용하여 수행할 수 있다. 이를 위한 단계는 다음과 같다.

1. 단축키 'S'를 누르거나, 'Edit → Stretch' 메뉴를 선택한다.

2. [그림 5-27(a)]처럼 Layer 또는 여러 Layer의 원하는 영역을 좌측 마우스 버튼으로 선택한다. 선택된 면의 중심은 흰색으로 표시된다.

3. 선택된 면을 마우스로 드래그하여 Layer를 연장하거나 축소한다.

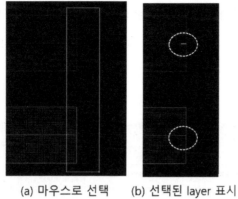

(a) 마우스로 선택   (b) 선택된 layer 표시

[그림 5-27] Layer선택과 선택된 Layer의 표시

다양한 모양의 MOSFET그리기

PDK에서 제공되는 Instance는 레이아웃의 특성과 편의성을 향상시키기 위해 여러 설정 옵션을 제공한다. 사용하는 TSMC PDK의 주요 기능은 다음과 같으며, Instance의 'Properties' 창([그림 5-12])에서 설정할 수 있다.

1. leftCnt/rightCnt: MOSFET의 Source와 Drain영역의 Contact여부를 제어한다.

2. routePolydir: Gate 신호의 방향을 지정한다.

3. bodytie_typeL/bodytie_typeR: TAP 생성 방향을 결정한다.

4. Integrated/Detached: TAP 생성 시 Source 또는 Drain과의 인접 여부를 결정한다.

5. S D Swap: MOSFET의 Source와 Drain 글자 위치만 Swap되며, 전기적 특성에는 변화가 없다.

여기서, TAP은 Body에 전압을 인가하는 단자이다.

[그림 5-28]은 MOSFET의 Source와 Drain영역에서 Contact생성 여부를 제어하는 leftCnt 및 rightCnt 설정에 따라 Instance Pcell의 모양이 어떻게 변화하는지를 보여준다.

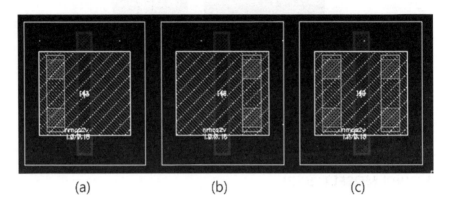

| | (a) | (b) | (c) |

Option	(a) 경우	(b) 경우	(c) 경우
leftCnt/rightCnt	leftCnt	rightCnt	leftCnt. rightCnt
RoutePolydir	None	None	None
bodytie_typeL/bodytie_typeR	None	None	None

[그림 5-28] leftCnt, rightCnt 설정에 따른 Pcell 모양

[그림 5-29]는 Gate Poly의 연장 여부를 설정하는 leftCnt 및 rightCnt 변수에 의해 변화하는 Instance Pcell 모양을 보여준다.

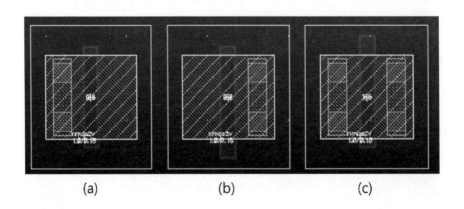

| | (a) | (b) | (c) |

Option	(a) 경우	(b) 경우	(c) 경우
leftCnt/rightCnt	leftCnt	rightCnt	leftCnt. rightCnt
routePolydir	None	Top	Bottom
bodytie_typeL/bodytie_typeR	None	None	None

[그림 5-29] routePolydir 설정에 따른 Pcell 모양

[그림 5-30]은 MOSFET의 TAP의 좌우 위치를 결정하는 설정(bodytie_typeL, bodytie_typeR), 그리고 생성된 TAP이 Diffusion 영역(Source, Drain)과의 인접 여부를 제어하는 설정(Integrated, Detached)에 따른 Instance Pcell 모양을 나타낸다.

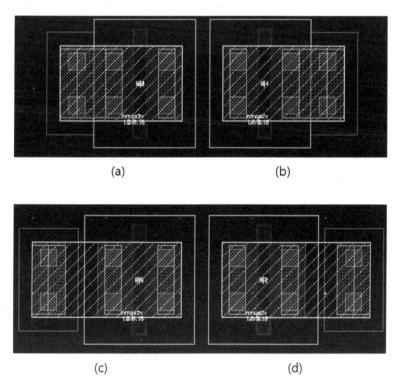

Option	(a)	(b)	(c)	(d)
leftCnt/rightCnt	leftCnt, rightCnt	leftCnt, rightCnt	leftCnt, rightCnt	leftCnt, rightCnt
routePolydir	None	None	None	None
bodytie_typeL/bodytie_typeR	bodytie_typeL Integrated	bodytie_typeR Integrated	bodytie_typeL Detached	bodytie_typeR Detached

[그림 5-30] bodytie_typeL/bodytie_typeR 및 Integrated/Detached 설정에 따른 Pcell 모양

MOSFET과 Inverter 단면도

[그림 5-31]은 PTAP, NMOSFET, NTAP, 그리고 PMOSFET으로 구성된 Inverter 구조를 보여준다. NMOSFET의 Source는 CONT를 통해, Body는 PTAP을 통해 METAL1에 연결되고, 이후 METAL2를 통해 GND로 연결된다. 반면, PMOSFET의 Source는 CONT를 통해, Body는 NTAP을 통해 다른 METAL1과 연결되고, 이후 또 다른 METAL2를 통해 VDD로 연결된다.

NMOSFET과 PMOSFET의 Gate는 저항이 낮은 Polysilicon으로 연결되며, 서로 다른 평면에서 신호를 입력받는다. 이때 NMOSFET의 Drain과 PMOSFET의 Drain은 CONT를 통해 METAL1으로 연결되며, 입력 신호에 대해 반전 동작으로 출력된다.

Inverter의 안정적인 동작을 위해 NWell과 p-substrate 전압은 TAP을 통해 적절하게 유지된다. NWell은 VDD 전압을 유지하기 위해 N+ Implantation을 사용해 METAL1과 접속되며, 이를 NTAP 구조라고 한다. 또한 p-substrate는 GND 전압을 유지하기 위해 P+ Implantation을 사용하여 METAL1과 접속되며, 이를 PTAP 구조라 한다.

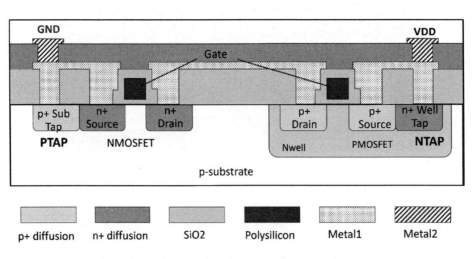

PTAP in the Pwell of the NMOSFET, NTAP in the Nwell of the PMOSFET

[그림 5-31] NMOSFET과 PMOSFET기반 Inverter 구조

INV1 Layout 완성

Layout 설계에 앞서 'Schematic Editor' 창에서 INV1 Cell의 설정을 아래와 같이 완료한 후 'Check&Save'를 수행한다.

- PMOSFET: Width=2um, Length=0.18um

- NMOSFET: Width=1um, Length=0.18um

- 전원(Power): VDD, VSS

- Gate 입력신호: VIN

- INV1 출력신호: VOUT

INV1의 레이아웃 조건은 다음과 같다.

- NMOSFET과 PMOSFET의 크기: Schematic 회로의 크기와 동일

- NMOSFET와 PMOSFET의 연결: Poly Layer의 Width=0.18um, METAL1 Layer의 Width= 0.23um 사용

- VDD와 VSS 전원에 사용되는 METAL1: Width=1um

- INV1의 전체 높이: 10um

- 레이아웃의 기준점; 좌표의 원점

최종적으로, [그림 5-31]처럼 레이아웃을 완성한다.

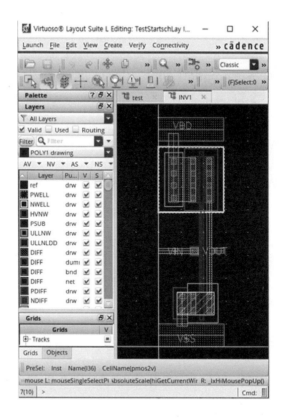

[그림 5-32] INV1의 Layout

INV1 Layout Cell 저장과 확인

레이아웃이 완성되면 'Layout Editor' 창에서 'File → Save' 메뉴 또는 Save 아이콘 ⊟ 버튼을 눌러 저장한다. 저장한 후 'Library Manager' 창에서 저장된 INV1 Layout Cell이 제대로 저장되었는지 확인한다.

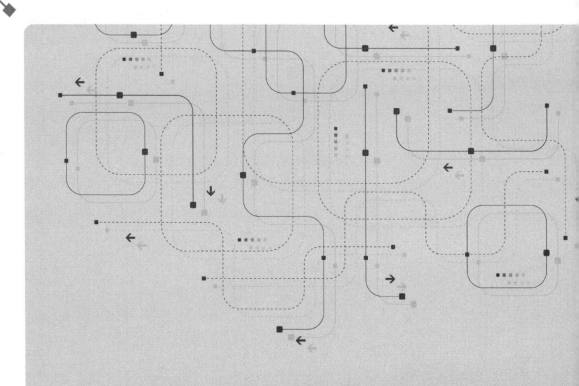

레이아웃이 완료되면, 설계된 레이아웃이 파운드리의 공정 규칙을 준수하는지, 또는 회로 설계자의 의도대로 설계되었는지를 확인하는 과정이 필요하다. 이를 Physical Verification이라고 한다.

Layout 검증 : DRC와 LVS

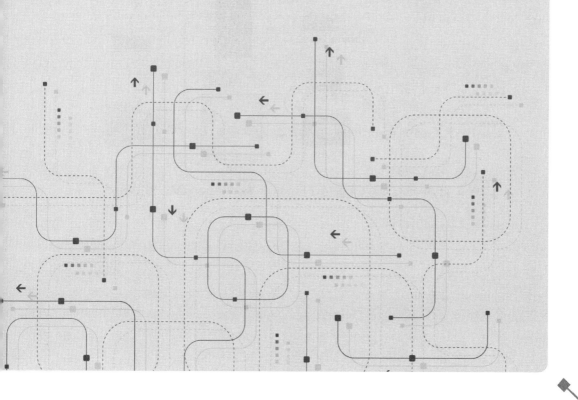

대표적인 Physical Verification 과정은 다음과 같이 구분된다.

- DRC(Design Rule Check): 설계가 공정의 규칙(Design Rule)을 준수하는지 검사하며, 레이아웃의 물리적 구조를 확인한다.

- LVS(Layout versus Schematic): 설계된 레이아웃(Layout)이 회로도 (Schematic)와 일치하는지를 검증하는 과정이다.

이외에도 다양한 검증 과정이 있으며, 그중 ERC(Electrical Rule Check)는 회로의 Open과 Short를 검사하여 레이아웃이 전기적으로 끊어지지 않고 제대로 연결되었 는지를 확인한다. 이를 통해 회로의 전기적 특성을 확인하고 오류를 찾아낸다.

이러한 Physical Verification 과정은 [그림 6-1]에 나타나 있다.

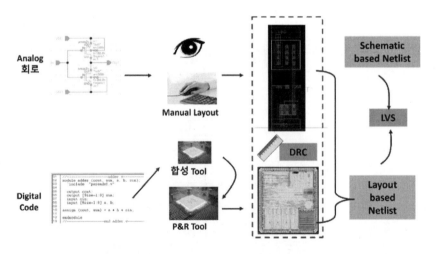

[그림 6-1] Analog/Digital 설계와 Physical Verification(DRC 및 LVS)

6.1 DRC(Design Rule Check) 검증

DRC(Design Rule Check)는 공정의 Design Rule에 맞게 레이아웃이 설계되었는지를 검증하는 과정이다. 이를 위해 다양한 EDA Tool이 사용되며, 본 절에서는 Cadence Assura 툴을 이용한다.

6.1.1 DRC 실행을 위한 Assura 메뉴

'Layout Editor' 창에서 Assura를 통해 DRC 및 LVS를 수행할 수 있다. Assura 메뉴는 [그림 6-2]에 나타나 있으며, 주요 기능은 다음과 같다.

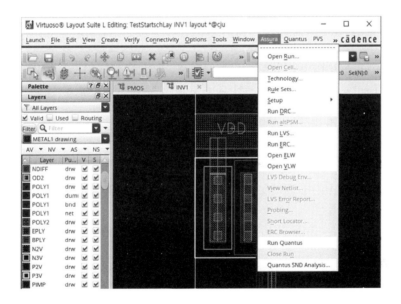

[그림 6-2] Assura 메뉴

● Technology: DRC Rule 파일을 설정한다.

● Run DRC: DRC 검증을 실행한다.

- Run LVS: LVS 검증을 실행한다.

- Run ERC: Electrical Rule Check를 실행한다.

- Open ELW(Error Layer Window): DRC 및 ERC 오류를 확인한다.

- Open VLW(View Layer Window): Assura Layout 창에서 레이어 데이터를 표시하거나 제어하는 데 사용된다.

6.1.2 DRC 실행을 위한 Technology 파일 등록

INV1 Cell이 열려 있는 'Layout Editor' 창에서 'Run DRC'를 실행하면 [그림 6-3]과 같은 창이 나타난다. 'Run Assura DRC' 창에는 Library, Cell, 그리고 View가 지정되어 있다. 만약 지정되지 않았거나 변경이 필요한 경우, 'Browse' 버튼을 이용하여 해당 항목을 설정해야 한다.

또한, 'Run Directory'는 기본값으로 '.'(현재 작업 디렉터리)로 지정되어 있다. 이경우 모든 DRC 결과가 현재 작업 디렉터리에 저장된다. 따라서, 작업 편의를 위해 적절한 디렉터리를 지정하는 것이 좋다.

[그림 6-3]은 DRC를 실행할 Technology 파일이 설정되지 않은 상태를 보여준다. 이러한 경우, DRC 실행이 불가능하므로, 이를 해결하기 위해 Technology 파일 등록이 필요하다.

Technology 파일 등록

DRC는 레이아웃 결과물이 공정 규칙을 준수하는지 확인하는 과정이므로, 그려진 레이아웃을 검사하려면 공정 규칙이 담긴 Technology 파일이 필요하다.

따라서, [그림 6-3]과 같이 Technology 파일이 등록되지 않은 경우에는 다음 과정을 따라 Technology 파일을 등록해야 한다.

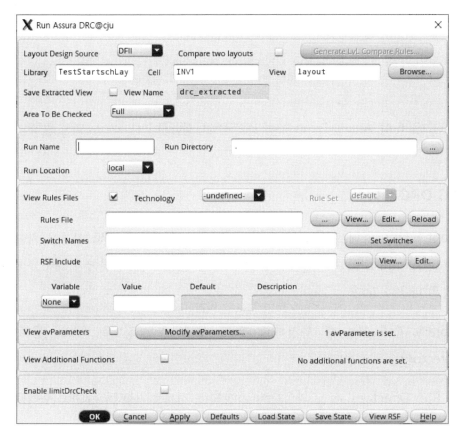

[그림 6-3] 초기 'Run Assura DR' 창

1. 'Assura → Technology' 메뉴를 선택하여 [그림 6-4]와 같이 'Assura Technology Lib Select' 창을 연다.

2. 'Assura Technology Lib Select' 창에서 Browse 버튼을 클릭하여 Technology 파일이 있는 위치를 등록한다. 파일 위치는 PDK가 있는 경로이며, 관리자를 통해 확인할 수 있다. 예시 경로는 다음과 같다.

- /eda_tools/tsmc18rf/TSMC018RF_IC615/assura_tech.lib

3. 'Assura Technology Lib Select' 창에 등록된 위치가 표시되면 'OK' 버튼을 클릭한다.

[그림 6-4] 'Assura Technology Lib Select' 창에서 Technology 파일 등록

6.1.3 DRC 실행

'Layout Editor' 창에서 'Assura → Run DRC'를 선택하면 DRC 실행을 위한 설정 창인 'Run Assura DRC' 창이 [그림 6-5]와 같이 생성된다. 이 창에서 DRC를 실행하는 과정은 다음과 같다.

1. Library, Cell, View를 확인하고, DRC 실행 중 생성되는 File 이름과 Run Directory를 지정한다.

   ● Run Directory: 실행 파일들이 저장되는 경로로, 예시로 ./DRC_Veri를 지정하였다.

   ● File 이름: 지정하지 않는 경우, Default 이름으로 진행된다.

2. Technology와 Rule Set을 확인한다.

   ● Technology: tsmc18rf(예시)로 설정한다.

   ● Rule Set: PDK에 포함된 다양한 DRC Rule File 중 하나를 선택한다.

3. 모든 설정이 완료되면 'Run Assura DRC' 창에서 'Apply' 또는 'OK' 버튼을 클릭한다.

   ● 'OK': 설정을 완료하고 창을 닫는다.

   ● 'Apply': 설정을 적용하지만 창은 유지된다.

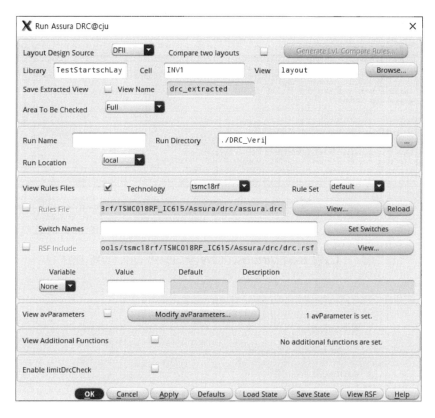

[**그림 6-5**] 'Run Assura DRC' 창에서 DRC 설정 예시

4. 만약 Layout Cell이 저장되지 않은 상태라면, 저장 여부를 확인하는 창이 나타 난다. 이 경우, 레이아웃 정보를 저장하고 DRC 실행을 진행한다.

DRC 실행 도중, 각종 로그는 [그림 6-6]과 같이 CIW 로그창에 표시되며, DRC 실 행 과정을 보여주는 'Progress' 창이 [그림 6-7(a)]처럼 생성된다. 이때 'Yes' 버튼을 클릭하면 실행 과정을 모니터링할 수 있다.

DRC가 완료되면 결과를 확인할 수 있는 'Run' 창이 [그림 6-7(b)]와 같이 생성된 다. 여기서 'Yes' 버튼을 클릭하면 DRC 결과를 확인할 수 있다.

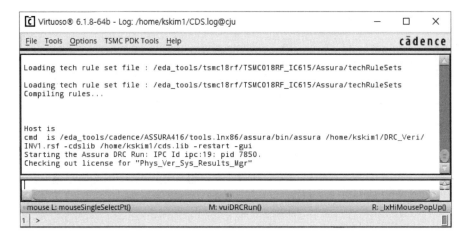

[그림 6-6] Virtuoso CIW 로그창의 DRC 실행 로그

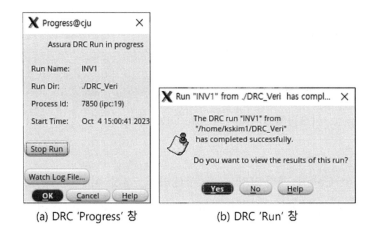

(a) DRC 'Progress' 창   (b) DRC 'Run' 창

[그림 6-7] DRC 실행 과정의 'Progress' 창과 완료 후 'Run' 창

6.1.4 DRC 실행 결과

'Run' 창에서 'Yes' 버튼을 클릭하면, DRC Error 결과를 보여주는 ELW(Error Layer Window) 창과 VLW(View Layer Window) 창이 나타난다. [그림 6-8]은 ELW 창을 예시로 보여준다. 이 예시는 몇 개의 Error와 Density Error(Area Coverage)가 포함되어 있다.

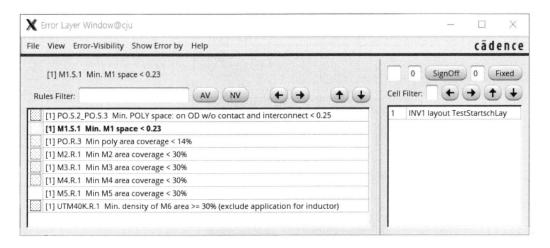

[그림 6-8] DRC 수행 결과를 보여주는 ELW(Error Layer Window)

[그림 6-8]의 ELW 창에서 Error가 선택된 상태(굵은 글씨의 [1] M1.S.1~)에서 버튼 ⬅ ➡ 을 클릭하면, 'Layout Editor' 창에서 해당 Error가 있는 레이아웃 위치를 Zoom In하여 보여준다. 예를 들어, [그림 6-8]에서는 '[1] M1 space <0.23'에 해당하는 Error가 선택된 상태이다. 이 상태에서 ⬅ ➡ 버튼을 클릭하면, [그림 6-9]처럼 'M1 space <0.23'에 해당하는 Error가 강조되어 표시된다.

'M1 space <0.23'의 Error는 M1의 Space가 0.23um보다 커야 하는데 간격이 작아 발생한 경우이다. 이를 해결하기 위해, 간격을 0um로 조정하거나, 0.23um 이상으로 수정해야 한다.

두 개체가 연결되는 것이 설계 의도인 경우, 간격을 0um로 설정하여 Space Error를 제거한다. 만약 간격을 0.23um보다 크게 변경하면, DRC에서는 OK로 처리되지만, 설계 의도가 반영되는 LVS에서는 NG(Fail)로 판단된다.

모든 DRC 결과는 'ELW' 창에서 'View → Error Report' 또는 'View → Summary' 메뉴를 통해 확인할 수 있다.

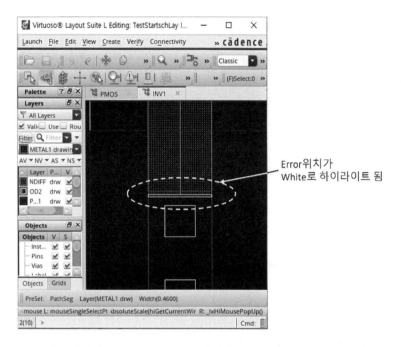

Error위치가
White로 하이라이트 됨

[그림 6-9] Layout Pattern에서 'M1 space <0.23' 위치

6.1.5 Waive를 제외한 모든 오류(Error)가 제거된 DRC 결과

DRC Error는 반드시 수정이 필요한 Error와 수정이 필요하지 않은 Warning으로 나뉜다. 수정이 필요하지 않은 Warning은 Mask 제작 과정에서 수정되거나, 이미 문제가 없다고 알려진 경우로, 이를 Waive라고 한다.

일반적으로 Density Error(Area Coverage) 관련 오류는 레이아웃 완료 후 Dummy Pattern을 추가하여 해결한다. 따라서 단위 Block 수준에서는 이러한 오류를 Waive 처리한다.

[그림 6-10]은 Waive가 가능한 Density Error를 제외하고, 모든 Error가 제거된 결과를 보여주는 ELW 내용이다. 이와 함께 DRC는 완료된다.

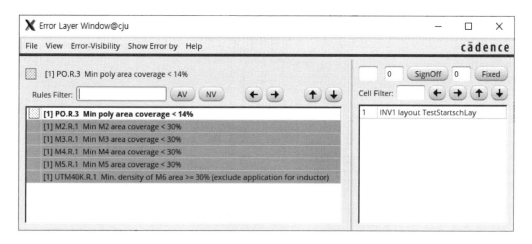

[그림 6-10] Waive 처리 가능한 Density Error를 제외한 모든 Error가 제거된 ELW 결과

6.2 LVS(Layout Versus Schematic) 검증

LVS(Layout Versus Schematic) 검증은 Physical Verification 과정 중 하나로, 공정 Design Rule에 따라 DRC 검증을 완료한 후, 레이아웃이 Schematic 회로와 일치하는지를 확인하는 과정이다. 이 검증은 다양한 EDA Tool을 통해 수행되며, 본 절에서는 Cadence Assura 툴을 이용하여 설명한다.

레이아웃과 Schematic 회로의 비교는 레이아웃으로부터 추출된 (레이아웃용) Netlist와 Schematic으로부터 추출된 (회로용) Netlist 비교를 통해 이루어진다.

따라서 LVS를 수행하려면 Netlist를 추출하기 위한 Rule File과 (회로용) Netlist와 (레이아웃용) Netlist를 비교하기 위한 Rule File이 필요하다.

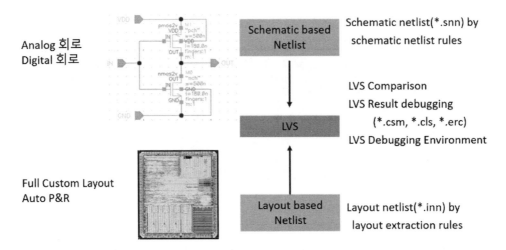

[그림 6-11] Schematic 과 Layout의 LVS

6.2.1 LVS 실행

LVS를 실행하려면 'Layout Editor' 창에서 'Assura → Run LVS'를 선택하여 'Run Assura LVS' 창을 생성한다. 이후, 'Run Assura LVS' 창에서 다음 항목을 확인하고 설정한 후 실행한다.

1. LVS를 실행할 Schematic Library, Cell, View와 Layout Library, Cell, View를 확인하고 설정한다.

   - [그림 6-12]에서는 Schematic Library는 TestStartschLay, Cell은 NV1, View는 Schematic View로 선택되고, Layout Library는 TestStartschLay, Cell은 NV1, View는 Layout View가 선택되어 비교되고 있음을 보여준다.

2. LVS 결과가 저장될 실행 디렉터리를 지정한다.

   - [그림 6-12]에서는 실행 디렉터리가 ./LVS_Veri로 설정되어 있다. 이 경우, 현재 디렉터리에 LVS_Veri 디렉터리가 생성되고, LVS 결과가 이 디렉터리에 저장된다.

[그림 6-12] LVS 실행을 위한 'Run Assura LVS' 창 설정

3. 'Extract Rules'과 'Compare Rules'을 확인한 뒤, 'Apply' 버튼을 클릭하면 LVS 가 실행된다. 이러한 Rule은 PDK에 설정되어 있다. 'OK' 버튼을 클릭할 경우, 'Run Assura LVS' 창이 닫히면서 LVS가 실행된다.

6.2.2 LVS 실행 결과

LVS가 수행되면 'Progress' 창이 [그림 6-13(a)]과 같이 나타난다. 이 창에는 LVS가 실행되는 디렉터리와 실행 이름(예: Cell이름인 INV1)이 표시된다. 또한, 'Watch Log File' 버튼을 클릭하면 실행 중 생성된 로그 파일을 확인할 수 있다.

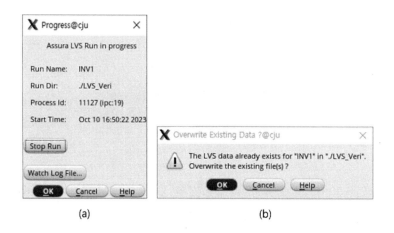

(a)   (b)

[그림 6-13] LVS 수행 'Progress' 창과 Overwrite 확인 창

'Progress' 창에서 'OK' 버튼을 클릭하면 결과 창이 생성된다. 이전에 LVS를 수행한 이력이 있는 경우, [그림 6-13(b)]와 같이 이전 결과 자료를 Overwrite할 지 여부를 확인하는 창이 나타난다. 이때 'OK' 버튼을 클릭하여 진행한다.

LVS가 완료되면 결과를 확인할 수 있는 완료 창이 생성된다. [그림 6-14]는 Error가 없는 경우의 결과 창을 보여준다. 결과 창에서는 LVS의 성공 여부와 관련된 정보를 제공하며, Schematic과 Layout이 일치하는 경우 Match 상태로 표시된다. 결과 창에서 'Yes' 버튼을 클릭하면 'LVS Debug' 창이 생성된다. [그림 6-15]는 LVS Error 없이 Schematic과 Layout이 Match되었음을 나타내며, 검증이 성공적으로 완료되었음을 확인할 수 있다.

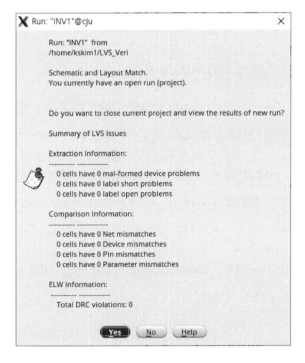

[그림 6-14] LVS 결과 창

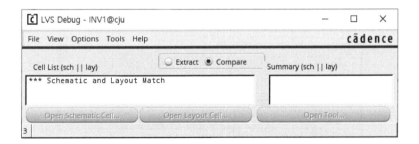

[그림 6-15] 'LVS Debug' 창

6.2.3 LVS 오류(Error)가 있는 경우

LVS 수행 중 Error가 발생하면, [그림 6-16]과 같은 결과 창이 나타난다. 이 창에서는 Net, Pin 등에서 발생한 Error를 확인할 수 있다. 일반적으로, LVS Error를 수정하여 Layout과 Schematic을 Match시키는 작업에는 많은 노력이 요구된다.

LVS Error 수정 시 주의해야 할 사항은 다음과 같다.

1. 'Schematic Editor'에서 Cell Size 및 Pin 이름을 변경하는 경우

- 'Schematic Editor'에서 Cell Size와 Pin 이름을 변경한 경우, 반드시 'Check&Save'를 실행한 후, LVS를 다시 진행해야 한다.

- 'Schematic Editor'에서 새로운 Symbol을 생성한 경우, 상황에 따라 Overwrite 또는 Modify Option을 사용하여 Symbol을 생성하고 'Check&Save'를 한다.

2. 레이아웃을 수정하는 경우, 'Layout Editor'에서 변경 내용을 저장한 후, 반드시 DRC를 실행하고 LVS를 진행한다.

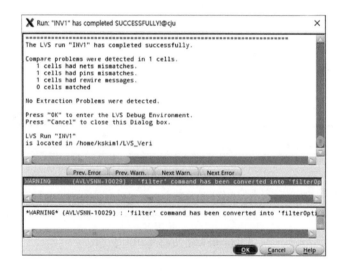

[그림 6-16] LVS Error결과 창

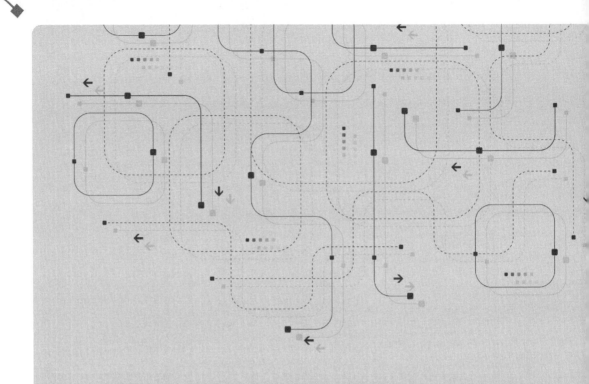

본 장에서는 CMOS 구조의 단면도를 이해하고, Virtuoso Layout Editor를 활용하여 Full custom Layout 설계를 위한 메뉴와 그 활용법에 대해서 학습한다.

Virtuoso Layout
Editor Menu

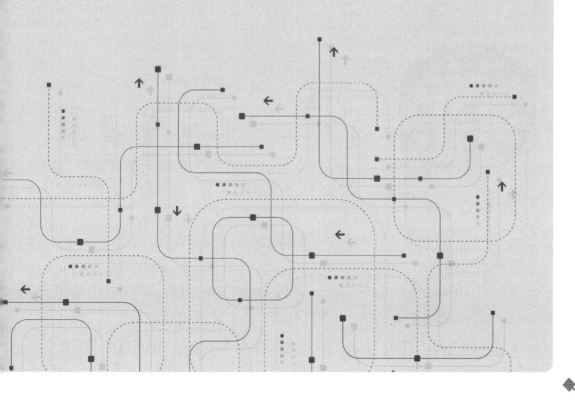

7.1 웨이퍼(Wafer) 규격과 용어

레이아웃 설계를 위해 IC 설계의 기본 사항을 살펴보자.

[그림 7-1]은 웨이퍼의 일반적인 모습과 웨이퍼 내 IC와 TEG(Test Element Group)를 나타낸다. 웨이퍼는 IC가 만들어지는 원판형의 Si(실리콘) 재질로 구성되며, 일반적으로 두께는 약 700um이다. 웨이퍼에는 다음과 같은 구성 요소가 포함된다.

- 평탄면(Flat Zone): 둥근 웨이퍼의 방향을 판별하기 위한 평평한 부분

- Wafer ID: 웨이퍼 구분을 위한 식별자

- Chip(다이): 사각형 모양으로 레이아웃에 따라 반도체 공정으로 웨이퍼 위에 형성되는 구조

- TEG와 Test Chip: 공정 평가를 위한 테스트 구조

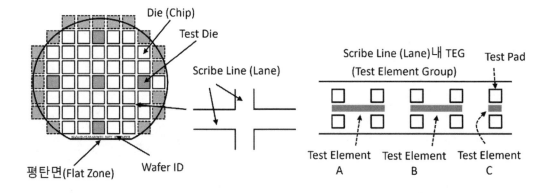

[그림 7-1] Wafer의 일반적인 형태와 IC및 TEG

다이들은 약 100um 내외의 스크라이브 라인(Scribe Line) 또는 스크라이브 래인(Scribe Lane)으로 분리된다. 스크라이브 래인에는 공정 및 칩 평가를 위한 TEG(Test Element Group)가 위치한다. TEG만으로는 평가가 부족하거나, 스크라이브 라인을

좁게 설계해야 하는 경우, 웨이퍼에 Test Chip을 추가로 제작하기도 한다. TEG와 Test Chip에는 반도체 공정을 테스트하기 위한 소자와 회로뿐만 아니라, 평가와 검사를 용이하게 하기 위해 Test Pad도 포함된다.

[표 7-1]는 일반적인 웨이퍼 규격과, 미세 공정을 적용했을 때 반도체 IC의 미세화 (Shrink) 효과를 보여준다.

[표7-1] 웨이퍼에서 반도체 IC의 미세화 효과

	6 인치 웨이퍼	8 인치 웨이퍼	상대 비교
Wafer 지름	$150cm$	$200cm$	$1.33 = 200/150$
$4mm \times 4mm$ Net Die 개수	902 ea	1,706 ea	$1.89 = 1,706/902$
$0.18um \rightarrow 0.09um$ Ideal Shrink	902 (No Shrink)	$1706 \times 4 = 6,824$	$7.56 = 6,8246/902$

7.2 MOSFET 구조 단면도

MOSFET 구조를 형성하는 공정은 MOSFET의 기반이 되는 Well 공정과 MOSFET 소자를 형성하는 공정으로 구성된다.

Well 공정

반도체 제조를 위한 기판(Substrate)의 구조는 N-Well 공정, P-Well 공정, Twin-Well 공정, Triple-Well 공정으로 나뉜다.

1. N–Well 공정

   P형 기판(P-Substrate)에 N-Well을 형성한다. NMOSFET은 P형 기판에서, PMOSFET은 N-Well 영역에서 제조된다.

2. P–Well 공정

N형 기판 위에 P-Well을 형성한다. NMOSFET은 P-Well에, PMOSFET은 N형 기판에서 제작된다.

3. Twin-Well 공정

NMOSFET와 PMOSFET의 Body를 형성하는 Well을 각각 독립적으로 형성하여 MOSFET을 제조한다. 이를 통해 NMOSFET과 PMOSFET의 특성을 각각 최적화할 수 있다.

4. Triple Well 공정

N-Well 내부에 P-Well을 추가로 형성한다. P-Well과 N-Well을 효과적으로 고립시켜 전기적인 간섭을 줄이고, Noise 특성과 소자의 신뢰성을 향상시킬 수 있다.

MOSFET의 바디(Body) 농도는 문턱 전압, 펀치스루(Punch-through) 현상, DIBL(Drain Induced Barrier Lowering) 현상과 밀접한 연관이 있다. 따라서 소자 설계를 위해 다양한 Well 공정이 필요하다.

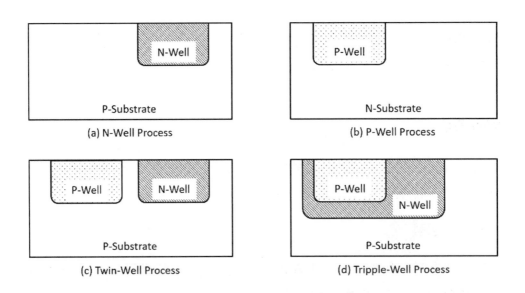

[그림 7-2] 반도체 Well 공정의 종류

MOSFET 공정

N-Well 공정에서의 NMOSFET와 PMOSFET 구조 단면도는 [그림 7-3]에 나타나 있다. CMOS 공정은 일반적으로 Field Oxide(FOX) 영역과 Active 영역으로 나누어 진다.

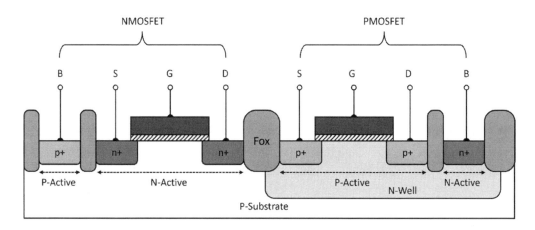

[그림 7-3] N-Well 공정에서의 NMOSFET 및 PMOSFET 단면 구조

Active 영역은 Implant가 가능한 실리콘 영역으로, Source와 Drain 및 Gate가 형 성되는 부분이다. 반면, Field Oxide 부분은 두꺼운 Oxide로 인해 Implant가 차단되 는 영역이다. Active 영역은 적용되는 Implant 형태에 따라 다음과 같이 구분된다.

- P-Active 영역: P형 Implant가 적용되는 영역

- N-Active 영역: N형 Implant가 적용되는 영역

또한, Active 영역은 일반적으로 Diffusion 영역이라고 하며, 실리콘이 금속과 연 결되기 위해서는 N^+와 P^+ 같은 고농도로 도핑되어야 한다.

NMOSFET의 Body(B) 전압은 P+ Diffusion을 통해 P-Substrate와 연결되며, 이 러한 구조를 PTAP이라 한다. 또한, PMOSFET의 Body(B) 전압은 N+ Diffusion을 통

해 N-Well과 연결되며, 이를 NTAP이라 한다. CMOS 공정에서는 이러한 NTAP과 PTAP을 이용해 Body 전압을 일정하게 유지한다.

[그림 7-4]는 실리콘 웨이퍼에 2개의 NMOSFET과 2개의 PMOSFET이 포함된 경우의 NTAP과 PTAP 배치를 보여준다.

P-Substrate는 P 영역이므로 NMOSFET의 Body인 B1과 B2는 전기적으로 연결된다. 따라서, 외부에서 서로 다른 전압이 B1과 B2에 인가되면 칩에 과전류가 발생하여 오동작 상태가 되므로 주의가 필요하다.

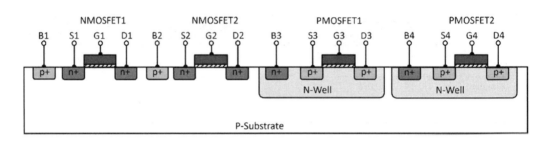

[그림 7-4] N-Well 공정에서 NMOSFET 2개와 PMOSFET 2개의 단면도

Latch-up(래치업)

Latch-up은 CMOS 공정에서 발생하는 현상으로, 원하지 않는 기생(Parasitic) PN 접합에 의해 동작하는 기생 BJT(Parasitic BJT)로 인해 전원에서 Ground로 많은 전류가 흐르는 현상을 말한다. 기생 BJT는 설계자가 의도하지 않았지만 CMOS 공정에서 자연스럽게 나타나는 특성이다. [그림 7-5]에서는 이러한 기생 BJT를 NPN BJT와 PNP BJT로 표현하였다.

Latch-up 상태의 소자는 적절히 제어되지 않으면 전원이 꺼질 때까지 과도한 전류가 흘러 반도체 칩이 손상될 위험이 있다.

Latch-up 현상은 다음과 같이 발생한다.

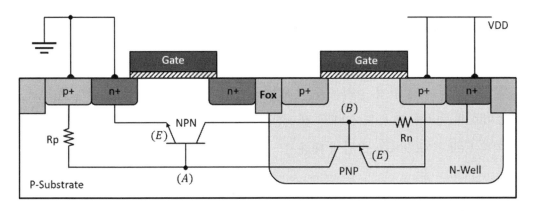

[그림 7-5] CMOS Latch-up 현상

NMOSFET에서 P+는 GND 전압에 연결되며, PTAP을 통해 P-Substrate 전체를 GND(0V)로 유지한다. 그러나 PTAP으로 전류가 유출될 경우, P-Substrate 저항(Rp)으로 인해 NMOSFET의 Body 전압(위치 A)이 상승하게 된다. 이로 인해 NPN BJT가 활성화(ON 상태)되며 전류가 흐르기 시작한다.

반면, PMOSFET의 N-Well은 NTAP을 통해 VDD 전압을 유지해야 한다. 그러나 NTAP으로 전류가 유입되면 N-Well 저항(Rn)으로 인해 PMOSFET의 Body 전압(위치 B)이 감소하게 된다. 이러한 전압 변화는 PNP BJT를 활성화(ON 상태)시키며 전류를 흐르게 한다.

결과적으로, NMOSFET과 PMOSFET의 Body 전압이 각각 상승 및 감소함에 따라 CMOS 공정 내에서 NPN BJT와 PNP BJT가 동시에 활성화된다. 이 과정에서 서로 전류를 증폭시키는 Positive Feedback 현상이 발생하며, 칩에 과도한 전류가 흐르게 된다. 이러한 상태를 Latch-up이라 하며, 적절히 제어하지 않으면 칩 손상으로 이어질 수 있다.

Latch-up 방지를 위해 다양한 기법이 사용되며, 그중 Guard-Ring과 같은 레이아웃 기법이 대표적으로 활용된다. Guard-Ring은 기생 BJT를 효과적으로 차단하여 전기적 간섭과 Latch-up 발생을 방지하는 데 유용하다.

7.3 Virtuoso Layout의 파일 관련 메뉴

본 절에서는 설계 환경 설정을 위해 PDK 설치와 등록, Technology 파일 등록, 그리고 display.drf 파일 등록에 대해 설명한다. 또한 환경 설정이 완료된 후 Cell 생성과 기존 Cell 열기(Open) 방법에 대해서도 다룬다.

7.3.1 PDK 설치

PDK를 설치하려면 다음 단계를 따른다.

1. 'Library Path Editor' 열기: CIW에서 'Library Path Editor' 메뉴를 선택하거나 'Library Manager' 창에서 'Library Path Editor' 메뉴를 선택하여 'Library Path Editor' 창([그림 3-11])을 생성한다.

2. 'Add Library' 창 생성: 'Library Path Editor' 창에서 'Edit → Add Library' 메뉴를 선택하여 'Add Library' 창([그림 3-11])을 생성한다.

3. Library 추가: 'Add Library' 창에서 Directory 와 Library을 찾아 선택한 후, 'OK' 버튼을 클릭한다([그림 3-11]).

4. Library저장: 'Library Path Editor' 창에서 'File → Save' 메뉴를 선택하여 cds.lib 파일에 Library를 저장한다.

7.3.2 PDK Library 등록

설계용 Library는 웨이퍼 구현을 위해 반드시 해당 PDK를 등록해야 한다. 이를 위한 방법으로는 크게 세 가지가 있다. 첫 번째 방법은 'CIW → File → Library/Cellview'를 이용하는 것으로, [그림 3-9]에서 해당 메뉴의 사용법을 확인할 수 있다. 두 번째 방법은 'CIW → Tools → Library Manager'를 선택하여 'Library Manager' 창을 생성한 뒤, 이를 통해 Library를 관리하는 것이다. 이 과정은 [그림 3-12]에 나타나 있다. 세 번째 방법은 'CIW → Tools → Library Path Editor'를 선택하여 'Library Path Editor' 창을 열고 Library를 관리하는 것이다. 'Library Path Editor'는 새로운 Library를 추가하거나, 기존 Library에 Technology 파일을 추가하거나 삭제하는 경우에 주로 사용된다. 이 방법 역시 [그림 3-11]을 참고할 수 있다.

7.3.3 Technology 파일 등록

Technology 파일은 공정 정보와 설계 규칙 준수를 위해 사용되며, 일반적으로 *.tf 확장자 파일이 사용된다.

정상적인 설정에서는 PDK Library Path를 지정한 후 Library를 생성할 때 Technology Attach 과정을 통해, Library에 Technology 파일이 자동으로 Attach된다. 그러나, 특별히 Technology 파일을 수동으로 설정해야 할 경우, 다음과 같은 절차를 따른다.

1. CIW에서 'Tools-Technology File Manager'를 선택하여, [그림 7-6]과 같은 'Technology File Manager' 창을 생성한다.

2. 'Technology File Manager' 창에서 'Load' 버튼을 클릭하여 'Load Technology File' 창([그림 7-7])을 연다.

3. 'Load Technology File' 창에서 'ASCII Technology File' 메뉴의 'Browse' 버튼을 클릭하여 'Unix Browser' 창에서 원하는 Technology 파일을 선택한다[그림 7-7].

4. 'Load Technology File' 창에서 'Technology Library'를 선택한다. 이때 Technology Library는 PDK Library를 의미한다.

5. 'Load Technology File' 창의 'Classes'에서 'Select All'을 선택하고, 다른 옵션도 [그림 7-7]처럼 선택하여 'OK' 버튼을 클릭한다.

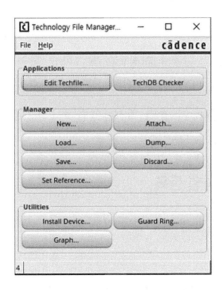

[그림 7-6] Technology 파일 등록을 위한 'Technology File Manager' 창

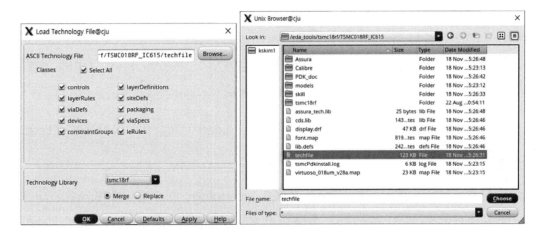

[그림 7-7] 'Load Technology File' 창에서 Technology 파일 설정

7.3.4 display.drf 등록

display.drf(Display Resource File)는 Virtuoso 툴에서 레이아웃 디자인을 시각적
으로 표현하기 위해 사용된다. 이 파일은 레이아웃에 사용되는 Layer의 색상, 스타일,
패턴 등을 정의하며, 파운드리에서 제공된다.

display.drf 파일의 등록 절차는 다음과 같다.

1. 'Display Resource Manager' 창 열기

- 'CIW → Tools → Display Resource Manager'를 클릭하여 'Display Resources Tool Box' 창을 생성한다[그림 7-8].

2. 'Merge Display Resources Files' 창([그림 7-8]) 생성

- 생성된 'Display Resources Tool Box' 팝업창에서 'Merge' 메뉴를 클릭하여 'Merge Display Resources Files' 창을 연다.

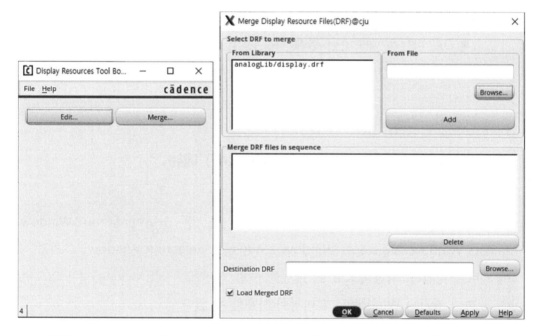

(a) Display Resource Tool Box   (b) Merge Display Resource Files

[그림 7-8] display.drf 파일 등록

3. display.drf 파일 선택

- 'Merge Display Resources Files' 창에서 'From File'의 'Browse'를 클릭한 후, Library와 파일(예: PDK에서 제공하는 display.drf)을 찾아 선택하고 'Add' 버튼을 클릭한다[그림 7-8].

- 선택한 파일은 'Merge DRF files in sequence'에 표시된다.(예: /eda_tools/tsmc18rf/TSMC018RF_IC615/display.drf)

4. Destination DRF 설정

- 'Merge Display Resource Files' 창에서 'Destination DRF'의 'Browse'를 클릭하여 현재 디렉터리의 display.drf 파일을 선택한다[그림 7-8].

- 'OK' 버튼을 클릭하면 현재 사용 중인 display.drf 파일에 새로운 환경이 추가된다.

7.4 Layout Editor의 기본 윈도우(Window) 메뉴

Virtuoso Layout Editor는 [그림 5-3]에서 볼 수 있듯이 Menu Window, Toolbars Window, Assistants Window, LSW(Layer Selection Window), 그리고 작업창으로 구성된다. 일반적으로 이 메뉴들은 한 화면에 구성(Docking)되어 있으며, 필요에 따라 각각의 Window로 분리하여 사용할 수 있다.

Toolbar의 하위 메뉴

'Menu Window' 영역에서 마우스 오른쪽 버튼을 클릭하면 [Assistants, Toolbars] 메뉴가 나타나며, 여기에서 Toolbars를 선택할 수 있다. 또는 Virtuoso Layout Editor의 'Toolbars Window'에서 마우스 오른쪽 버튼을 클릭해 동일한 'Toolbar' 하

위 메뉴를 생성할 수도 있다. 'Toolbar' 하위 메뉴는 사용자가 클릭하여 선택하거나
해제할 수 있으며, 이를 통해 'Toolbar'에 하위 메뉴를 표시하거나 숨길 수 있다.

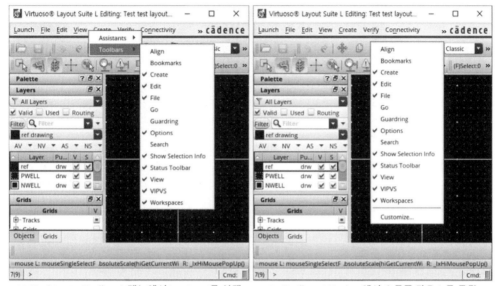

(a) [Assistants, Toolbars] 메뉴에서 'Toolbars'를 선택   (b) Toolbars Window에서 오른쪽 마우스를 클릭

[그림 7-9] 'Toolbars'의 하위 메뉴

Assistants의 하위 메뉴

'Menu Window' 영역에서 마우스 오른쪽 버튼을 클릭하면 [Assistants, Toolbars]
메뉴가 나타나며, 여기에서 Assistants를 선택할 수 있다. 또는 Virtuoso Layout
Editor의 Assistant Window에서 마우스 오른쪽 버튼을 클릭하여 동일한 Assistants
하위 메뉴를 생성할 수 있다. 사용자는 마우스를 통해 Assistants 하위 메뉴를 선택
하거나 해제하여 메뉴를 표시하거나 숨길 수 있다.

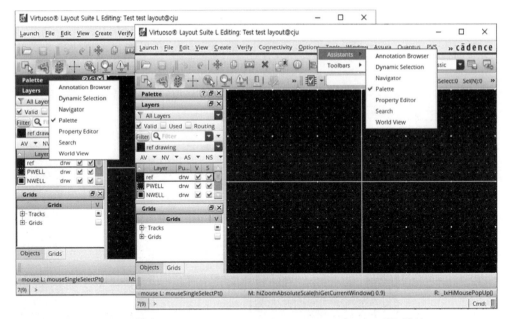

(a) Assistant Window에서
오른쪽 마우스를 클릭

(b) [Assistants, Toolbars] 메뉴에서
'Assistants'를 선택

[그림 7-10] Assistants의 하위 메뉴

Layers의 메뉴 설정(LSW 설정)

LSW 창에서 마우스 오른쪽 버튼을 클릭하면 'Objects', 'Layers', 'Grid' 등 세 가지의 메뉴가 생성되며, 이를 통해 메뉴 표시를 관리할 수 있다.

Layout Editor 작업창의 메뉴

'Layout Editor' 작업창에서 마우스 오른쪽 버튼을 클릭하면 메뉴가 나타난다. 이를 통해 'Create', 'Copy', 'Move', 'Stretch', 'Delete', 'Rotate', 'Properties' 등의 작업을 수행할 수 있다.

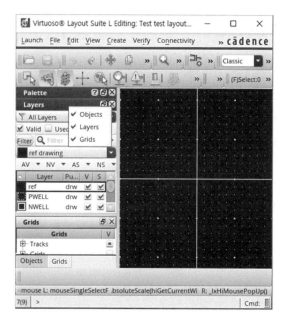

[그림 7-11] Layers 창의 하위 메뉴

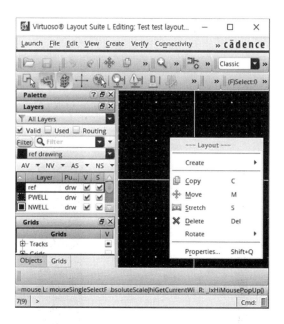

[그림 7-12] 'Layout Editor' 작업창의 메뉴

7.5 LSW(Layer Selection Window) 사용하기

LSW 창은 레이아웃에서 사용하는 Layer를 제어하기 위한 창이다. 이 창을 통해 사용자는 원하는 Layer를 빠르게 찾을 수 있는 검색(Filter) 기능을 사용할 수 있으며, 레이아웃 작업창에서 선택된 Layer를 표시하거나 숨기는 작업도 가능하다. 또한, Layer의 색상, 스타일, 패턴 등 Display Resource를 제어할 수 있는 기능과, 작업 효율성을 높이기 위한 BindKey 기능도 사용할 수 있다.

LSW 창의 'All Layers' 메뉴의 하위 메뉴

LSW 창의 'All Layers' 메뉴에서 마우스 오른쪽 버튼을 클릭하면 하위 메뉴 창이 생성된다.

[그림 7-13] LSW 하위 메뉴

이 하위 메뉴는 Layer와 관련된 다양한 설정을 확인하고 관리하는 기능을 제공한다. 예를 들어, Layer 관련 PDK 설정, Display Resource 확인 및 수정, 그리고 Bindkey 명령어를 사용할 수 있다.

하위 메뉴에는 Desynchronize Window, PDK(예: tsmc18rf), Layer Set, Edit Valid Layer, Edit Layer Set Members, Discard Edit, Edit Display Resources, Load, Save, Show Tools, Options, 그리고 Bindkeys와 같은 항목들이 포함되어 있다.

이 메뉴들은 Layer 설정을 효율적으로 관리할 수 있는 도구를 제공하며, 사용자가 작업 환경을 쉽게 구성할 수 있도록 돕는다.

Filter 기능

Filter 기능은 Layer를 검색하고 선택하는 데 사용되는 도구이다. 이 기능을 사용하려면 LSW 창의 'Filter' 탭(또는 돋보기 심볼)을 클릭한 후, 찾고자 하는 Layer의 이름이나 이름 일부를 입력하면 된다. 이때, LSW창은 입력된 조건에 맞는 Layer만 표시한다.

예를 들어, [그림 7-14]에서는 Filter 기능의 두 가지 활용 사례를 보여준다. 그림(a)는 모든 Layer를 LSW 창에 표시한 경우이며, 그림(b)는 'PO'로 시작하는 Layer만 LSW 창에 표시한 경우이다. 이처럼 Filter 기능은 Layer를 효율적으로 검색하고 선택하는 데 도움을 주며, 작업의 편의성과 속도를 향상시킨다.

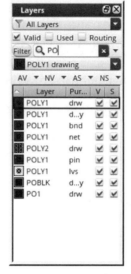

(a) 모든Layer보기   (b) PO* Layer보기

[그림 7-14] Filter 기능을 이용한 Layer 표시

Layer의 Visible 또는Invisible 기능

LSW에서 Visible과 Select 속성을 선택하거나 해제함으로써, 'Layout Editor' 작업창에서 특정 Layer를 보이게 하거나 숨길 수 있다. 이 기능은 레이아웃 작업을 보다 편리하게 수행할 수 있도록 돕는다.

[그림 7-15]에서는 LSW에서 모든 Layer의 Visible과 Select 속성을 활성화한 상태로, INV1 Cell의 모든 Layer가 작업창에 표시된다. 현재 선택된 Layer는 POLY1이며, 해당 Layer의 속성은 drawing임을 확인할 수 있다.

[그림 7-16]에서는 LSW에서 POLY1 Layer의 Visible과 Select 속성만 활성화한 상태로, 작업창에 POLY1 Layer만 표시된 모습을 보여준다. 여기에서도 현재 선택된 Layer는 여전히 drawing 속성의 POLY1임을 알 수 있다.

[그림 7-17]에서는 LSW에서 METAL1 Layer의 Visible과 Select 속성만 활성화한 상태를 나타낸다. 레이아웃 작업창에는 METAL1 Layer만 표시된다. 여기에서도 현재 선택된 Layer는 여전히 drawing 속성의 POLY1임을 알 수 있다.

추가로, <Shift>+<F> 및 <Ctrl>+<F> 키를 사용하면 Instance 내부의 Layer까지 표현하거나 숨길 수 있다. 이 기능은 레이아웃 작업에서 세부적인 표현과 관리에 유용하게 활용된다.

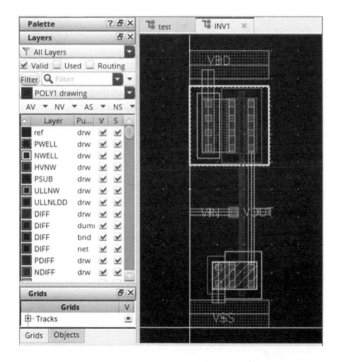

[그림 7-15] 모든 Layer가 Select및Visible한 상태(drawing 속성의 POLY1 Layer 선택)

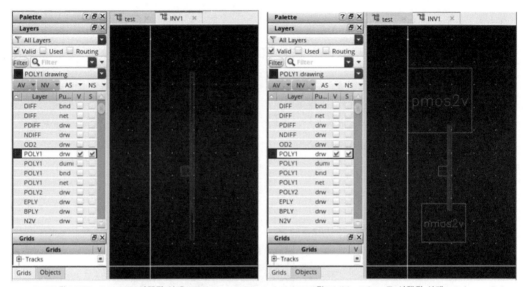

(a) POLY1만 Visible, Select 로 선택된 상태(<Shift> + <F>)   (b) POLY1만 Visible, Select 로 선택된 상태(<Ctrl> + <F>)

[그림 7-16] POLY1만 Visible 및 Select 상태에서의 레이아웃 표현

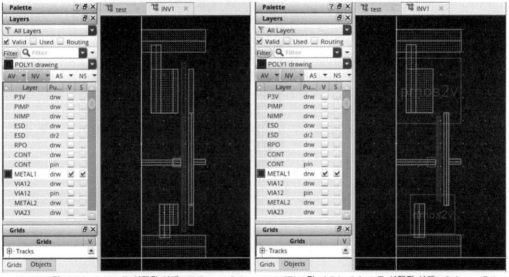

(a) METAL1만 Visible, Select 로 선택된 상태(<Shift> + <F>)   (b) METAL1만 Visible, Select 로 선택된 상태(<Ctrl> + <F>)

[그림 7-17] METAL1만 Visible및 Select 상태에서의 레이아웃 표현

Edit Display Resources 창과 이상(Abnormal) 경우의 조치

레이아웃은 Layer의 적층으로 표현되며, 이는 display.drf 파일에 저장된 Layer의 색상과 패턴 정보에 따라 결정된다. 그러나 레이아웃 정보와 display.drf 파일의 정보가 일치하지 않을 경우, Layer는 정상적으로 표현되지 않는다. 이러한 상황은 [그림 7-18]에서 확인할 수 있으며, 레이아웃 화면에서는 Layer가 패턴과 색상 정보가 없는 Layer로 표시된다. 특히, CIW Log 창에 Display 관련 오류가 나타나며, 레이아웃은 화면에서 노란색 선으로 표현된다.

이러한 이상 증상이 발생하면, 문제를 해결하기 위해 해당 PDK의 display.drf 파일을 Virtuoso 실행 디렉터리로 이동한 후, 이를 다시 로딩해야 한다.

[그림 7-19]는 LSW 창의 하위 메뉴([그림 7-13])에서 'Edit Display Resources' 창을 생성한 후, 'Load' 명령어를 사용하여 display.drf가 있는 경로(예: /eda_tools/tsmc18rf/TSMC018RF_IC615/display.drf)의 파일을 로드한 경우를 보여준다. 이 과정을 통해 Layer 정보가 정상적으로 표현될 수 있다.

레이아웃이 [그림 7-15]처럼 정상적으로 표현되면, display.drf 파일을 홈 디렉터리에 저장하여([그림 7-20]), 이후 Virtuoso 실행 시 자동으로 적용되도록 설정한다.

이렇게 정상 상태로 복구되면, [그림 7-19]처럼 'Display Resources Editor' 창에서 Error 상태인 (a)에서 정상 상태인 (b)로 전환된다. 즉, LSW의 Layer 패턴과 색상이 정상적으로 표시되는 것을 확인할 수 있다.

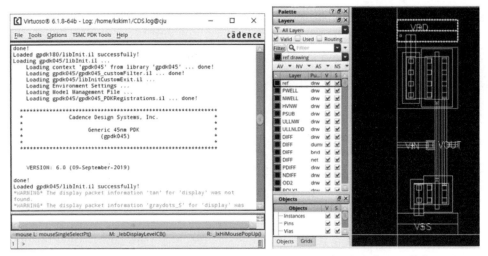

(a) Display Error시 CIW Log 창

(b) Display Error시 Layout창과 LSW

[그림 7-18] Display 이상(Abnormal) 발생 시 증상

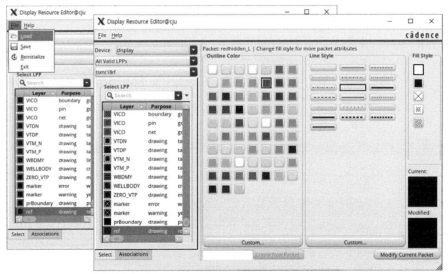

(a) Display Error시

(b) 정상적인 display.drf가 'Display Resource Editor' 창에서 Load 된 경우

[그림 7-19] Display 이상(Error)과 정상 상태의 'Display Resource Editor' 창

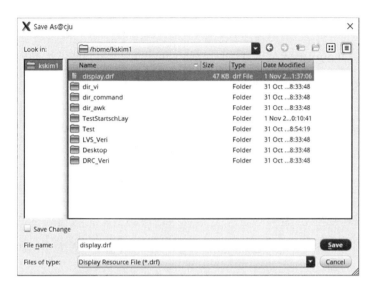

[그림 7-20] display.drf 파일을 홈 디렉터리에 저장

7.6 Layout Editor의 메뉴

'Layout Editor' 창의 Menu Window에는 [그림 5-4]에 나타난 바와 같이 'Launch', 'File', 'Edit', 'View', 'Create', 'Verify', 'Connectivity', 'Options', 'Tools', 'Window', 'Assura', 'Quantus', 'PVS' 등이 있다.

7.6.1 Layout Editor의 Launch 메뉴

'Launch' 메뉴는 Virtuoso 툴의 회로 시뮬레이션 및 레이아웃 설계를 포함한 다양한 기능을 제공한다.

회로 시뮬레이션 메뉴: Analog Design Environment(ADL)의 기본 기능인 'ADE L'을 비롯하여, 'ADE XL', 'ADE GXL', 'ADE Explorer', 'ADE Assembler' 등의 고급 기능을 제공한다.

Layout 설계 메뉴: 기본적인 레이아웃 기능인 'Layout L'을 비롯해, 'Layout XL', 'Layout GXL', 'Layout EAD' 등의 확장 기능을 지원한다. 또한, 'Pcell IDE'는 Parameterized Cell(Pcell)을 생성하고 편집할 수 있는 환경을 제공한다.

Configure Physical Hierarchy 메뉴: 상위 및 하위 설계 간의 물리적 계층 구조를 설정하여, 블록 배치와 관리 등을 통해 최적의 레이아웃을 구성할 수 있도록 지원한다.

Plugins 메뉴: 다양한 플러그인을 활용해 레이아웃 설계 작업의 효율성을 높이고, 특정 작업을 자동화하는 스크립트를 추가하여 반복 작업을 줄일 수 있다.

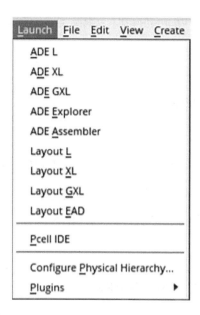

[그림 7-21] 'Layout Editor'의 'Launch' 하위 메뉴

7.6.2 Layout Editor의 File 메뉴

'Layout Editor'에서 'File' 메뉴는 파일 관리를 위한 다양한 기능을 제공하며, 하위 메뉴로는 'New', 'Open', 'Close', 'Save', 'Save a Copy', 'Discard Edits', 'Save Hierarchically', 'Make Read Only', 'Export Image', 'Properties', 'Summary',

'Print', 'Print Status', 'Set Default Application', 'Close All', 'Export Stream from VIM', 'Export Oasis from VIM' 등이 있다.

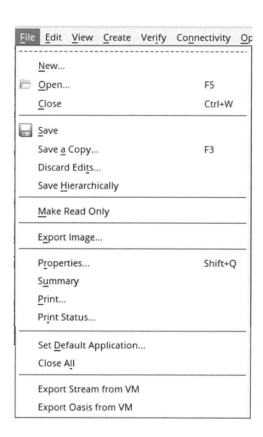

[그림 7-22] 'Layout Editor'의 'File'의 하위 메뉴

New: 새로운 Layout Cellview를 생성하는 기능([그림 7-23(a)] 참조)

Open(F5): 기존에 존재하는 Layout Cellview를 여는 기능([그림 7-23(b)] 참조)

Close(Ctrl+W): 현재 열려 있는 Layout 창을 닫는 기능

Save: 현재 작업 중인 레이아웃을 저장하는 기능

Save a Copy(F3): 현재 작업 중인 레이아웃의 복사본을 저장하는 기능

Discard Edits: 현재 레이아웃에 적용된 변경 사항을 취소하고, 마지막으로 저장된 상태로 되돌리는 기능

Save Hierarchically: 설계의 계층 구조를 유지하면서 저장하는 기능

Make Read Only: 현재 열려 있는 레이아웃을 읽기 전용 모드로 전환하는 기능

Export Image: 현재 작업 중인 레이아웃 이미지를 다양한 형식(PNG, JPEG, BMP 등)으로 내보내는 기능

Properties(Shift+Q): 현재 작업 중인 Layout Cellview의 다양한 속성을 확인하는 기능

Summary: 현재 작업 중인 Layout Cellview의 요약 정보를 제공하는 기능.(예: Cell 정보, DRC/LVS 상태, 사용된 개체 수, Layer 사용 정보, 면적 등)

Print: 현재 레이아웃 이미지를 프린터로 출력하거나 파일(PDF 등)로 저장하는 기능

Print Status: 프린터 출력 상태를 확인하고 관리하며, 출력 대기열과 상태를 모니터링하여 작업을 관리하는 기능

Set Default Application: 특정 Cellview를 열 때 사용할 기본 애플리케이션(예: Layout L 또는 Layout XL)을 설정하는 기능

Close All: 현재 열려 있는 모든 Layout 창을 한 번에 닫는 기능

Export Stream from VIM(Virtuoso Interface Manager): 레이아웃 데이터를 GDSII 형식으로 내보내는 기능

Export Oasis from VIM(Virtuoso Interface Manager): 레이아웃 데이터를 OASIS(Open Artwork System Interchange Standard) 형식으로 내보내는 기능

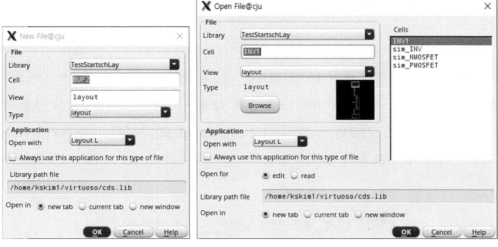

(a) 'New File' 창   (b) 'Open File' 창

[그림 7-23] 'File' 메뉴에서 New와 Open으로 생성된 'New File' 창과 'Open File' 창

7.6.3 Layout Editor의 Create 메뉴

Create 메뉴는 설계된 회로 Schematic을 Layout으로 구현하기 위해 'Layout Editor' 창에서 각종 Layer와 소자(Instance)를 생성하는 데 사용된다. 이 메뉴를 통해 PDK에서 제공하는 소자와 Layer를 쉽게 생성하고 편집할 수 있다.

PDK 소자는 Instance 명령어를 사용해 생성할 수 있으며, 다양한 Layer를 생성하기 위한 'Shape', 'Wiring', 'Via', 'Multipart Path', 'Fluid Guard-Ring', 'MPP Guard-Ring', 'Slot' 등의 명령어를 제공한다. 또한, Layout과 Schematic을 비교하는 데 유용한 'Pin'과 'Label' 명령어도 포함되어 있다.

자동화된 배치 및 배선을 지원하는 'P&R Objects' 명령어는 Place and Route(P&R) 작업을 보다 효율적으로 수행할 수 있게 한다. 여러 개의 개체를 그룹화해 작업을 용이하게 하는 'Group' 명령어와 고주파 회로 설계를 지원하는 'Microwave' 명령어도 제공된다.

'Create' 메뉴는 이러한 기능들을 통해 레이아웃 설계의 효율성과 편의성을 크게 향상시킨다.

Create → Shape 명령어

레이아웃을 생성하기 위해서는 LSW 창에서 Layer를 선택한 후, 'Create' 명령어의 하위 명령어를 사용하여 레이아웃에 필요한 패턴을 형성한다. 이 과정에서 사용되는 명령어가 'Create → Shape'이며, 이를 통해 다양한 모양의 도형을 레이아웃할 수 있다. 하위 명령어로는 [그림 7-24]에 나타난Rectangle(R), Polygon(Shift+P), Path, Circle, Ellipse, Donut 등이 있다.

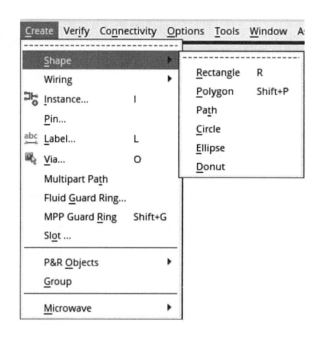

[그림 7-24] 'Layout Editor'의 'Create' 메뉴와 'Shape' 하위 메뉴

[작업창에서 좌표 지정]

레이아웃 작업창에서 좌표를 지정하는 방법은 두 가지로 나뉜다. 하나는 'Layout Editor' 작업창에서 마우스를 이용하여 위치를 지정하는 방법이며, 또 다른 하나는 CIW 창에서 좌표를 명시하는 방법이다.

(1) 'Layout Editor' 작업창에서 마우스를 이용한 위치 지정

    A. 패턴 명령어 실행 후, 좌측 마우스를 최초로 클릭한 위치가 패턴의 시작점이 된다.

    B. 패턴의 다음 위치는 시작점에서 좌측 마우스를 클릭한 후, 다른 위치에서 다시 좌측 마우스를 클릭한 위치로 설정된다.

    C. 최종 좌표는 패턴의 마지막 위치가 명확히 정의되지 않은 경우, [Enter] 키를 누르거나, 마지막 좌표에서 더블 클릭하여 지정한다. 단, 원과 같은 패턴은 중심 위치와 반지름 크기 등 필요한 정보를 모두 입력하면, 자동으로 마지막 위치를 인식하여 명령어를 완료한다.

    D. 특정 패턴(예: 'Path' 또는 'Shape')에서 이미 지정한 점을 취소하고 이전 위치로 되돌아가려면 [BackSpace] 키를 누른다.

(2) CIW 창에서 좌표 명시

    A. 원하는 패턴(예: 'Create → Shape → Rectangle')을 선택한다.

    B. CIW 입력창에 '0:0'과 같은 형식으로 좌표를 입력한 후 [Enter]를 누르면, 출력 로그창에 (0 0) 형식으로 표시되며 해당 좌표가 인식된다([그림 7-25(a),(b)]).

    C. 이후 CIW 입력창에 '1:1' 형식으로 좌표를 입력하고 [Enter]를 누르면, 해당 좌표가 마지막 위치로 인식되며, 레이아웃 작업창에 사각형이 배치된다.([그림 7-25(b),(c)])

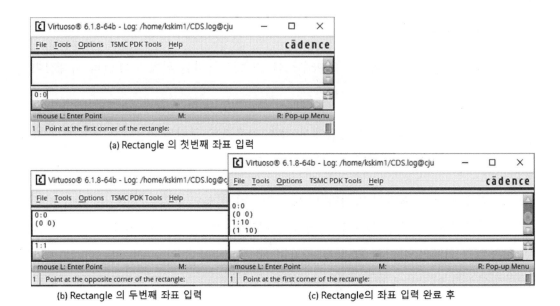

(a) Rectangle 의 첫번째 좌표 입력

(b) Rectangle 의 두번째 좌표 입력   (c) Rectangle의 좌표 입력 완료 후

[그림 7-25] CIW 창에서 좌표 입력으로 사각형 생성

[Rectangle(R)] 기능

'Layout Editor' 작업창에서 특정 Layer로 사각형을 레이아웃 하려면, LSW 창에서 특정 Layer를 선택한 후, 단축키 'R'을 눌러 'Rectangle' 명령어를 호출한다. 이후, 'Layout Editor' 작업창에서 좌측 마우스를 사용해 시작 지점을 클릭하고, 마지막 지점을 좌측 마우스로 클릭하여 사각형을 완성한다. 'Rectangle' 명령어를 종료하려면 [ESC] 키를 클릭한다.

명령어가 유지된 상태에서 [F3] 키를 누르면, [그림 7-26]처럼 하위 옵션을 지정할 수 있는 'Form 메뉴' 창인 'Create Rectangle' 창이 생성된다. 일반적으로 'Net Name', 'Size', 'ROD'는 설정하지 않는다. 또한, 'Slotting' 옵션은 Wide Layer(특히 Metal Layer)를 사용할 때 유용한 레이아웃 기법이다. 'Slotting'은 배선의 넓은 영역을 작은 구멍이나 틈으로 나누어 전류 경로를 분산시키고 전류 밀도를 낮추는데 사용된다. 이를 통해, 전류로 인한 열 발생을 줄여, 배선의 전기적 신뢰성을 높일 수 있다. 'Slot'이 필요하지 않은 경우에는 'Enable' 설정을 하지 않는다.

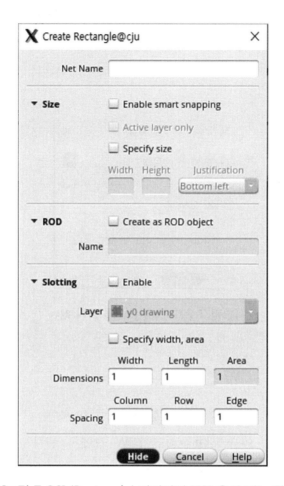

[그림 7-26] 'Rectangle' 명령어의 [F3] 옵션 메뉴 창

[Polygon(Shift+P)] 기능

레이아웃 작업창에서 다각형(Polygon)을 생성하려면, LSW 창에서 원하는 Layer 를 선택한 후 <Shift>+<P> 키를 눌러 'Polygon' 명령어를 호출한다. 다각형의 최종 좌표는 더블 클릭하거나 [Enter] 키를 눌러 결정할 수 있다.

'Polygon' 명령어를 종료하려면 [ESC] 키를 클릭한다. 명령어가 활성화된 상태에서 [F3] 키를 눌러 하위 옵션을 설정할 수 있는 'Create Polygon' 창 [그림 7-27]을 생성할 수 있다.

Polygon을 그리기 위한 'Snap Mode'는 개체의 'Copy' 및 'Move' 명령어의 'Snap Mode'와 동일하게 작동한다. 또한, 'Net Name'과 'ROD'는 일반적인 경우 사용하지 않는다.

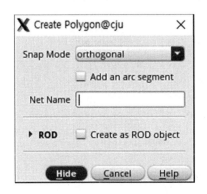

[그림 7-27] 'Polygon'의 하위 메뉴

[Path] 기능

Path 기능은 주로 금속(Metal) 또는 폴리실리콘 Layer를 사용하여 물리적인 도형을 그릴 때 활용된다. 이를 사용하려면 LSW 창에서 원하는 Layer를 선택한 후, 'Create → Shape → Path' 메뉴를 선택한다. Path의 끝은 미리 정의되지 않으므로, 최종 좌표는 더블 클릭하거나 [Enter] 키를 눌러 지정한다.

Path 명령어를 종료하려면 [ESC] 키를 클릭한다. 명령어가 활성화된 상태에서 [F3] 키를 눌러 하위 옵션을 설정할 수 있는 'Create Path' 창은 [그림 7-28]과 같다.

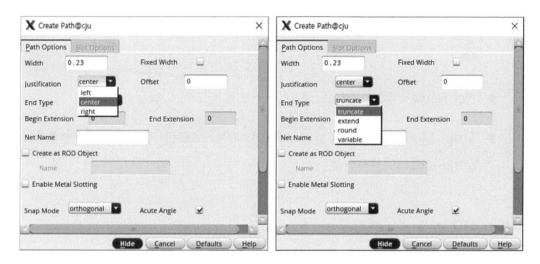

[그림 7-28] 'Path'의 하위 메뉴인 'Create Path' 창

Path 옵션 설정에서는 Path 생성 시 다음과 같은 항목을 조정할 수 있으며, 활용 예는 [그림 7-29]에 나타나 있다.

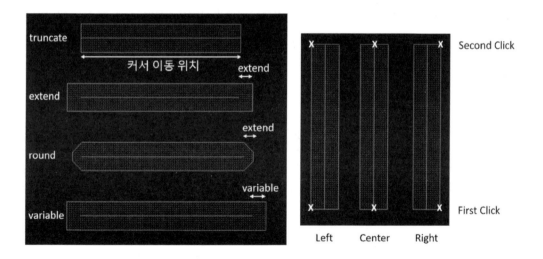

[그림 7-29] 'Path'의 'End Type'과 'Justification' 예시

- 'Justification': Path의 기준 위치를 설정하며, 일반적으로 'Center'로 설정한 다.

● 'End Type': Path 양 끝단의 모양을 지정하며, 일반적으로 'truncate'로 설정한다.

● 'Net Name', 'ROD', 'Slotting': 일반적으로 사용하지 않는다.

● 'Snap Mode': Path 작성의 기준이 되는 모드를 설정하며, 일반적으로 'orthogonal'로 설정한다.

[Circle] 기능

레이아웃 작업창에서 특정 Layer로 원을 레이아웃 하려면, LSW 창에서 특정 Layer를 선택한 후 'Create → Shape → Circle' 메뉴를 선택한다. 원은 중심점과 반지름으로 정의되므로, 최종 좌표는 두 번째로 지정되는 좌표가 되며, 이는 원의 중심에서 반지름을 나타낸다. 이러한 방법으로 그린 원의 예시는 [그림 7-30(b)]에 나타나 있다.

Circle 명령어를 종료하려면 [ESC] 키를 클릭한다. 또한, 명령어가 활성화된 상태에서는 [F3] 키를 눌러 옵션을 설정할 수 'Create Circle' 창([그림 7-30(a)])을 생성할 수 있다.

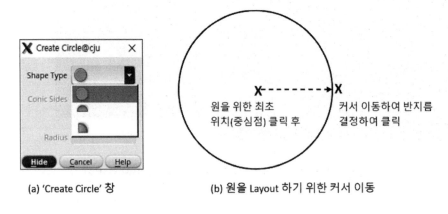

(a) 'Create Circle' 창   (b) 원을 Layout 하기 위한 커서 이동

[그림 7-30] 'Create Circle' 창과 원 그리기

[Ellipse] 기능

레이아웃 작업창에서 특정 Layer로 타원을 생성하려면, LSW 창에서 특정 Layer를 선택한 후 'Create → Shape → Ellipse' 메뉴를 선택한다. 타원은 중심점과 내접 사각형의 크기로 정의되므로, 최종 좌표는 두 번째로 지정된 좌표가 되며, 이는 타원을 감싸는 외접 사각형의 크기를 결정한다. 'Ellipse' 명령어를 종료하려면 [ESC] 키를 클릭한다.

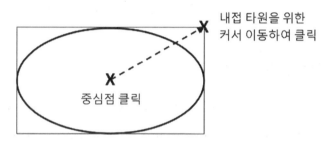

[그림 7-31] 'Ellipse' 명령어를 활용한 타원 그리기

[Donut] 기능

레이아웃 작업창에서 특정 Layer로 도넛 도형을 레이아웃 하려면, LSW 창에서 특정 Layer를 선택한 후 'Create → Shape → Donut' 메뉴를 선택한다. Donut은 중심점, 안쪽 원, 그리고 바깥 원으로 정의되므로, 최종 좌표는 세 번째로 지정되는 좌표가 된다. 'Donut' 명령어를 종료하려면 [ESC] 키를 클릭한다.

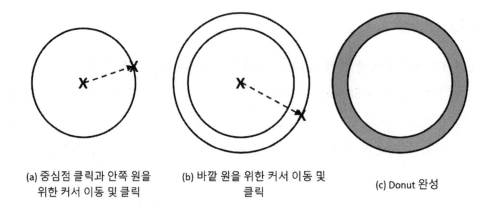

(a) 중심점 클릭과 안쪽 원을
위한 커서 이동 및 클릭

(b) 바깥 원을 위한 커서 이동 및
클릭

(c) Donut 완성

[그림 7-32] 'Donut' 명령어를 활용한 도넛 모양 그리기

Create → Wiring 명령어

'Create → Wiring' 명령어는 배선 경로를 정의하는 도구로, 한 개의 배선을 정의하는 'Wire'와 여러 개의 배선을 정의하는 'Bus'로 구성된다. 이 메뉴는 [그림 7-33]에 나타나 있다.

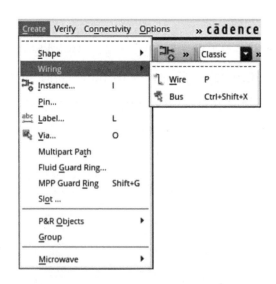

[그림 7-33] 'Create → Wiring'와 하위 메뉴

[Wire(P)] 기능

Wire(P) 기능은 논리적인 개념의 배선 경로를 그리기 위해 사용하는 기능으로, LSW 창에서 특정 Layer를 선택한 후 'Create → Wiring → Wire' 메뉴를 선택하거나 단축키 'P'를 누른다. 배선 경로는 끝이 정의되지 않으므로, 최종 좌표는 더블 클릭하거나 [Enter] 키를 눌러 결정한다.

[그림 7-34] 'Create → Wiring' 및 하위 메뉴인 'Create Wire' 창

'Wire' 명령어를 종료하려면 [ESC] 키를 클릭한다. 명령어가 활성화된 상태에서는 [F3] 키를 눌러 'Create Wire' 창([그림 7-34])을 열어 옵션을 설정할 수 있다. 일반적으로 'Net Name'은 지정하지 않으며, 'Justification', 'Begin Style', 'End Style', 'Snap Mode' 등의 설정 정의는 'Create → Shape → Path'와 동일하다.

Virtuoso Layout Editor에서 'Create → Shape → Path'와 'Create → Wiring → Wire'는 모두 경로 레이아웃을 그리는 데 사용되지만, 목적과 기능에서 차이가 있다. 'Path'는 Layer의 물리적 도형의 개념으로, 폭, 길이, Slot을 지정하여 레이아웃 작업을 수행한다. 반면, 'Wire'는 논리적인 개념에 가까운 배선 도구로, 한 개 또는 여러 개의 Path로 레이아웃할 수 있으며, 자동으로 DRC(Design Rule Check)를 준수하며 배선을 생성할 수 있는 기능을 제공한다.

[그림 7-35]는 'Create → Shape → Path'와 'Create → Wiring → Wire'에 의한 배선 결과를 비교한 예시이다. 'Create → Wiring → Wire'를 사용한 배선 레이아웃 시, DRC를 준수할 수 있도록 편리한 기능이 제공됨을 알 수 있다.

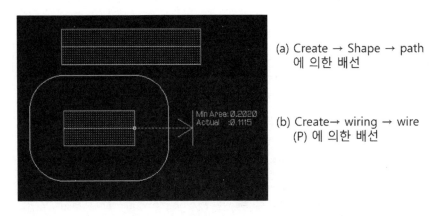

(a) Create → Shape → path
    에 의한 배선

(b) Create→ wiring → wire
    (P) 에 의한 배선

[그림 7-35] 'Create → Shape → Path'와 'Create → Wiring → Wire'에 의한 배선 비교

[Bus(Ctrl+Shift+X)] 기능

'Create → Wiring → Wire' 명령어가 단일 배선을 레이아웃하는 데 사용된다면, 여러 개의 배선을 레이아웃하기 위한 명령어는 'Bus'이다. Bus를 레이아웃 하려면 LSW 창에서 특정 Layer를 선택한 후 'Create → Wiring → Bus' 메뉴를 선택하거나 단축키 <Ctrl>+<Shift>+X를 누른다.

'Bus'는 'Wire'와 마찬가지로 경로를 레이아웃하므로, 끝이 정의되지 않은 상태에서 작업이 진행된다. 최종 좌표는 더블 클릭하거나 [Enter] 키를 눌러 지정할 수 있다.

명령어가 활성화된 상태에서 [F3] 키를 눌러 'Create Bus' 창([그림 7-36])을 열어 추가 설정을 할 수 있다. 이 창에서 Bus를 구성하는 Wire 개수를 지정하는 'Number of Bits', Wire의 두께를 지정하는 'All Nets Width', 그리고 Wire 사이의 간격을 지정하는 "All Nets Bit Spacing' 등을 설정할 수 있다. 일반적으로 'Net Name'은 지정하지 않으며 'Justification', 'Begin Style', 'End Style', 'Snap Mode' 등은 'Create → Wiring → Wire'의 정의와 동일하다. 'Bus' 명령어를 종료하려면 [ESC] 키를 클릭한다.

[그림 7-37]은 2 bit Bus 배선의 예를 나타낸다.

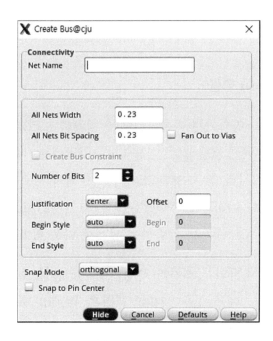

[그림 7-36] 'Create → Wiring → Bus' 메뉴에 의한 'Create Bus' 창

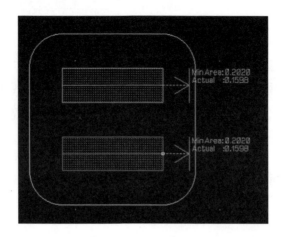

[그림 7-37] 'Create Bus' 창에 의한 Bus Layout 예시

Create → Instance(I) 명령어

'Create → Instance' 명령어는 파운드리에서 제공하는 PDK 소자나, 설계자가 작성한 Layout Cellview를 호출하는 기능이다. PDK에는 NMOSFET, PMOSFET, Diode, BJT, 저항, 커패시터 등 다양한 소자가 정의되어 있으며, 주로 Layout view 형태로 호출된다. 또한, METAL1-POLY1, METAL1-METAL2 공정 소자와 같은 symbolic view 형태의 Cellview를 제공하여 설계를 더욱 편리하게 지원한다.

[그림 7-38]은 PDK 소자와 설계자가 생성한 Instance를 호출하여 레이아웃에 사용하는 예를 보여준다. 예를 들어, NMOSFET은 layout view로 호출되며, M1-POLY1은 symbolic view로 호출되고, 설계자가 생성한 INV1 Cell은 layout view로 호출된다. 호출된 Instance의 'Name'은 일반적으로 명시하지 않고 자동으로 부여하게 한다.

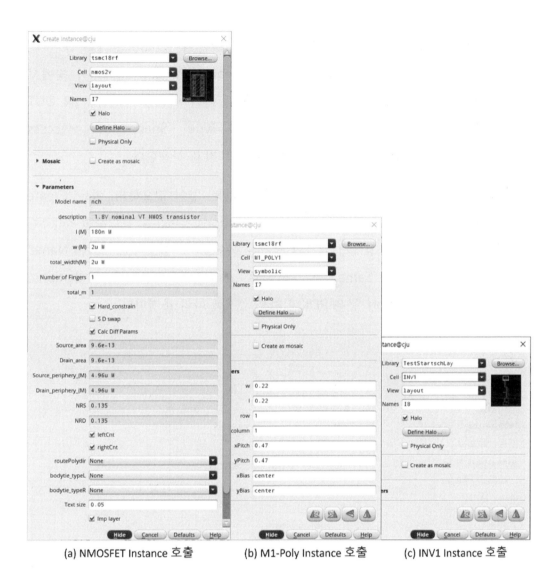

(a) NMOSFET Instance 호출   (b) M1-Poly Instance 호출   (c) INV1 Instance 호출

[그림 7-38] 다양한 Instance 생성 예

Create → Pin 명령어

Schematic 회로는 PDK 소자, Net(Wire), 그리고 Pin으로 구성된다. 레이아웃에서 Schematic 회로의 Pin 심벌과 대응하는 요소로 'Create → Pin' 명령어가 있으며, 이를 이용하여 LVS검증을 용이하게 할 수 있다.

Pin을 생성하려면, 먼저 LSW 창에서 Layer를 선택한 후 'Create → Pin' 또는 단축키 'R'을 사용하여 [그림 7-39(a)]와 같은 'Create Pin' 창을 연다. 이 창에서 'Terminal Names' 항목에는 [SPACE]를 사용하여 여러 이름을 구분(예: IN OUT VDD GND)하여 동시에 작성할 수 있다. 'I/O Type', 'Snap Mode', 'Access Direction', 'Signal Type' 등은 기본적으로 'Default' 값을 사용한다.

Pin 이름을 지정하려면 'Set Pin Label Text Style' 창이 필요하며, 이는 'Create Pin' 창에서 'Create Label' 항목을 선택한 뒤, 'Options...' 버튼을 클릭하면 창([그림 7-39(b)])이 생성된다. 이 창에서 글자의 크기는 'Height'로 설정하고, 'Layer Name'과 'Layer Purpose'는 'Same As Pin'으로 설정한다. 또한, 'Text Options', 'Justification', 'Orientation' 등은 PDK의 기본 설정에 따라 조정한다.

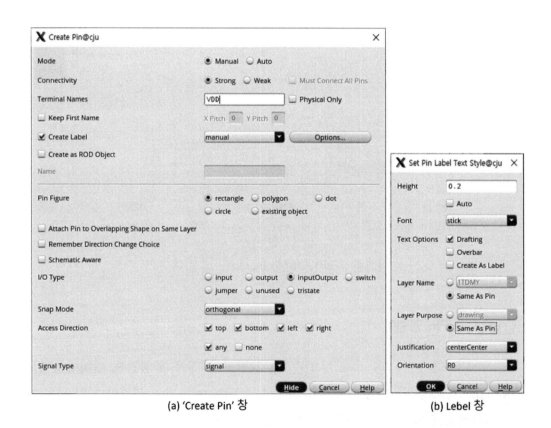

(a) 'Create Pin' 창   (b) Lebel 창

[그림 7-39] 'Create Pin' 창과 'set Pin Label Text Style' 창을 이용한 Pin 설정

'Pin Figure'는 Pin을 생성하는 Layer의 모양을 결정한다. Pin으로 사용되는 Layer 는 PDK에서 정의되며(예: Layer 속성이 pin), 이러한 Layer는 'LSW' 창에서 확인할 수 있다.

Create → Label(L) 명령어

'Create → Label'(단축키 'L')는 Layer에 Label을 Attach하기 위한 명령어로, 실행 시 [그림 7-40(a)]와 같이 'Create Label' 창이 생성된다. 이 창에서 Label의 이름, 글 꼴, 크기, 정렬 방식, 방향 등을 설정할 수 있으며, 설정 완료 후 마우스를 사용하여 Lebel을 지정된 Layer에 Attach할 수 있다. Layer에 Attach되면 (+)로 표시되어 Attach되었음을 확인할 수 있다.

'Create Label' 명령어를 사용하기 전, 'LSW' 창에서 Label을 Attach할 Layer를 선 택해야 한다. 일반적으로 PDK에서는 Metal Layer(예: pin 속성이 있는 Layer)를 Label로 사용한다.

'Create Label' 창에서는 Label의 이름을 'Label' 항목에 입력하며, 여러 이름은 [Space]로 구분하여 지정한다. 'Font', 'Height', 'Justification', 'Snap Mode' 등을 설 정하고, 'Rotate', 'Sideways', 'Upside Down' 등의 옵션으로 Label의 방향을 결정할 수 있다.

[그림 7-40(b)]는 'A'와 'B' 두 개의 Label이 각각 도넛 형태와 원 형태의 Layer에 Attach된 결과를 보여준다. Label 'A'는 커서가 빈 공간을 가리키는 위치에 Attach되 었으나, 이후 커서를 연장하여 Metal1 Layer에 Attach된 상태이다. 이러한 경우는 설계 검증(LVS) 단계에서 오류를 유발할 수 있으므로 가급적 피해야 하며, Label 'B' 처럼 Layer에 올바르게 Attach하는 것이 권장된다.

(a) 'Create Label' 창   (b) 결과

[그림 7-40] 'Create Label' 창과 Label 설정 예시

[Label과 Pin실습]

DRC와 LVS가 완료된 [그림 7-15]의 INV1을 기준으로, 다음 각 상황을 구현하고, DRC및 LVS를 수행하여 결과를 확인하라.

[표 7-2] 실습용 INV1의 DRC 및 LVS 결과

Case	DRC	VLS	비고
INV1	OK	OK	Original
VDD Label을 제거한 경우	OK	NG	Pin Mismatch
VDD Label을 drawing 속성의 METAL1으로 추가	OK	NG	Pin Mismatch
VDD Label을 pin 속성의 METAL1으로 추가	OK	OK	
VDD Pin을 pin 속성의 METAL1으로 도형으로 추가	OK	OK	

Create → Via 명령어

반도체 공정에서 Via는 서로 다른 수직 전도층을 연결하는 구멍(Hole)이다. Via는 일반적으로 전도성 물질(금속)로 채워지며, 이를 통해 절연층으로 분리된 수직 전도층이 연결된다.

[그림 7-41]은 인접한 두 전도층을 연결하는 'Single Via'와 최상층 전도층에서 최하층 전도층까지 연결하는 'Stack Via' 구조를 보여준다.

[그림 7-42(a)]는 'Create → Via' 명령어나 단축키 'O'를 통해 호출되는 'Create Via' 창이다. 이 창에서 Via 구조를 설정할 수 있다. 연결하려는 전도층은 'Via Definition'에서 정의한다. 여기서는 METAL1과 POLY1을 연결하는 'M1_POLY1'이 선택되었다. 또한, 다수의 Via는 'Rows'와 'Columns' 값을 설정하여 생성할 수 있다.

'Cut' 크기는 [그림 7-41]의 Via Hole 크기를 나타내며, Hole을 포함하는 전도층의 크기는 [그림 7-42(b)]의 'Enclosures'에서 정의된다.

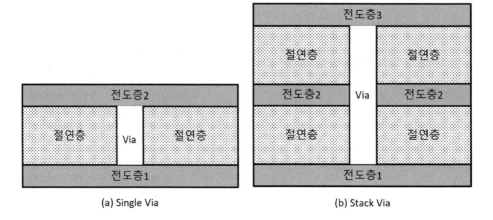

(a) Single Via

(b) Stack Via

[그림 7-41] 'Single Via'와 'Stack Via' 구조

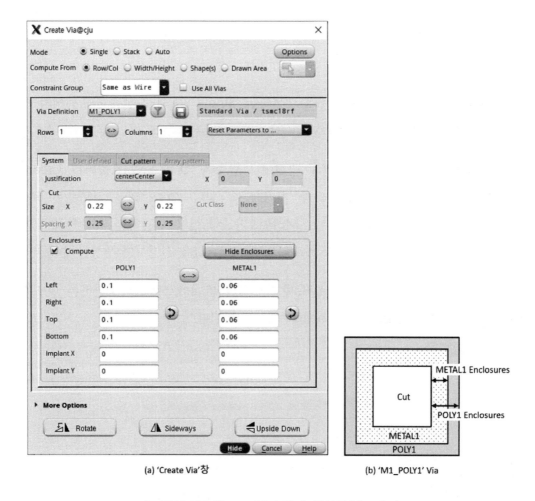

(a) 'Create Via'창

(b) 'M1_POLY1' Via

[그림 7-42] 'Create Via' 창과 생성된 Via 예시

Via는 일반적으로 'Create → Via' 명령어를 사용하여 생성할 수 있지만, PDK에서 Instance로 제공되는 경우가 많다. Instance로 제공될 경우, PDK Library에서 Cell을 'Create → Instance' 명령어를 사용해 Symbolic View로 호출(예: M1-POLY1 Cell)할 수 있다.

Create → Multipart Path 명령어

'Create → Multi Path' 명령어를 사용하면 템플릿(Template)을 활용하여 경로를 생성할 수 있다. 이를 통해 복잡한 다중 Layer를 포함하는 복잡한 경로를 손쉽게 구현할 수 있다.

Create → Fluid Guard-Ring 명령어

'Create → Fluid Guard-Ring' 명령어를 사용하면 Pcell 기반의 Guard-Ring을 생성할 수 있다. 이 명령어를 통해 다양한 모양과 크기의 Guard-Ring을 생성할 수 있으며, 사용자가 설정한 Parameter에 따라 Guard-Ring이 동적으로 변형된다.

Create → MPP Guard-Ring(Multipath Part Guard-Ring, Shift+G) 명령어

Guard-Ring을 생성하는 방법은 다음과 같다. 먼저, 'Create → MPP Guard-Ring' 명령어나 단축키 <Shift>+<G>를 사용하여 [그림 7-43]과 같은 'Guard-Ring' 창을 호출한다. 생성된 'Guard-Ring' 창에서 'Guard-Ring Template'을 지정한 뒤, Guard-Ring이 연결될 Net의 이름을 'Net Name'에 입력한다.

이후, Guard-Ring과 Object 사이의 거리(일반적으로 METAL1과 METAL1 사이의 거리)를 설정하는 'Enclose by' 값을 지정한 후, 'Hide' 또는 'Apply' 버튼을 클릭하여 Guard-Ring을 생성한다.

생성되는 Guard-Ring의 모양을 사각형으로 지정하려면 'Rectangular'를 선택하고, 특정 개체에 맞는 다각형 형태로 지정하려면 'Rectilinear'를 선택한다.

[그림 7-43] 'Guard-Ring' 설정 창

[그림 7-44]는 'Rectangular' 모양을 선택하여 TSMC PDK에서 P-Substrate 영역을 보호하는 PSubGuarding과 N-Well 영역을 보호하는 NWellGuarding을 생성한 예를 보여준다.

[그림 7-44] Guard-Ring 레이아웃 예

[Guard-Ring] 기능

Guard-Ring은 Body(Bulk 또는 Well)의 전위를 일정한 DC 전압으로 유지하기 위해 사용하는 레이아웃 및 공정 구조이다. 이를 형성하기 위해, P 형의 Silicon Body에는 P$^+$ Implant를 통해 Metal과 연결(PTAP)하고, N 형의 Silicon Body에는 N$^+$ Implant를 통해 Metal과 연결(NTAP)한다.

Guarding-Ring 구조는 Body의 위치와 관계없이 DC 전원 전압을 일정하게 유지함으로써 Latch-up 발생을 감소시킨다. 또한, 낮은 임피던스 특성으로 인하여 유입되거나 유출되는 Noise(전압값 변동) 영향을 줄이는데 기여한다.

[그림 7-5]에서 알 수 있듯이, CMOS 공정에서는 NMOSFET의 Body에 유입되는 양의 전하가 PTAP에 의해 포획되며, 이는 전류(I_{leak})로 나타난다. 이 전류(I_{leak})는 Body 내부의 유효 저항(R_{eff})에 의해 전압($\Delta V_{eff} = I_{leak} \times R_{eff}$)을 형성한다. 이러한 전압($\Delta V_{eff}$)을 감소시키기 위해서는 유효 저항 R_{eff}를 낮춰야 한다. 이를 실현하기 위해 PTAP은 [그림 7-45]처럼 MOSFET의 Active 근처에 배치하거나, [그림 7-46]처럼 Active 영역을 둘러싸는 형태로 설계한다.

[그림 7-45]와 [그림 7-46]은 Well과 Body에서 발생하는 Noise의 상호 영향을 최소화하기 위한 공정 사례를 보여준다. 구체적으로, P-Well을 PTAP으로 Guard-Ring 처리한 후, 이를 Deep N-Well로 감싸고 NTAP을 추가하는 Double Guard-Ring Layout 기법을 적용하였다.

[그림 7-45]에서 알수 있듯이, PTAP 및 NTAP으로 구성된 Guard-Ring은 고농도 도핑으로 이루어져 Drain(Source)과 TAP 사이에서 커패시턴스 효과가 발생할 수 있다. 또한, Drain(Source)와 Double Guard-Ring 사이의 커패시턴스 효과로 인해 동작 속도에 영향을 미칠 수 있다.

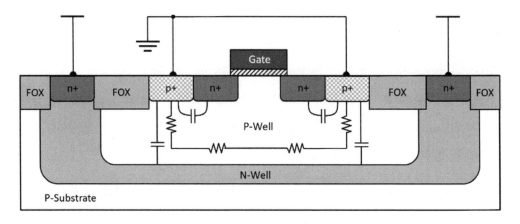

[그림 7-45] Double Guard-Ring Layout 기법

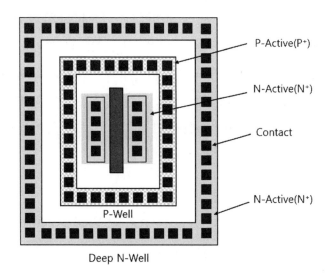

[그림 7-46] Double Guard-Ring Layout 기법의 평면도

Guard-Ring 형태에는 [그림 7-47]과 같이 다양한 방식이 있다. [그림 7-47]의 상단 MOSFET은 N-Well 안에 배치되어 있고, 하단 MOSFET은 P-Substrate 안에 배치되어 있다

Rectangle 구조: 4면이 모두 Guard-Ring으로 둘러싸인 구조

U-Shape 구조: 4면 중 한 면을 Guard-Ring으로 처리하지 않는 구조.

Butted 구조: Source와 Body에 TAP이 연결된 구조

Rail-to-Rail 구조: 위, 아래의 Power와 GND에 Guard-Ring을 배치한 구조

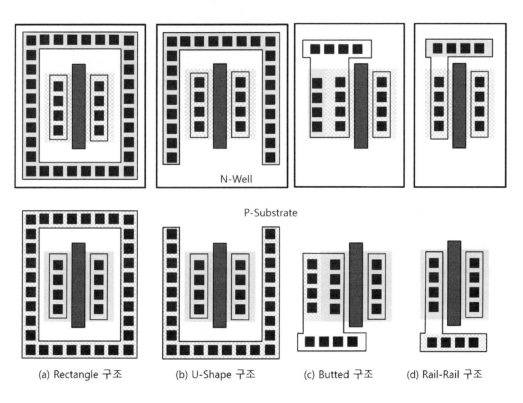

(a) Rectangle 구조   (b) U-Shape 구조   (c) Butted 구조   (d) Rail-Rail 구조

[그림 7-47] MOSFET의 다양한 Guard-Ring 구조

Create → Slot 명령어

'Layout Editor' 창에서 'Create → Slot' 명령어를 이용하여 Rectangle 또는 Path 로 레이아웃된 Layer에 Slot 기법을 적용할 수 있다. 이 명령어를 실행한 후 [F3] 키 를 누르면 [그림 7-48]의 'Create Slot' 창이 생성된다. 이 창에서는 'Dimensions', 'Spacing', 'Stagger' 등의 매개 변수를 설정할 수 있다.

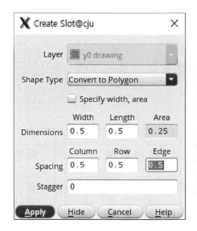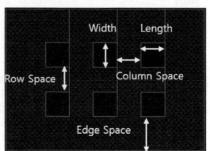

[그림 7-48] 'Create Slot' 창과 Slot이 추가된 Layer

Create → P&R Objects 명령어

Virtuoso Layout Editor의 'Create → P&R Objects' 명령어는 Place and Route(P&R) 작업을 지원하는 개체를 생성하는 데 사용된다. 이 기능을 통해 특정 위치에 셀을 배치하고, 자동으로 배선을 생성할 수 있어 대규모 설계에서 효율성을 높이고, 수동 작업을 줄이는 데 유용하다. 하위 명령에는 'Blockage', 'Row', 'Custom Placement Area', 'Clusters', 'Track Patterns', 'P&R Boundary', 'Snap Boundary', 'Area Boundary', 'Cluster Boundary' 등이 있다.

Create → Group 명령어

'Layout Editor' 창에서 'Create → Group' 명령어는 [그림 7-49]와 같이 'Create Group' 창을 생성한다. 이 명령어는 여러 개체를 그룹화하여 하나의 단위로 묶고, 이를 효율적으로 조작할 수 있도록 한다.

그룹화하려는 여러 개의 개체를 동시에 선택한 뒤, 'Create → Group' 명령어를 실행하면 그룹화가 이루어진다. 그룹화된 개체는 정렬, 이동 또는 여러 개체의 동시 복사를 간편하게 수행할 수 있다. 또한, 그룹을 해제하려면 'Edit → Ungroup' 명령어를 사용한다.

[그림 7-49] 'Create Group' 창

Create → Microwave 명령어

Microwave 명령어는 주로 고주파 회로 설계와 관련된 기능을 제공하며 마이크로파 전송선로, 필터, 안테나 등 고주파 회로 설계를 지원한다. 주요 하위 명령으로는 이동을 위한 'Trl', 곡선을 생성하는 'Bend', 크기를 조정하는 'Taper' 등이 있다.

7.6.4 Layout Editor의 Edit 메뉴

'Layout Editor' 창은 레이아웃 편집을 위하여 다양한 기능을 제공하며, 주요 하위 명령어로는 'Undo', 'Redo', 'Move', 'Copy', 'Stretch', 'Delete', 'Repeat Copy', 'Quick Align', 'Flip', 'Rotate', 'Basic', 'Advanced', 'Convert', 'Hierarchy', 'Group', 'Fluid Pcell', 'Select', 'DRD Targets' 등이 있다.

또한 'Layout Editor' 창에서 레이아웃을 편집하는 도중 사용한 명령어 또는 기능은 [ESC] 키로 취소가 가능하며 'F3' 버튼에 의해서 해당 명령어의 하위 메뉴 창이 호출되어 다양한 Option으로 명령어를 수행할 수 있다.

Undo(U)

'Edit → Undo' 또는 단축키 'U'를 누르면 'Layout Editor' 작업창에서 실행한 Action을 취소하여 이전 상태의 레이아웃으로 되돌아간다.

Redo(Shift+U)

'Edit → Redo' 또는 단축키 <shift>+<U>를 누르면 취소한 Action을 재실행한다.

Move(M)

마우스로 선택한 개체(Object)를 이동하는 기능으로 다음과 같이 사용한다.

1. 'Edit → Move' 또는 단축키 'M'을 사용한다.

- 명령을 선택한 다음, 마우스 왼쪽 버튼으로 개체(Instance 또는 Layer)를 직접 선택하거나 영역을 선택한다.

- 또는 순서를 바꿔 개체를 먼저 선택한 후 단축키 'M'을 누르는 방식도 가능하다.

2. 선택한 개체를 마우스를 이용해 원하는 위치까지 이동한 후, 왼쪽 마우스 버튼을 클릭하면 개체가 해당 위치로 이동된다.

명령 실행 중 F3 버튼으로 하위 메뉴 창을 호출하여 다양한 옵션으로 이동할 수 있으며 'Move' 명령어는 [ESC] 키에 의해서 취소된다.

[그림 7-50]은 'Move' 명령어의 하위 메뉴 창이며, Layer를 이동할 때, 다른 Layer로 이동하는 것도 가능하지만, 보통 'Change To Layer'를 'As Is'로 설정해 동일한 Layer상태로 이동한다. 'Delta X, Y' 값은 기본적으로 '0'으로 설정한다.

[그림 7-51]의 Snap Mode는 개체가 이동하는 방법을 나타내며, 일반적으로는 'orthogonal' Snap Mode로 선택하여 이동한다.

[그림 7-50] 'Move' 명령어의 하위 메뉴 창

Snap Mode	Object 이동 동작
anyAngle	어떠한 방향으로도 이동 가능
diagonal	수평/수직/45도 방향으로만 이동 가능
orthogonal	수평/수직 방향으로만 이동 가능
horizontal	수평 방향으로만 이동 가능
vertical	수직 방향으로만 이동 가능

[그림 7-51] 개체의 이동시 Snap Mode 동작

Copy(C) 명령어

Copy 명령어는 선택한 개체(Object)를 복사하는 기능으로, 다음과 같이 사용할 수 있다.

1. 'Edit → Copy' 메뉴 또는 단축키 'C'를 사용한다.

● 명령을 선택한 후 마우스 왼쪽 버튼으로 개체(Instance 또는 Layer)를 직접 선택하거나 영역으로 선택한다.

● 또는 개체를 먼저 선택한 뒤 단축키 'C'를 누르는 방식도 가능하다.

2. 선택한 개체를 마우스를 사용해 원하는 위치로 이동한 후, 마우스 왼쪽 버튼을 클릭하면 개체가 복사된다.

명령 실행 중 F3 버튼을 눌러 하위 메뉴 창을 호출하면 다양한 옵션을 설정해 복사 작업을 수행할 수 있다. Copy 명령어는 [ESC] 키로 취소할 수 있다.

[그림 7-52]는 'Copy' 명령어의 하위 메뉴 창을 보여준다. Layer를 복사할 때 다른 Layer로 복사하는 것도 가능하다. 'Copies' 옵션은 복사하고자 하는 개체의 개수를 정의하며, 'Pitch', 'Spacing', 'Absolute' 변수는 여러 개체를 복사할 때 개체의 배치를 설정하는 데 사용된다.

[그림 7-53]의 Snap Mode는 'Move' 명령어의 'Snap Mode'와 동일한 방식으로 동작하여 개체를 복사한다.

[그림 7-52] 'Copy' 명령어의 하위 메뉴 창

Snap Mode	Object Copy 동작
anyAngle	어떠한 방향으로도 copy 가능
diagonal	수평/수직/45도 방향으로만 copy 가능
orthogonal	수평/수직 방향으로만 copy 가능
horizontal	수평 방향으로만 copy 가능
vertical	수직 방향으로만 copy 가능

[그림 7-53] 개체 복사 시 Snap Mode 동작

Stretch(S) 명령어

Stretch 명령어는 선택된 Layer의 특정 면을 연장하는 데 사용된다. 사용 방법은 다음과 같다.

1. 'Edit → Stretch' 메뉴 또는 단축키 'S'를 누른다.

   ● 마우스 왼쪽 버튼으로 개체(Instance 또는 Layer)의 면을 선택한다.

   ● 선택된 Layer의 면은 [그림 7-55], [그림 7-56], [그림 7-57]처럼 화면에서 다른 색상으로 표시된다.

2. 선택한 Layer의 면을, 마우스를 사용해 원하는 위치로 이동한 후, 마우스 왼쪽 버튼을 클릭하면 개체가 Stretch 된다.

명령 실행 중 [F3] 키를 누르면 [그림 7-54]에 보이는 하위 메뉴 창이 호출되어 다양한 옵션을 설정해 Stretch 작업을 수행할 수 있다. 'Snap Mode'는 'Move' 명령어의 'Snap Mode'와 동일하게 동작하며, 'Delta X, Y' 값은 일반적으로 '0'으로 설정한다. 또한, 'Via Mode'에서 'Stretch Metal' 옵션 설정은 Via Stretch 시 Via에 사용된 Metal을 Stretch 함을 의미한다. Stretch 명령어는 [ESC] 키로 취소할 수 있다.

[그림 7-54] 'Stretch'의 하위 메뉴 창

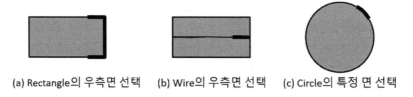

(a) Rectangle의 우측면 선택   (b) Wire의 우측면 선택   (c) Circle의 특정 면 선택

[그림 7-55] 'Stretch' 명령어에서 선택된 면

기준면을 선택   기준면을 연장함(축소)   Object가 연장됨

[그림 7-56] Rectangle Layer의 'Stretch'

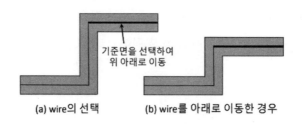

기준면을 선택하여
위 아래로 이동

(a) wire의 선택   (b) wire를 아래로 이동한 경우

[그림 7-57] Wire를 아래로 Stretch 하는 경우

Delete(Del) 명령어

'Edit → Delete' 메뉴 선택 또는 [Delete] 키를 누른 후, 마우스 왼쪽 버튼으로 개체(Instance 또는 Layer)를 직접 선택하거나 영역을 선택하면 선택한 개체가 삭제된다.

또는, 개체를 먼저 선택한 후 'Edit → Delete' 메뉴나 [Delete] 키를 누르는 방식으로도 삭제할 수 있다, 'Delete' 명령어는 [ESC] 키에 의해서 취소된다.

Repeat Copy(H) 명령어

'Edit → Repeat Copy' 메뉴 또는 단축키 'H'를 사용하여 특정 개체 또는 영역을 선택한 후 복사할 수 있다.

명령 실행 중 [F3] 키를 누르면 [그림 7-58]과 같이 'Repeat Copy' 창이 호출되며, 다양한 옵션을 설정하여 복사 작업을 수행할 수 있다.

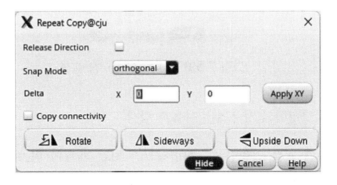

[그림 7-58] 'Repeat Copy' 창

Quick Align(A) 명령어

'Edit → Quick Align' 메뉴 또는 단축키 'A'를 사용하여 선택한 개체들을 특정 기준에 맞추어 정렬할 수 있다. 정렬 옵션은 [F3] 키를 눌러 호출되는 [그림 7-59] 창에서 설정할 수 있다.

[그림 7-59] 'Quick Align' 창 설정

Quick Align 명령어의 사용법은 다음과 같다.

1. 단축키 'A'를 입력한 후, 정렬하고자 하는 개체의 면(면 1)을 마우스 왼쪽 버튼으로 선택한다.([그림 7-60(a)] 참고)

2. 이어서 정렬 기준이 될 기준면(면 2)을 선택하면, [그림 7-60(b)]와 같이 정렬하고자 하는 면(면 1)이 기준면(면 2)을 기준으로 정렬된다.

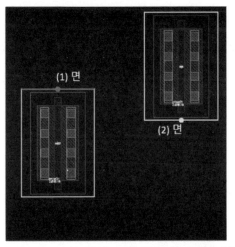 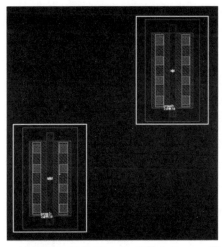

(a) 'Quick Align' 기능에서 (1)면 선택 후 (2)면을 선택   (b) 선택된 (1)면이 면(2)를 기준으로 Align 됨

[그림 7-60] 'Quick Align' 결과

Flip(Ctrl+J) 명령어

'Flip' 명령어는 개체를 뒤집는 기능으로, 'Edit → Flip' 메뉴를 통해 실행할 수 있다. [그림 7-61(a)]에서 'Flip' 메뉴 또는 단축키 <Ctrl>+<J>를 선택한 후, [그림 7-61(b)] 의 하위 메뉴 창을 호출하여 개체를 수직 또는 수평 방향으로 Flip할 수 있다. 또한, [그림 7-61(a)]에서 'Flip Vertical' 또는 'Flip Horizontal' 메뉴를 직접 선택해 수직 또는 수평 방향으로 개체를 Flip할 수도 있다.

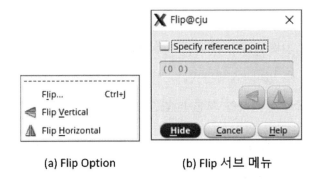

(a) Flip Option   (b) Flip 서브 메뉴

[그림 7-61] 'Flip' 명령어의 옵션 및 하위 메뉴 창

개체를 먼저 선택한 후 'Flip' 메뉴를 실행하거나, 'Flip' 메뉴를 실행한 후 개체를 선택하는 방식 모두 사용할 수 있다. Flip의 결과는 [그림 7-62]에서 확인할 수 있다.

명령 실행 중 [F3] 키를 눌러 하위 메뉴 창을 호출하면 Flip 동작의 원점을 설정할 수 있으며, 'Flip' 명령어는 [ESC] 키로 취소할 수 있다.

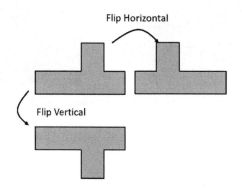

[그림 7-62] 수직 및 수평 Flip 결과

Rotate 명령어

Rotate 명령어는 선택한 개체를 회전시키는 기능으로, 다음과 같은 방법으로 사용한다.

1. 'Edit → Rotate', 'Rotate Left', 'Rotate Right' 메뉴를 선택하거나 단축키 <Shift>+<O>를 사용한다([그림 7-63(a)]).

2. Rotate 동작이 선택되면 [F3] 키를 눌러 'Rotate' 창([그림 7-63(b)])을 호출하여 옵션을 설정할 수 있다. 개체를 먼저 선택한 후 메뉴를 선택하거나, 메뉴를 먼저 선택한 후 개체를 선택하여 회전 작업을 수행할 수 있다.

3. 'Rotate Left'와 'Rotate Right' 메뉴는 한 번의 선택으로 개체를 한 단계씩 회전시키며, 명령이 활성화된 상태에서는 개체를 선택할 때마다 연속적으로 회전이 가능하다. 명령은 [ESC] 키로 해제할 수 있다.

4. 'Rotate' 메뉴를 사용할 경우, 좌측 마우스 버튼으로 다음 단계를 따라 작업을
   수행한다.

   ● 회전할 개체를 선택한다.

   ● 기준점을 선택한다.

   ● 개체를 회전할 위치를 클릭한다.

작업 중 마우스 창에는 좌측, 중간, 우측 마우스 버튼의 동작이 설명되므로 이를
참고하면 도움이 된다.

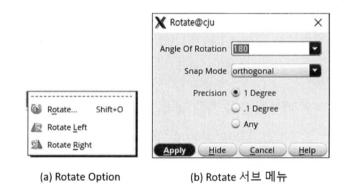

(a) Rotate Option   (b) Rotate 서브 메뉴

[그림 7-63] Rotate Option과 Rotate 하위 메뉴

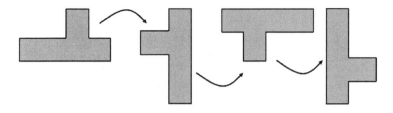

[그림 7-64] Rotate 결과

Basic 명령어

Edit 메뉴의 'Basic' 명령어는 레이아웃 편집에서 자주 사용되는 다양한 기능을 제공한다. 하위 명령에는 임의의 영역을 제거하는 'Chop', 서로 연결된 Layer를 하나의 Layer로 병합하는 'Merge', 그리고 Layer의 특정 부분을 복사하는 'Yank'와 이를 덧붙이는 'Paste' 기능이 포함되어 있다.

또한, Instance의 특성을 확인하거나 수정할 수 있는 'Properties' 하위 명령어도 포함되어 있어, 개체의 세부 정보를 관리하는 데 유용하다.

[Chop] 기능

임의의 영역을 제거하는 'Chop' 기능은 'Edit → Basic → Chop' 메뉴 또는 단축키 <Shift>+<C>를 사용하여 실행할 수 있다.

'Chop' 기능의 하위 메뉴는 [F3] 키를 눌러 호출되며, [그림 7-65]에 보이는 'Chop' 창이 생성된다. 이 창에서는 'Chop Shape', 'Snap Mode', 그리고 Chop의 방법(예: 'Remove Chop', 'Chop Array' 선택)을 지정할 수 있다.

[그림 7-65] 'Chop' 명령어 옵션 창

[그림 7-66]은 Layer를 Chop하는 방법과 그 결과를 보여준다. Chop을 수행하려면 다음 단계를 따른다.

1. Layer를 선택한 후, 단축키 <Shift>+<C>를 입력한다.

2. 마우스 왼쪽 버튼으로 삭제할 영역을 선택([그림 7-66]의 점선)하면 선택된 영역이 삭제되고 'Chop' 동작이 해제된다.

● 그러나, <Shift>+<C> 입력 후 Layer를 선택한 뒤, 왼쪽 마우스로 삭제할 영역을 지정하면 Chop 명령은 계속 유효하다. 이후 Layer를 다시 선택하여 추가로 영역을 지정하고 삭제할 수 있다.

Chop 동작을 해제하려면 [ESC] 키를 입력한다.

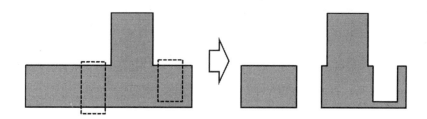

[그림 7-66] Chop 명령어 실행 결과

[Merge] 기능

'Merge' 기능은 동일 Layer를 하나의 Layer로 병합하는 명령어로, 'Edit → Basic → Merge' 메뉴 또는 단축키 <Shift>+<M>를 사용하여 실행할 수 있다.

사용 방법은 다음과 같다.

1. 겹쳐져 있는 특정 Layer들을 마우스로 선택한 후, <Shift>+<M> 명령어를 실행한다. 이 경우, 분리된 모양의 겹진 Layer들이 연속된 하나의 모양으로 합쳐진다.

2. 또는, <Shift>+<M> 명령어를 실행한 후, Merge하려는 Layer들을 선택하면 즉시 병합이 이루어진다. 명령어는 유효한 상태로 유지되므로, 추가로 다른 Layer를 선택하여 연속적으로 Merge 작업을 수행할 수 있다

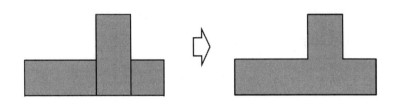

[그림 7-67] Merge 명령어 실행 결과

[Yank]와 [Paste] 기능

'Yank' 기능은 Layer의 특정 부분을 복사하는 명령어로, 'Edit → Basic → Yank' 메뉴 또는 단축키 'Y'를 사용하여 실행할 수 있다. 복사한 영역을 붙여 넣는 'Paste' 기능은 'Edit → Basic → Paste' 메뉴 또는 단축키 <Shift>+<Y>를 사용하여 실행 된다.

'Yank'와 'Paste' 명령어는 [그림 7-68]과 같은 하위 메뉴 창에서 옵션을 지정할 수 있다. 이 두 기능의 실행 결과는 [그림 7-69]에 나타나 있다.

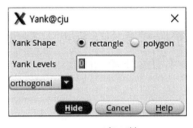

(a) Yank 서브 창

(b) Paste 서브 창

[그림 7-68] 'Yank'와 'Paste' 명령어의 하위 메뉴 창

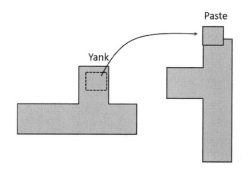

[**그림 7-69**] 'Yank' 및 'Paste' 기능 실행 결과

[Properties] 기능

'Edit → Basic → Properties' 메뉴 또는 단축키 'Q'를 사용하여 'Property' 창을 생성할 수 있다. 이 창은 해당 Instance의 특성을 나타내며, 개체의 종류에 따라 생성되는 창의 내용이 다르다. 일반적으로 'Attribute', 'Connectivity', 'Parameter', 'Property', 'ROD' 등으로 구성되며, 이를 통해 개체의 특성을 확인하고 변경할 수 있다.

[그림 7-70]은 'Shape' 명령어로 생성된 Layer의 'Properties' 창을, [그림 7-71]은 MOSFET의 'Properties' 창을 보여준다. 'Properties' 창에서는 Library 이름, Cell 이름, 크기 등의 다양한 정보를 확인할 수 있으며, 창에서 제공되는 Parameter 값을 변경하여 Instance나 Layout의 속성을 수정할 수 있다.

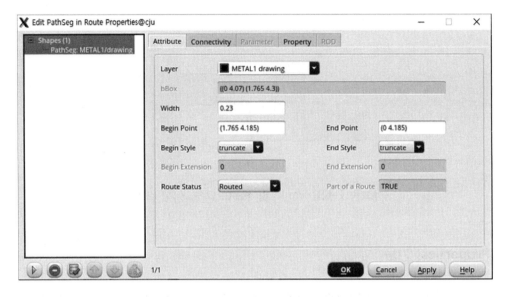

[그림 7-70] 'Shape' 명령어로 생성된 Layer의 'Properties' 창

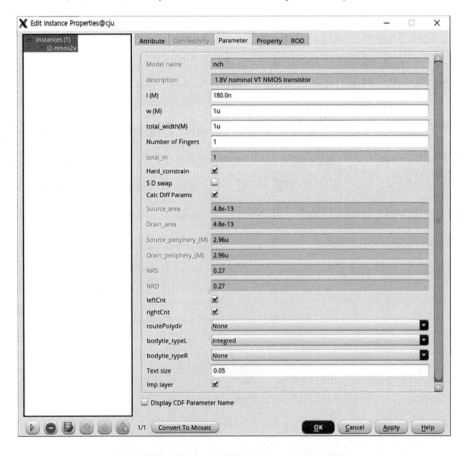

[그림 7-71] MOSFET의 'Properties' 창

Advanced 명령어

'Edit → Advanced' 명령어는 레이아웃 개체의 모양이나 속성을 변경하거나 관리하는 다양한 기능을 제공한다. 이 명령에는 개체의 모양을 변경하는 'Reshape', Layer를 분리하는 'Split', 레이아웃 개체의 Corner 모양을 수정하는 'Modify Corner', Layer의 크기를 확대하거나 축소하는 'Size'와 같은 기능이 포함되어 있다.

또한, 특정 Cell Instance를 해당 Library에 연결하거나 분리하는 'Attach/Detach', 선택한 개체의 원점을 새 위치로 이동시키는 'Move Origin', 개체를 정렬하는 'Align', 그리고 Slot을 적용하는 'Slot'과 같은 기능도 제공한다. 이러한 Advanced 명령어들은 레이아웃 편집 작업에서 개체의 세부적인 수정과 관리를 효율적으로 수행할 수 있도록 돕는다.

[Reshape] 기능

레이아웃 개체를 선택한 후, 'Edit → Advanced → Reshape' 메뉴를 선택하거나 단축키 <Shift>+<R>를 사용하여 명령어를 실행할 수 있다. 선택된 Layer에 대해 변경할 영역을 마우스 왼쪽 버튼으로 지정하면, [그림 7-72(a)]와 같이 지정된 영역이 표시된다. 이후, 마우스 왼쪽 버튼을 클릭하면 레이아웃 개체의 모양이 [그림 7-72(b)]처럼 변경된다.

명령어를 먼저 실행한 다음 Layer를 선택하고 영역을 지정하는 방식으로도 사용 가능하다. 이 경우, Layer의 모양이 변경된 후에도 'Reshape' 명령어는 계속 유효하므로 다른 Layer의 모양을 연속적으로 변경할 수 있다. 명령어를 해제하려면 [ESC] 키를 입력한다.

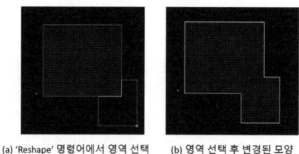

(a) 'Reshape' 명령어에서 영역 선택   (b) 영역 선택 후 변경된 모양

[그림 7-72] 'Shape' 명령어 적용 전후 Layer 비교

[Split] 기능

'Edit → Advanced → Split' 메뉴 또는 단축키 <Ctrl>+<S>를 사용하여 Layer를 분리(Split)할 수 있다. Split기능의 옵션은 명령 실행 중 [F3] 키를 눌러 [그림 7-73(a)]처럼 호출되는 창에서 설정할 수 있다. 이를 통해 실행 도중 명령 옵션을 변경할 수 있다. Layer를 분리하려면 다음 단계를 따른다.

1. 단축키 <Ctrl>+<S>를 입력하여 명령을 실행한다.

   ● 분리하려는 Layer를 마우스로 선택한 뒤, Split할 영역을 마우스 왼쪽 버튼으로 [그림 7-73(b)의 (a)]처럼 지정한다.

2. 'Layout Editor' 작업창에 선택된 Layer의 면이 [그림 7-73(b)의 (b)]처럼 표시되며, 이를 Split하고자 하는 만큼 이동하면 Layer는 [그림 7-73(b)의 (c)] 상태로 이동(분리)된다.

   ● 명령어를 실행한 후 Layer를 선택하는 방식이므로 명령을 연속적으로 작업할 수 있다. 이 경우, 명령 상태를 해제하려면 [ESC] 키를 눌러야 한다.

한 개의 면만 Split하려는 경우에는 두 면을 관통하는 [그림 7-73(b)의 (a)]와는 다르게, Split하고자 하는 한 개의 면만 지정하여 작업을 수행한다.

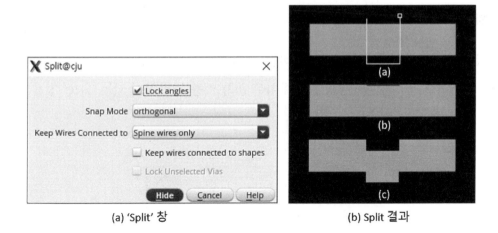

(a) 'Split' 창   (b) Split 결과

[그림 7-73] 'split' 창과 Split 작업 결과 예

[Modify Corner] 기능

'Edit → Advanced → Modify Corner' 명령어를 사용하면 선택한 개체의 모서리를 원하는 형태로 수정할 수 있다. 먼저 수정하려는 개체를 선택한 후 명령어를 실행한다. 변경 형태를 설정하려면 명령 실행 중 [F3] 키를 눌러 'Modify Corner' 창을 호출하여 옵션을 지정할 수 있다.

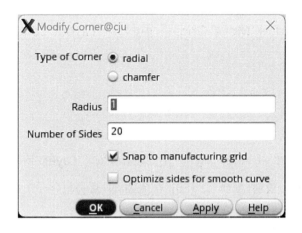

[그림 7-74] 'Modify Corner' 창

[Size] 기능

'Edit → Advanced → Size' 명령어를 사용하면 선택한 Layer의 크기를 변경할 수 있다. Layer를 선택한 후, 명령을 실행하고 [F3] 키를 눌러 호출되는 'Size' 창을 통해 크기 변경 옵션을 설정할 수 있다.

[그림 7-75] 'Size' 창

[Attach/Detach] 기능

'Edit → Advanced → Attach/Detach' 명령어 또는 단축키 'V'는 Cell Instances 와 Library Cells을 연결(Attach)하거나 분리(Detach)하는 데 사용된다.

[Move Origin] 기능

'Edit → Advanced → Move Origin' 명령어는 'Layout Editor' 작업창의 원점을 변경하는데 사용된다.

[Align] 기능

'Edit → Advanced → Align' 명령어는 Instance나 Layer 등을 정렬하는 데 사용된다. 정렬의 옵션은 명령 실행 중 [F3] 키를 눌러 호출되는 [그림 7-76(a)]의 'Align' 창에서 설정할 수 있다.

'Align' 창에서 설정할 수 있는 주요 옵션은 다음과 같다.

● Reference: 정렬의 기준

● Align Direction: 정렬의 방향

● Align Using: 정렬 대상

● Use: 정렬 방식

옵션을 설정한 후, 좌측 마우스를 사용하여 정렬 기준을 [그림 7-76(b2)]처럼 설정하고, 정렬할 대상을 선택한다. 마지막으로 'Align' 창에서 'Apply' 버튼을 클릭하면 정렬이 완료된다.

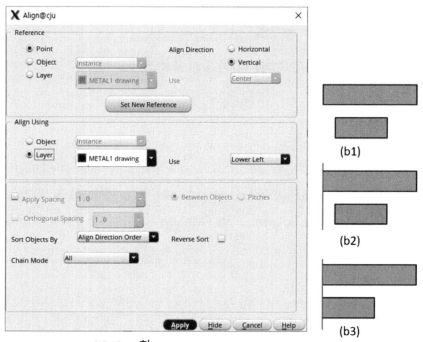

(a) Align 창

[그림 7-76] 'Align' 창 및 정렬 방법

[Slot] 기능

'Edit → Advanced → Slot' 명령어로 'Edit Slot' 창이 생성되며 Slot으로 레이아웃된 Layer의 Slot Parameter를 변경할 때 사용한다.

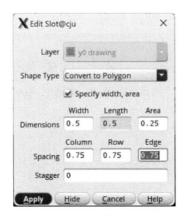

[그림 7-77] 'Edit Slot' 창

Convert 명령어

'Convert' 명령어는 개체의 속성을 변경하거나 모양을 수정할 때 사용된다. 이 명령어는 개체를 다양한 형태로 변환하는 기능을 제공하며, 주요 하위 명령어로는 'To Mosaic', 'To Instance', 'To Polygon', 'To PathSeg', 그리고 'To Path'가 있다.

Hierarchy 명령어

Hierarchy 명령어는 레이아웃을 계층적으로 관리하는 데 사용된다. 이 명령어는 레이아웃의 계층 구조를 탐색하거나 수정하는 다양한 기능을 제공하며, 주요 하위 명령어로 'Descent Edit', 'Descend Read', 'Return', 'Return To Level', 'Return To Top', 'Edit in Place', 'Tree', 'Make Editable', 'Refresh', 'MakeCell', 그리고 'Flatten' 등이 포함된다.

레이아웃은 여러 계층으로 구성될 수 있다. 예를 들어, [그림 7-78]은 최상위 Cell(Top Level)인 Cell A 안에 Cell B가 포함되고, Cell B 안에 Cell C가 포함된 계층 구조를 보여준다. 이러한 구조에서 가장 상위에 있는 Cell을 Top Level Cell, 가장 하위에 있는 Cell을 Bottom Level Cell이라고 한다.

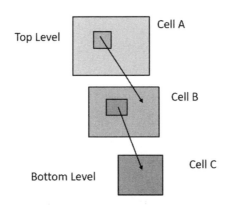

[그림 7-78] 계층 구조를 가진 레이아웃

[Descend Edit] 기능

'Edit → Hierarchy → Descend Edit' 명령을 사용하면 현재 셀의 레이아웃 편집을 중단하고 하위 셀로 이동하여 해당 레이아웃을 편집할 수 있다. 하위 셀에서 레이아웃 편집을 종료하려면 'Edit → Hierarchy → Return' 명령어를 사용한다.

[Descend Read] 기능

'Edit → Hierarchy → Descend Read' 명령어를 사용하면 현재 셀에서 하위 셀로 이동하고, 해당 하위 셀을 읽기 전용 상태로 확인할 수 있다. 이 상태에서는 편집이 불가능하다. 하위 셀의 레이아웃 읽기 종료 시에는 'Edit → Hierarchy → Return' 명령어를 사용한다.

[Return] 기능

하위 셀에서 상위 셀로의 복귀 명령으로 'Edit → Hierarchy → Return' 또는 <Shift>+<B>에 의하여 실행된다.

[Return To Level] 기능

'Edit → Hierarchy → Return To Level' 명령어 또는 단축키 'B'를 사용하면 'Return To Level' 창이 생성된다. 이 창에서 복귀할 Level을 선택하여 원하는 Level 로 이동할 수 있다.

[Return To Top] 기능

'Edit → Hierarchy → Return To Top' 명령어를 사용하여 하위 셀에서 최상위 셀 (Top Level)로 복귀할 수 있다.

[Edit in Place] 기능

'Edit → Hierarchy → Edit in Place' 명령어 또는 단축키 'X'를 사용하면 하위 셀 의 레이아웃을 편집할 수 있다. 하위 셀 편집 모드에서 상위 셀로 복귀하려면 'Return', 'Return To Level', 또는 'Return To Top' 명령어를 사용한다.

[Tree] 기능

'Edit → Hierarchy → Tree' 명령어 또는 단축키 <Shift>+<T>를 사용하면 설계 된 레이아웃의 계층 구조를 새 창에 시각적으로 확인할 수 있다.

[Make Editable] 기능

'Edit → Hierarchy → Make Editable' 명령어를 사용하면 [그림 7-79]와 같이 읽기 모드와 편집 가능 모드를 선택할 수 있는 창이 생성된다. 이 창에서 모드를 선택하여 현재 셀을 편집 가능한 상태 또는 읽기 모드로 설정할 수 있다.

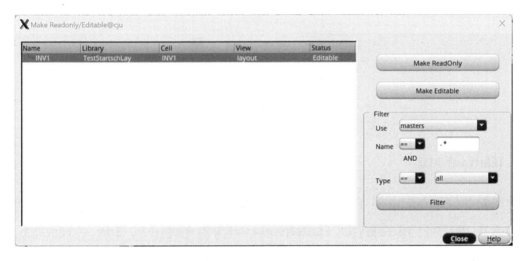

[그림 7-79] 'Make Readonly/Editable' 창

[Refresh] 기능

'Edit → Hierarchy → Refresh' 명령어는 레이아웃 작업창에 표시된 모든 Layout Cell을 최신 상태로 갱신하여 다시 표시한다.

[MakeCell] 기능

레이아웃 개체를 선택한 후, 'Edit → Hierarchy → MakeCell' 명령어를 사용하면 'MakeCell' 창이 생성된다. 이 창에서 Library 이름, Cell 이름, View(Layout)를 지정하여 새로운 Cell을 생성할 수 있다.

[그림 7-80] 'MakeCell' 창

[Flatten] 기능

'Edit → Hierarchy → Flatten' 명령어는 계층화된 레이아웃을 계층 없는 레이아웃으로 변환하는 데 사용된다. Flatten하려는 개체를 선택한 후, 'Edit → Hierarchy → Flatten' 메뉴를 실행하면 [그림 7-81]과 같이 'Flatten' 창이 생성된다.

[그림 7-81] 'Flatten' 창

'Flatten' 창에서는 하위 수준의 레이아웃을 표시하는 방식을 설정할 수 있다(예: one level, displayed levels, user level에 의한 Layer 지정). 또한, 대상(Pcells, Vias)을 지정한 후 'OK' 또는 'Apply' 버튼을 클릭하면 계층화된 레이아웃이 계층 없는 레이아웃으로 변환된다.

[그림 7-82]는 MOSFET PCell의 Flatten 결과를 보여준다.

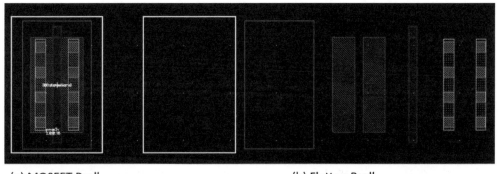

(a) MOSFET Pcell   (b) Flatten Pcell

[그림 7-82] MOSFET Pcell과 Flatten된 Pcell

Group 명령어

'Create → Group' 명령어로 생성된 그룹에 개체를 추가하거나('Edit → Group → Add to Group'), 그룹에서 개체를 제거하거나('Edit → Group → Remove from Group'), 모든 개체를 그룹에서 해제하는('Edit → Group → Ungroup') 기능을 실행할 수 있다.

Fluid Pcell 명령어

'Edit → Fluid Pcell' 명령어는 Pcell을 기하학적으로 변경하는 데 사용된다. 이 명령어는 다양한 하위 기능을 제공하여 Pcell의 구조를 수정하거나 최적화할 수 있다.

하위 명령어로는 특정 영역을 제거하는 'Chop', 분리된 Layer를 병합하는 'Merge', 개체를 Polygon 형태로 변환하는 'Convert to Polygon'이 포함된다. 또한, Guard-Ring에서 특정 Layer를 제거하고 연결하기 위한 'Tunnel'과, Fluid Guard-Ring으로부터 Tunnel을 제거하는 Heal 기능도 제공된다.

이외에도 겹치는 Contact를 정리하는 'Clean Overlapping Contacts'와 Guard-Ring 관련 데이터를 정리하는 'Clean Guarding Cache' 등의 기능이 포함되어 있다. 이러한 명령어를 통해 Pcell을 유연하고 효율적으로 관리할 수 있다.

Select 명령어

'Edit → Select' 명령어는 레이아웃 개체를 선택하는 데 사용된다. 이 명령어는 다양한 선택 작업을 지원하며, 여러 하위 명령어를 통해 선택 기능을 확장할 수 있다.

하위 명령어로는 모든 개체를 선택하는 'Select All'(<Ctrl>+<A>)과 모든 선택을 해제하는 'Deselect All'(<Ctrl>+<D>)이 있다. 특정 영역을 기준으로 선택하는 'Select By Area'(<Shift>+<A>)와 선을 기준으로 개체를 선택하는 'Select By Line', 개체를 확장하여 선택하는 'Extend Selection to Object'('J')도 포함된다.

이외에도 선택 세트를 관리하는 'Previous Saved Set', 'Next Saved Set', 그리고 선택을 저장하거나 복원하는 'Save/Restore' 기능이 있다. 선택 보호 기능과 관련된 명령어로는 'Set Selection Protection', 'Clear Selection Protection', 'Clear All Selection Protection', 'Selection Protection Options' 등이 있으며, 개체의 선택 상태를 유지하거나 보호하는 데 유용하다.

DRD Targets 명령어

DRD(Design Rule Driven) Targets 기능은 DRC(Design Rule Check)를 적용하여 레이아웃을 실시간으로 검사함으로써 레이아웃 편집의 효율성을 높이는 데 사용된다. 이 기능은 디자인 규칙을 기반으로 특정 영역을 타겟으로 설정하거나 타겟에서 제외하는 등의 작업을 지원한다.

주요 명령어로는 선택된 개체를 타겟으로 설정하는 'Set Targets from Selection', 현재 설정된 타겟을 초기화하는 'Clear Targets', 선택된 개체를 기존 타겟에 추가하는 'Add Selection to Targets', 그리고 선택된 개체를 타겟에서 제거하는 'Remove Selection from Targets' 등이 있다.

7.6.5 Layout Editor의 View 메뉴

레이아웃 된 개체를 표시하는 View 기능은 'Zoom In', 'Zoom Out', 'Zoom To Area', Zoom To Grid', 'Zoom To Selected', 'Zoom To Fit All', 'Zoom To Fit Edit', 'Magnifier', 'Dynamic Zoom', 'Pan', 'Redraw', 'Area Display', 'Show Coordinates', 'Show Angles', 'Show Selected Set', 'Save/Restore'. 'Background' 등의 하위 명령어로 구성된다.

Layout Editor의 View 메뉴는 레이아웃 개체를 화면에 표시하거나 탐색하는 데 사용되는 다양한 명령어를 제공한다. 이 메뉴는 개체를 확대하거나 축소하는 'Zoom In'과 'Zoom Out', 특정 영역을 확대 표시하는 'Zoom To Area', Grid를 기준으로 확대하는 'Zoom To Grid', 선택된 개체를 기준으로 화면을 조정하는 'Zoom To Selected'와 같이 확대/축소와 관련된 명령어를 포함한다.

또한, 화면에 표시된 모든 개체를 한 화면에 표시하는 'Zoom To Fit All', 편집 중인 개체만을 기준으로 화면을 조정하는 'Zoom To Fit Edit', 동적 확대/축소를 지원하는 'Dynamic Zoom', 마우스로 이동할 수 있는 'Pan', 화면을 새로 고치는 'Redraw' 등의 명령어가 있다.

그 외에도, 특정 영역을 표시하는 'Area Display', Layout의 좌표를 표시하는 'Show Coordinates', 각도를 표시하는 'Show Angles', 선택된 개체를 강조 표시하는 'Show Selected Set', 화면 구성을 저장하거나 복원하는 'Save/Restore', 그리고
화면 배경을 설정하는 'Background' 등의 기능을 제공한다.

Zoom In

'View → Zoom In' 명령어 또는 단축키 <Ctrl>+<Z>를 사용하면 화면을 확대할
수 있다.

Zoom Out

'View → Zoom Out' 명령어 또는 단축키 <Shift>+<Z>를 사용하면 화면을 축소
하여 더 넓은 영역을 확인할 수 있다.

Zoom To Area

'View → Zoom To Area' 명령어 또는 단축키 'Z'를 사용하여 원하는 영역을 확대
할 수 있다. 단축키 'Z' 입력 후, 마우스 왼쪽 버튼으로 확대할 영역을 사각형으로 지
정하면 해당 영역이 화면에 확대된다. 마우스 오른쪽 버튼으로 영역을 지정해도 동
일하게 확대된다.

일반적으로 마우스 왼쪽 버튼으로 영역을 지정하면 지정된 영역 내의 개체들이 선
택되므로, 이 점에 유의해야 한다.

Zoom To Grid

'View → Zoom To Grid' 명령어 또는 단축키 <Ctrl>+<G>를 사용하면 선택된
레이아웃이 Grid가 보이는 수준에서 가장 작게 표시된다.

Zoom To Selected

'View → Zoom To Selected' 명령어 또는 단축키 <Ctrl>+<T>를 사용한 후, 마우스 왼쪽 버튼으로 사각형 영역을 지정하면 선택한 영역을 기준으로 화면이 표시된다.

Zoom To Fit All

'View → Zoom To Fit All' 명령어 또는 단축키 'F'를 사용하면 전체 레이아웃이 화면에 맞춰 표시된다.

Zoom To Fit Edit

'View → Zoom To Fit Edit' 명령어 또는 단축키 <Ctrl>+<X>를 사용하면 현재 편집 중인 셀이 화면 중심에 배치되어 표시된다.

Magnifier

'View → Magnifier' 명령어를 사용하면 마우스가 위치한 곳의 화면이 확대된다. 명령어를 해제하려면 'View → Magnifier'를 다시 선택하여 해제해야 하며, [ESC] 키로는 해제되지 않는다.

Dynamic Zoom

'View → Dynamic Zoom' 명령어를 사용하면 현재 편집 중인 셀을 중심으로 화면을 확대하거나 축소할 수 있다. 이 명령어는 선택이 기본 설정이다.

Pan

'View → Pan' 명령어 또는 단축키 [Tab]을 사용하면 마우스 왼쪽 버튼으로 클릭한 위치를 화면 중심으로 재배치할 수 있다.

Redraw

'View → Redraw' 명령어 또는 단축키 <Ctrl>+<R>를 사용하면 화면이 새로 고침(Refresh)된다.

Area Display

'View → Area Display'는 하위 명령어로 'Set', 'Delete', 'Delete All' 등이 있다. 이 중 Set 명령어를 사용하면 'Set Area View' 창이 나타난다. 이 창에서 'Layout Editor' 작업창에서 표시할 영역을 설정할 수 있다. 좌측 마우스로 Cell 내 원하는 영역을 지정하면, 지정된 영역이 현재 Level('From' 값)에서 'To' Level 값까지 Layer로 표시된다. 표시된 영역은 'Delete' 또는 'Delete All' 명령어를 사용해 되돌릴 수 있다.

[그림 7-83] 'Set Area View' 창

Show Coordinates

'View → Show Coordinates' 명령어를 사용하면 선택한 레이아웃 개체의 좌표를 화면에 표시할 수 있다. 개체를 먼저 마우스 왼쪽 버튼으로 선택한 후 명령어를 실행하거나, 명령어를 먼저 실행한 후 개체를 선택해도 동일하게 좌표가 표시된다.

Show Angles

'View → Show Angles' 명령어를 사용하면 선택한 레이아웃 개체의 각도 정보를 화면에 표시할 수 있다. 개체를 먼저 마우스 왼쪽 버튼으로 선택한 후 명령어를 실행하거나, 명령어를 먼저 실행한 후 개체를 선택해도 동일하게 각도 정보가 표시된다.

Show Selected Set

레이아웃 된 개체를 선택하고 'View → Show Selected Set' 명령어를 사용하면, 선택한 레이아웃 개체의 정보를 표시하는 'Show Selected Set' 창이 생성된다. 이 창에는 선택된 개체와 관련된 레이아웃 정보가 표시된다.

Save/Restore

'View → Save/Restore' 명령어는 현재 레이아웃 상태를 저장하거나, 나중에 필요할 때 불러올 수 있는 기능을 제공한다. 이 기능은 레이아웃 작업의 효율성을 높이기 위해 사용되며, 작업 중 이전 상태와 다음 상태로 쉽게 이동하거나 특정 상태를 저장하고 복원할 수 있도록 지원한다.

하위 메뉴에는 이전 상태의 레이아웃을 보여주는 'Previous View'('W'), 다음 상태의 레이아웃을 보여주는 'Next View'(<Shift>+<W>), 현재의 레이아웃을 저장하는 'Save View', 그리고 저장된 상태를 불러오는 'Restore View'가 있다

Background

'View → Background' 명령어를 사용하면 지정된 Library, Cell, 및 View를 Background로 설정할 수 있다. 이 설정을 통해 특정 셀 View를 작업의 참조 배경으로 활용할 수 있다.

7.6.6 Layout Editor의 Verify 메뉴

Virtuoso Layout Editor의 'Verify' 메뉴는 Diva Verification Tool을 기반으로, 레이아웃 결과물을 확인하는 기능을 제공한다. 하위 메뉴로는 'DRC', 'Extract', 'ERC', 'LVS', 'Short', 'Probe', 'Markers', 그리고 'Selection' 등이 있다. Virtuoso에서는 Verify 기능이 주로 'Assura' Verification Tool을 통해 수행된다.

7.6.7 Layout Editor의 Connectivity 메뉴

Virtuoso Layout Editor의 'Connectivity' 메뉴는 회로도와 레이아웃 간의 연결 정보를 변환하는 기능을 제공하여 자동화하는 데 중요한 역할을 하며 'Layout XL' 이상의 툴에서 원활한 기능이 수행된다.

7.6.8 Layout Editor의 Options 메뉴

'Options' 메뉴는 사용자의 'Layout Editor' 환경을 세부적으로 설정하고 작업 효율성을 높이기 위하여 Grid 설정과 Snap 옵션, 그리고 Display 설정과 같은 작업 환경 최적화 옵션을 제공한다.

하위 명령어로는 'Display', 'Editor', 'Selection', Magnifier', 'DRD Edit', 'Highlight', 'Dynamic Display' 등이 있다.

Display 명령어

'Options → Display' 메뉴 또는 단축키 'E'를 사용하면 'Display Options' 창([그림 5-5])가 활성화된다. 이 창에서는 레이아웃 화면의 표시 설정(Display Settings)을 관리할 수 있다. Layer의 색상, 선 스타일, 두께를 설정할 수 있으며, 배경 색상, 그리드(Grid), 마커(Marker)의 표시 여부와 스타일도 조정 가능하다. 또한 확대/축소 시

개체의 세부 정보 표시 수준을 조정할 수 있다. 변경한 환경 설정은 반드시 .cdsenv
파일에 저장해야 한다.

Editor 명령어

'Layout Editor'의 편집 환경(Editing Settings)을 설정하려면 'Options → Editor'
메뉴 또는 단축키 <Shift>+<E>를 사용하여 'Layout Editor Options' 창([그림 7-
84])을 활성화한다.

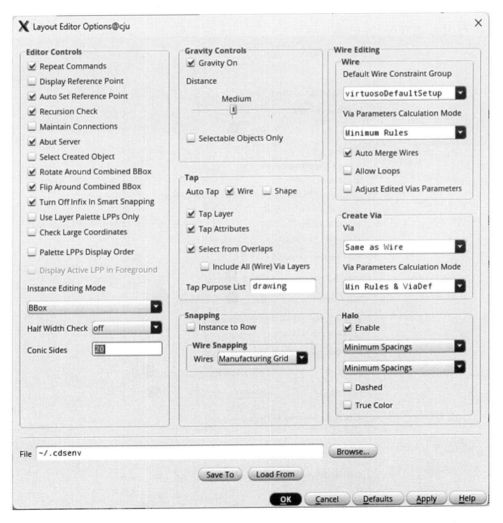

[그림 7-84] 'Layout Editor Options' 창

이 창에서는 편집 모드 제어, 그리드 스냅(Snap to Grid), Tap, Wire, Via 등 기본 개체 생성 옵션을 설정할 수 있다. 변경한 환경 설정은 반드시 .cdsenv 파일에 저장해야 한다.

Selection 명령어

'Selection' 명령어는 레이아웃 개체의 선택(Selection) 동작 방식을 설정하는 기능을 제공한다. 'Options → Selection' 메뉴를 사용하면 'Selection Option' 창([그림 7-85])이 활성화된다. 이 창에서 마우스 클릭으로 개체를 선택하거나 영역을 선택하는 방식을 설정할 수 있다.

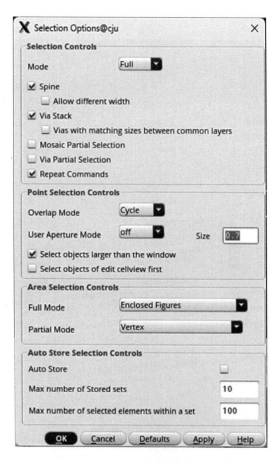

[그림 7-85] 'Selection Option' 창

Magnifier 명령어

'Magnifier' 명령어는 레이아웃 개체 확대 도구의 동작 방식을 설정하는 기능을 제공한다. 'Options → Magnifier' 메뉴를 사용하면 설정용 'Magnifier Option' 창 ([그림 7-86(a)])이 활성화된다.

이 창에서는 확대창(Magnifier Window)의 크기와 배율(Level of Magnification)을 설정하고, 확대창이 커서를 따라가는 동작 방식을 지정할 수 있다.

[그림 7-86(b)]는 'Magnifier Option' 창에서 설정한 대로 생성된 확대창을 통해 확대된 레이아웃을 보여준다. 확대창을 화면에 표시하려면 'View → Magnifier' 메뉴를 선택하여 활성화해야 한다.

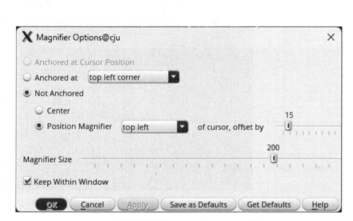

(a) 환경 설정용 'Magnifier Option' 창   (b) 확대창의 기능

[그림 7-86] 'Magnifier Option' 창과 기능

DRD Edit 명령어

Design Rule Driven(DRD) Edit 설정을 구성하는 명령어로, 'Options → DRD Edit' 메뉴를 사용하면 'DRD Option' 창([그림 7-87(a)])이 활성화된다.

이 창에서는 레이아웃 작업 중 실시간으로 DRC(Design Rule Check) 검사와 화면 표현을 위한 설정을 구성할 수 있으며, 해당 항목을 'Enable'로 활성화하면 [그림 7-87(b)]와 같이 결과를 화면에 표시하게 할 수 있다. Layout 창에서 METAL1의 최소 간격(min. spacing)이 0.23um로 표시됨을 알 수 있으며, 문제가 있는 경우 설계자는 이를 즉시 수정할 수 있다. 이러한 값은 PDK에 따라 다르다.

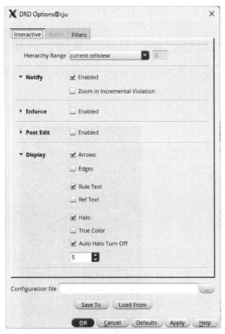

(a) 'DRD Option' 창   (b) 실시간 DRC 후 화면 표현

[그림 7-87] 'DRD Option' 창과 기능

Highlight 명령어

Options → Highlight' 메뉴를 선택하면 'Highlight Option' 창([그림 7-88])이 활성화된다. 이 창에서 레이아웃 작업 시 특정 개체나 영역을 강조 표시(Highlight)하는 방식을 설정할 수 있다. 이러한 설정에는 강조 표시 색상, 스타일(라인 두께, 투명도 등), 강조할 개체 유형(Layer, Net, Pin 등) 등이 있다.

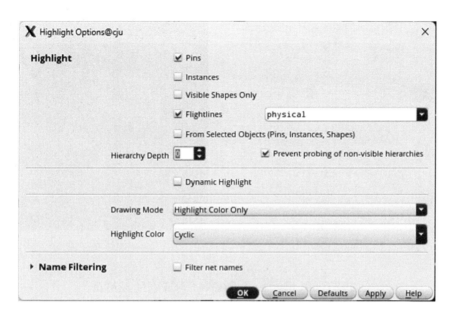

[그림 7-88] 'Highlight Option' 창

Dynamic Display 명령어

'Dynamic Display' 명령어는 확대나 축소, 화면 이동에 따라 개체의 표시 수준을 설정하는 기능을 제공한다. 이 기능을 사용하려면 'Options → Dynamic Display' 메뉴를 선택해 'Dynamic Display' 창([그림 7-89])을 활성화한다. 이 창에서 확대/축소 비율에 따라 개체의 세부 표시 수준(Level of Detail)을 조정하고, Dynamic Display 옵션('Show Info Balloon', 'Measurement Display On', 'Highlight Aligned Edges On')을 설정한다.

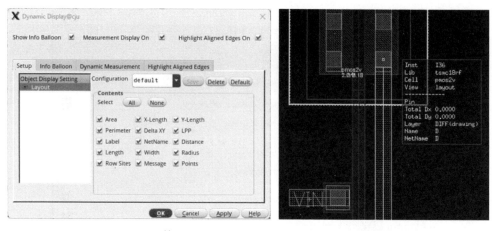

(a) 'Dynamic Display' 창   (b) 화면에 정보 표시

[그림 7-89] 'Dynamic Display' 창과 정보 표시 예

7.6.9 Layout Editor의 Tools 메뉴

Virtuoso Layout Editor의 'Tool' 메뉴는 레이아웃에서 개체를 찾고 대체하거나, 개체의 크기 및 거리를 측정하는 기능을 제공한다.

하위 명령어로는 'Find/Replace'(<Shift>+<S>), 'Area and Density Calculator', 'Create Measurement' (K), 'Clear All Measurement' (<Shift>+<K>), 'Clear All Measurement In Hierarchy' (<Ctrl>+<Shift>+<K>), 'Enter Points', 'Remaster Instances', 'Create Pins From Labels', 'TAP' (T), 'Export Label', 'Layer Generation', 'Technology Database Graph', 'Pad Opening Info', 'Express Pcell Manager', 'Cover Obstructions Manager' 등이 있다.

Find/Replace 명령어 또는 <Shift>+<S>

'Find/Replace' 명령어는 레이아웃에서 개체나 텍스트를 검색하고, 특정 문자열을 다른 값으로 대체할 수 있는 기능을 제공한다.

이를 위해, 'Tools → Find/Replace' 메뉴 또는 단축키 <Shift>+<S>를 사용해 'Find/Replace' 창([그림 7-90(a)])을 활성화한 뒤, 검색할 키워드를 입력한다. 'Find' 버튼을 클릭하면 레이아웃 개체의 이름(예: Pin 이름, 라벨 이름)이나 속성 값에서 일치하는 항목을 찾을 수 있다. 필요한 경우, Replace 옵션을 사용해 검색된 텍스트를 새로운 값으로 대체할 수 있다.

[그림 7-90(b)]는 설정을 통해 "VDD"를 검색한 결과를 보여준다. 여기서 'Zoom To Figures' 옵션이 활성화되어 검색된 항목이 확대 표시되며, 해당 텍스트의 색상이 변경된 것을 확인할 수 있다.

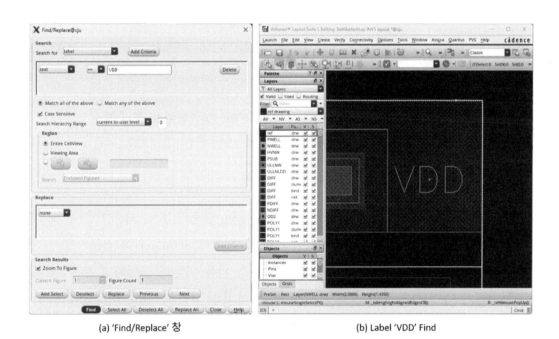

(a) 'Find/Replace' 창   (b) Label 'VDD' Find

[그림 7-90] 'Find/Replace' 창과 Label 'VDD' 찾기(Find) 예

Area and Density Calculator 명령어

'Area and Density Calculator' 명령어는 'Tools → Area and Density Calculator' 메뉴를 통해 실행되며, 지정된 영역의 면적과 밀도를 계산하여 결과를 새로운 창에

서 보여준다. 이 결과는 레이아웃에서 면적 분포를 분석하는 데 유용하다. [그림 7-91]은 'Area and Density Calculator' 창의 설정(METAL1의 Density 계산)과 예제 결과를 보여준다.

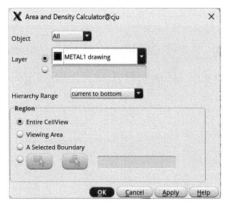

(a) 'Area and Density Calculator' 창   (b) METAL1/drawing Layer의 면적 및 Density

[그림 7-91] 'Area and Density Calculator' 창의 설정 및 결과 예

Create Measurement 명령어 또는 'K'

'Options → Create Measurement' 명령어 또는 단축키 'K'는 레이아웃 개체 간의 길이를 측정하는 기능을 제공한다. 단축키 'K'를 눌러 마우스 왼쪽 버튼으로 시작점을 선택하고, 측정하려는 위치에서 다시 마우스 왼쪽 버튼을 클릭하면 두 지점 사이의 거리가 측정된다. [F3] 키를 누르면 세부 설정을 위한 'Create Measurement' 창을 열 수 있다. 측정 결과는 [그림 5-16]와 같이 레이아웃 화면에 주석 형태로 표시된다. 명령어를 해제하려면 [ESC] 키를 누른다.

Clear All Measurement 명령어 또는 'Shift+K'

'Options → Clear All Measurement' 명령어 또는 단축키 <Shift>+<K>는 레이아웃 화면에 표시된 모든 측정 주석을 제거하는 기능을 제공한다.

Clear All Measurement In Hierarchy 명령어 또는 Ctrl+Shift+K

'Options → Clear All Measurement In Hierarchy' 명령어 또는 단축키 <Ctrl>+<Shift>+<K>는 계층 구조를 포함한 모든 하위 셀에 존재하는 레이아웃 측정 주석을 제거하는 기능을 제공한다.

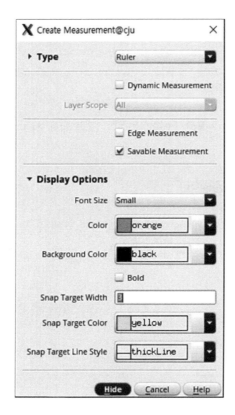

[그림 7-92] 'Create Measurement' 창

Enter Points 명령어 또는 <Shift>+<N>

'Tools → Enter Points' 메뉴 또는 단축키 <Shift>+<N>은 레이아웃에서 점 (Point)을 직접 입력하거나 경로(Path)를 정의할 수 있는 기능을 제공한다. 이 기능을 사용하려면 좌표를 적용할 Shape(예: 'Box, 'Path' 등)가 미리 선택되어 있어야 한다. 예를 들어, METAL1이 Layer로 선택되고, 'Rectangle' 모양의 'Shape'가 설정된 상태

에서 명령어로 'Enter Points' 창을 호출하여 (10 10, 20 20)의 좌표를 입력하면 (10um, 10um)와 (20um, 20um)의 위치에 METAL1사각형이 생성된다.

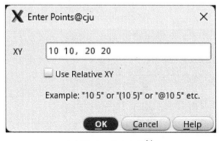

Format	Example	Description
X Y	2.5 1.3	One point (X, Y)
@X Y	@5.5 8.2	Relative point (dX, dY), relative to the last entered point
X1 Y1, X2 Y2	2 1, 5 6	Multiple points
X1 Y1, @X2 Y2	2 1, @5 6	Multiple points, the second point is relative to the first

(a) 'Enter Points' 창　　　　　　　　(b) 사용 형식

[그림 7-93] 'Enter Points' 창과 좌표 사용 형식

Remaster Instances 명령어

'Tools → Remaster Instances' 메뉴는 레이아웃에서 특정 Instance를 선택해 새 로운 마스터 Cell로 업데이트하거나 재정의할 수 있는 기능을 제공한다.

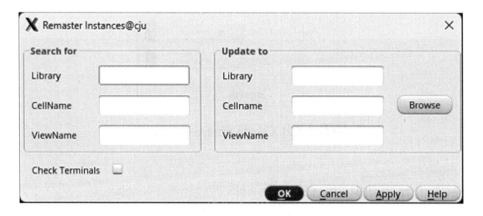

[그림 7-94] 'Enter Points' 창과 좌표 사용 형식

Create Pins From Labels 명령어

'Tools → Create Pins From Labels' 메뉴를 사용하면 레이아웃의 라벨(Label)을 기준으로 핀(Pin)을 생성할 수 있다. 라벨이 포함된 Layer를 선택하면 해당 라벨 위치에 핀이 자동으로 생성된다.

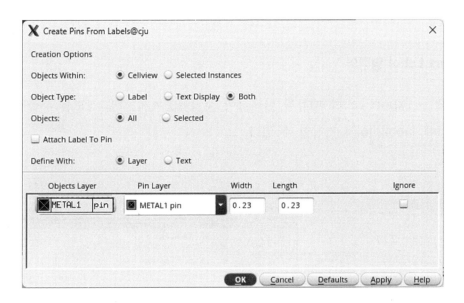

[그림 7-95] 'Create Pin From Labels' 창

Tap 명령어 또는 'T'

'Tools → Tap' 메뉴 또는 단축키 'T'를 사용하여 레이아웃의 특정 위치에 있는 Instance, Layer 등의 특성을 확인할 수 있다. 단축키 'T'를 누른 후, [F3] 키에 의해 'Tap' 창([그림 7-96(a)])을 생성하여 'Tap' 대상 개체를 설정할 수 있다.

[그림 7-96(b)]와 [그림 7-96(c)]는 설정에 의해 임의의 위치에서 획득한 정보 결과를 보여준다.

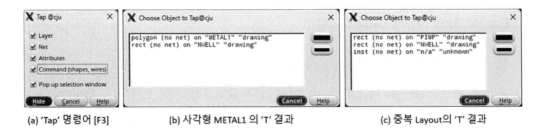

(a) 'Tap' 명령어 [F3]   (b) 사각형 METAL1 의 'T' 결과   (c) 중복 Layout의 'T' 결과

[그림 7-96] 'Tap' 창과 결과

Export Label 명령어

'Tools → Export Label' 메뉴를 선택하여 레이아웃에서 라벨 정보를 추출하여 외부 파일(예: labelInfo)로 저장할 수 있다.

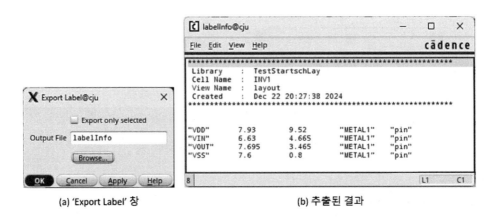

(a) 'Export Label' 창   (b) 추출된 결과

[그림 7-97] 'Tap' 창과 추출된 Label 결과

Layer Generation 명령어

'Tools → Layer Generation' 메뉴는 특정 Layer를 규칙(예: AND, AND NOT, OR, XOR 등)에 따라 조합해 새로운 Layer를 생성하는 기능을 제공한다.

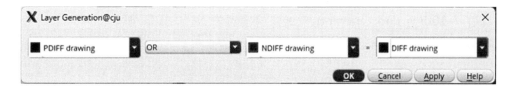

[그림 7-98] 새로운 Layer 생성

Technology Database Graph 명령어

'Tools → Technology Database' 메뉴를 사용하면 현재 사용 중인 Technology 데이터베이스의 구조와 연결 관계를 시각적인 그래프로 확인할 수 있다.

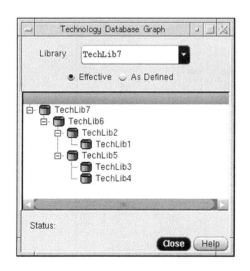 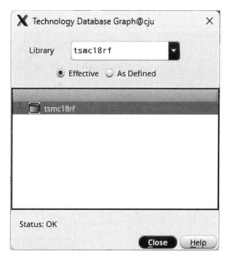

(a) 다양한 구조의 Technology File을 사용하는 경우　　(b) 한 개의 Technology File을 사용하는 경우

[그림 7-99] Technology 데이터베이스의 구조의 시각화

Pad Opening Info 명령어

'Tools → Pad Opening Info' 메뉴는 Pad의 Open 상태 정보를 확인하고 위치를 추출하는 기능을 제공한다.

[그림 7-100]은 Pad Opening 정보를 추출하기 위한 설정 예를 보여준다. 추출된 Pad Opening 정보는 Reporting 경로에 저장된다.

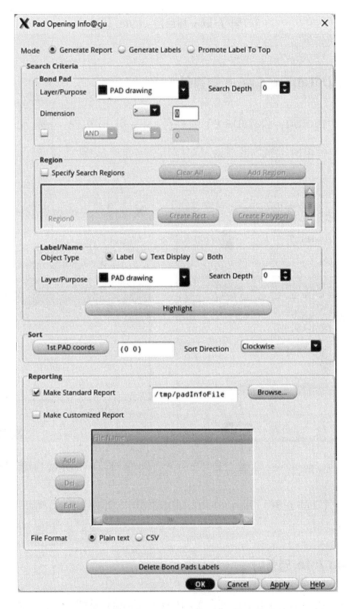

[그림 7-100] 'Pad Opening Info' 창 설정

Express Pcell Manager 명령어

'Tools → Express Pcell Manager' 메뉴는 생성된 Pcell(Parameterized Cell)의 속성을 빠르게 편집하고, 성능 최적화를 통해 처리 속도를 향상시키는 기능을 제공한다.

Cover Obstructions Manager 명령어

'Tools → Cover Obstructions Manager' 메뉴는 레이아웃 내 Cover Obstruction 개체를 관리하며, 불필요한 장애 요소를 제거하거나 정리하는 기능을 제공한다.

Cover Obstruction은 레이아웃 설계에서 특정 영역을 다른 개체나 Layer가 침범하지 않도록 정의된 장애(Obstruction) 영역으로, 주로 디자인 규칙을 준수하거나 Layer 간 간섭 방지를 의해 사용된다.

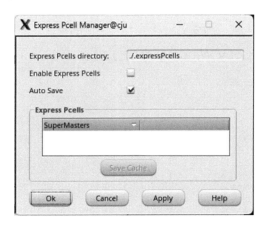

[그림 7-101] 'Express Pcell Manager' 창

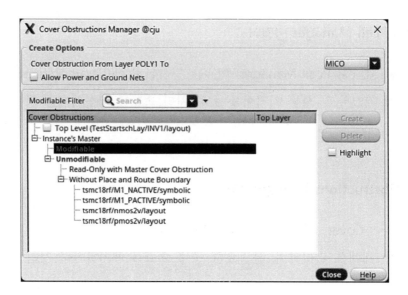

[그림 7-102] 'Cover Obstructions Manager' 창

7.6.10 Layout Editor의 Window 메뉴

Virtuoso Layout Editor의 'Window' 메뉴는 'Assistants', 'Toolbars', 'Workspace' 창을 관리하는 기능을 제공한다, 하위 메뉴로는 'Assistants, 'Toolbars', 'Workspaces', 'Tabs', 'Copy Window' 등이 있다.

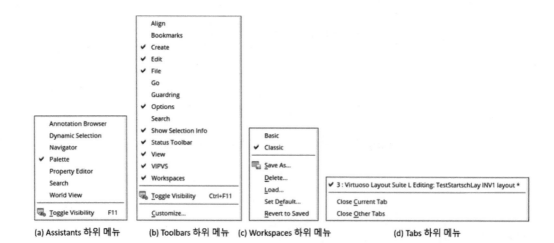

(a) Assistants 하위 메뉴   (b) Toolbars 하위 메뉴   (c) Workspaces 하위 메뉴   (d) Tabs 하위 메뉴

[그림 7-103] Virtuoso Layout Editor의 'Window' 하위 메뉴

Assistants

'Window → Assistants' 메뉴를 사용하면 레이아웃 작업에 도움을 주는 다양한 보조 창(Assistant)을 활성화하거나 비활성화할 수 있다.

Toolbars

'Window → Toolbars' 메뉴를 통해 'Standard Toolbar', 'Edit Toolbar', 'Zoom Toolbar' 등 레이아웃 작업에 필요한 다양한 툴바를 활성화하거나 비활성화할 수 있다.

Workspaces

'Window → Workspaces' 메뉴는 작업 환경(Workspace)을 저장하거나 불러오는 기능을 제공한다.

Tabs

'Window → Tabs' 메뉴를 이용하여 'Layout Editor'의 탭 구성(Enable/Disable, 탭 간 전환 등)을 관리할 수 있다.

Copy Window

'Window → Copy Window' 메뉴를 통해 현재 작업 중인 창과 동일한 상태의 새로운 창을 생성할 수 있다.

7.6.11 Layout Editor의 Assura 메뉴

레이아웃에서는 DRC, LVS, Post-Layout 시뮬레이션 등의 과정을 통해 검증을 진행한다.

- **DRC(Design Rule Check)**: 레이아웃된 결과물이 공정 규칙(PDK의 Design Rule)을 준수하는지 확인하는 과정이다.

- **LVS(Layout versus Schematic)**: 레이아웃 결과물이 설계된 회로와 일치하는지를 확인하는 과정이다.

이러한 검증 작업을 지원하는 설계 툴이 'Assura'이다. 'Assura' 설계 툴의 하위 명령어는 'Open Run', 'Open Cell', 'Technology', 'Rule sets', 'Setup', 'Run DRC', 'Run altPSM', 'Run LVS', 'Run ERC', 'Open ELW', 'Open VLW', 'LVS Debug Env', 'Open Schematic Cell', 'LVS Error Report', 'Probing', 'Short Locator', 'ERC Browser', 'Run Quanus', 'Close Run', 'Quantus SND Analysis' 등이 있다.

Open Run 명령어

'Assura → Open Run' 메뉴는 이전에 실행한 'Assura' 검증(예: DRC 또는 LVS) 결과를 다시 열어 확인할 수 있는 기능을 제공한다.

[그림 7-104] 'Open Run' 창

Open Cell 명령어

'Assura → Open Cell' 메뉴는 'Assura' 검증에 사용할 Cell을 선택하여 열 수 있는
기능을 제공한다. 검증이 완료된 후, 'Enable' 상태가 된다.

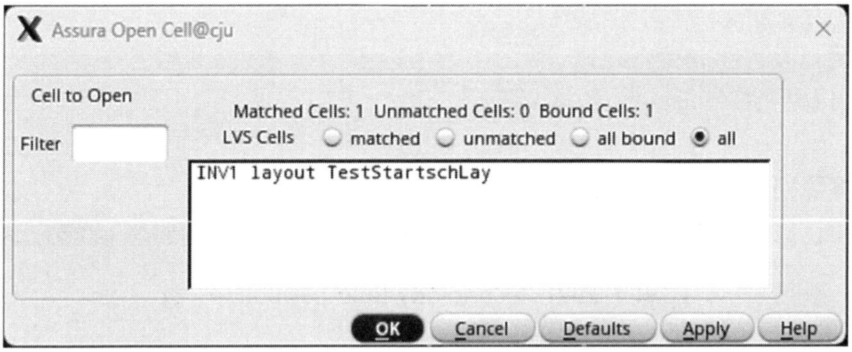

[그림 7-105] 'Open Cell' 창

Technology 명령어

'Assura → Technology' 메뉴는 현재 레이아웃의 Technology File을 관리하거나
선택할 수 있는 기능을 제공한다.

[그림 7-106] 'Assura Technology Lib Open Cell' 창

Rule Sets 명령어

'Assura → Rule Set' 메뉴는 'Assura'에서 사용하는 Technology File내 Rule
Set(검증 규칙 파일)을 설정하는 기능을 제공한다.

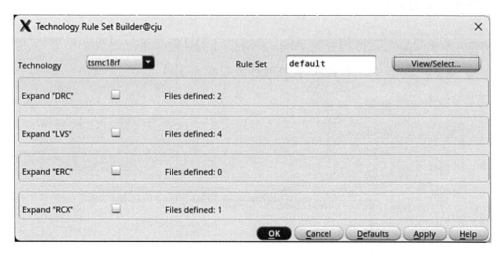

[그림 7-107] 'Technology Rule Set Builder' 창

Setup 명령어

'Assura → Setup' 메뉴는 'Assura' 검증 실행 전에 DRC, LVS, ERC, RCX 환경을 설정하는 기능을 제공한다.

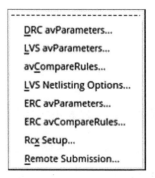

[그림 7-108] 'Assura → Setup' 명령어의 하위 메뉴

Run DRC 명령어

'Assura → Run DRC' 메뉴는 [그림 6-5]와 같이 'Run Assura DRC' 창을 열어 Design Rule Check(DRC)를 위한 각종 환경을 설정하고 실행하여 레이아웃이 공정 설계 규칙을 준수하는지 검사한다.

검증은 설정된 항목(Library, Cell, View, 실행 파일, Directory, Technology, Rule Set)을 기반으로 수행되며, 결과는 DRC 규칙 위반 영역을 하이라이트로 표시한다.

DRC 실행 과정은 6.1.3절을 참고한다.

Run altPSM 명령어

'Assura → Run altPSM' 메뉴는 Alternating Phase Shift Mask(altPSM) 기술을 적용한 레이아웃을 분석하여 Mask 규칙 위반 여부를 확인하는 기능을 제공한다.

Run LVS 명령어

'Assura → Run LVS' 메뉴는 [그림 6-12]와 같이 'Run Assura LVS' 창을 열어 LVS(Layout Versus Schematic) 검증을 위한 각종 환경을 설정하고 실행하는 기능을 제공한다. 이를 통해 Layout과 Schematic이 일치하는지 확인할 수 있다. LVS 실행 과정은 6.2.1절을 참고한다.

Run ERC 명령어

'Assura → Run ERC' 메뉴는 'Run Assura ERC' 창에서 환경을 설정하고 ERC (Electrical Rule Check)를 실행하여, 전원 및 접지 연결, Short, Floating Net 등과 같은 전기적 연결 오류를 확인할 수 있는 기능을 제공한다. [그림7-108]은 초기 설정 상태의 'Run Assura ERC' 창을 보여준다.

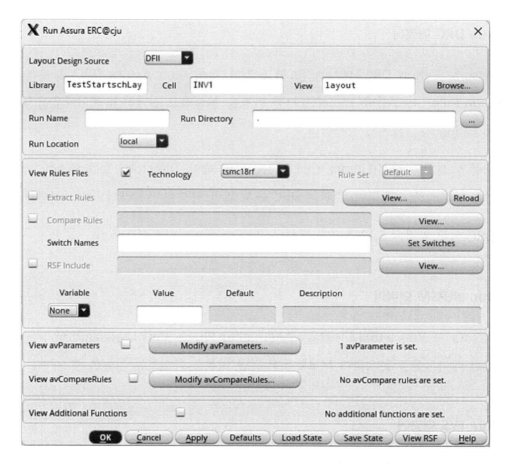

[그림 7-109] 'Run Assura ERC' 창의 초기 설정

Open ELW 명령어

'Assura → Open ELW' 메뉴는 [그림 6-10]처럼 ELW(Error Layer Window)를 열어 DRC 결과를 시각적으로 표시하는 기능이다.

Open VLW 명령어

'Assura → Open VLW' 메뉴는 View Layer Window(VLW)를 열어 Assura Layout 창에서 Layer 데이터를 표시하거나 제어하는 데 사용된다.

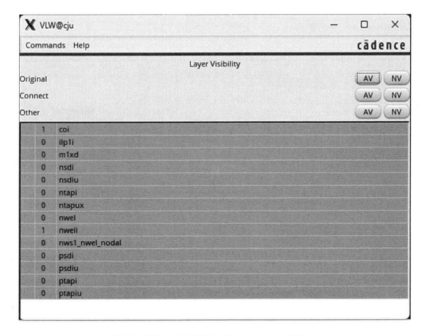

[그림 7-110] 전형적인 View Layer Window

LVS Debug Env 명령어

'Assura → LVS Debug Env' 메뉴는 [그림 6-15]와 같이 'LVS Debug' 창을 열어 LVS 불일치 항목을 디버깅하기 위한 환경을 제공한다. 이를 통해, 불일치 Net 또는 Pin과 관련된 원인을 분석할 수 있다.

Open Schematic Cell 명령어

'Assura → Open Schematic Cell' 메뉴는 LVS 검증에 사용된 Schematic Cell을 'Schematic Editor' 창에서 열도록 한다.

LVS Error Report 명령어

'Assura → LVS Error Report' 메뉴는 LVS 검증의 불일치 항목을 보고서 형태로 제공하여 세부 정보를 쉽게 확인할 수 있게 하는 기능이다.

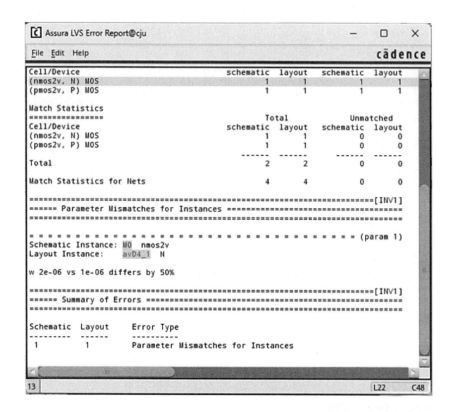

[그림 7-111] 'LVS Error Report' 창

Probing 명령어

'Assura → Probing' 메뉴는 Layout과 Netlist의 특정 영역을 선택하여, 신호 경로를 시각적으로 확인할 수 있는 기능이다. [그림 7-112(a)]에서 'Assura Probing' 속성(Net, Devices 등)을 선택한 후, Probing하고자 하는 이름(Lay Name 또는 Sch Name)을 명시하고 'Add Probe' 버튼을 클릭하면 'Layout Editor' 창의 Layout과 'Schematic Editor' 창의 Schematic에서 해당 이름으로 정의된 위치가 분홍색 박스로 강조된다. 그림에서는 VIN Net를 Probing하여, 회로도와 레이아웃에서 VIN Node가 강조된 예를 보여준다.

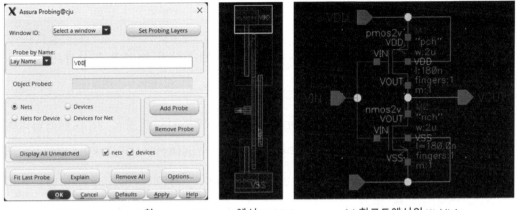

(a) 'Assura Probing' 창   (b) Layout에서 Highlight   (c) 회로도에서의 Highlight

[그림 7-112] 'Assura Probing' 창과 VIN Net 선택 예

Short Locator 명령어

'Assura → Short Locator' 메뉴는 LVS 검증 작업이 열려 있는 상태에서 활성화되는 도구로 Net 간의 Short(단락) 가능성을 탐색하는데 사용된다.

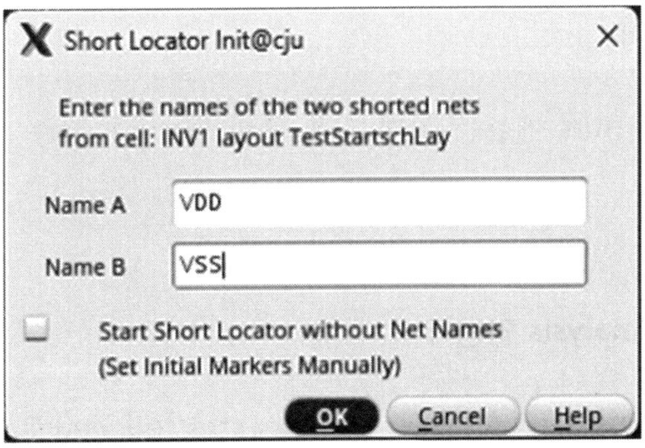

[그림 7-113] 'Short Locate Init' 창

Run Quantus 명령어

'Assura → Run Quantus' 메뉴는 R, C성분을 추출하여 전기적 특성과 연결성을 확인하는 기능이다.

실행을 위해, [그림 7-114]의 'Quantus (Assura) Interface' 창을 열고, 디렉터리와 이름을 지정한 뒤 'OK' 버튼을 누른다. 이후 'Quantus(Assura) Parasitic Extraction Run Form' 창([그림 7-115])이 생성되며, 'Setup', 'Extraction', 'Netlisting', 'Run Details', 'Substrate' 탭을 설정한다. 'OK' 버튼을 누르면 'Quantus'가 실행된다.

[그림 7-114] 'Quantus(Assura) Interface' 창

Close Run 명령어

'Assura → Close Run' 메뉴는 현재 실행 중인 'Assura' 검증 작업을 종료하는 기능을 제공한다.

Quantus SND Analysis 명령어

'Assura → Quantus SND Analysis' 메뉴는 extracted view로부터 Quantus SND 분석을 실행하여 신호 타이밍 및 연결 상태 등 신호 무결성(Signal Integrity)을 확인하는 기능을 제공한다. 이 메뉴는 주로 고속 신호 설계 검증에서 활용된다.

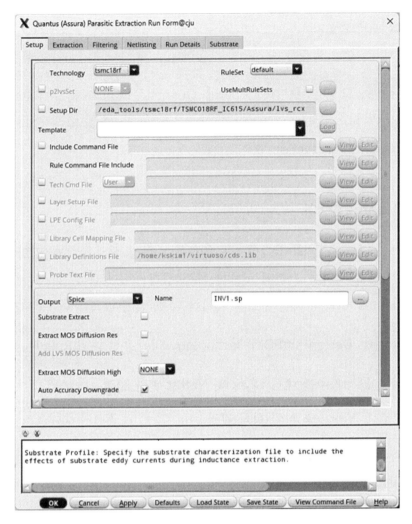

[그림 7-115] Quantus(Assura) 'Parasitic Extraction Run Form' 창

7.6.12 Layout Editor의 Quantus 메뉴

Post-Layout Simulation은 레이아웃 설계 완료 후, 회로의 실제 동작과 특성을 검
증하기 위해 수행되는 중요한 단계이다. 이 과정은 레이아웃에서 발생하는 저항
(Resistance) 값과 커패시턴스(Capacitance) 값을 추출하고, 이를 회로에 반영한 뒤
시뮬레이션을 통해 설계 결과를 판단한다.

'Quantus'는 Post-Layout Simulation을 지원하기 위해, 레이아웃 기반의 기생 저항과 커패시턴스 값을 추출하는 기능을 제공한다.

'Quantus' 메뉴의 하위 명령어로 'Setup Quantus', 'Run Assura-Quantus', 'Run PVS-Quantus', 'Run Calibre-Quantus', 'Run Voltus_Fi-Quantus', 'Quantus SND Analysis', 'Quantus Reduction' 등이 있다.

Setup Quantus 명령어

'Quantus → Setup Quantus' 메뉴는 Quantus 환경 설정을 위한 명령어로, 기생 소자 추출 작업을 시작하기 전에 필요한 모든 설정을 구성한다. 이 메뉴는 'Assura → Run Quantus' 창과 유사한 구조를 가지며, 주요 설정 항목은 다음과 같다.

- Process Design Kit(PDK), Technology File, 규칙 파일(Rule File) 선택

- 레이아웃 내 추출 대상 Layer 및 Netlist 관련 설정.

- 경로 설정과 출력 파일 형식 지정

하위 메뉴로는 'Setup', 'Extraction', 'Filtering Options', 'Netlisting Options', 'Run Details', 'Substrate' 등이 있다.

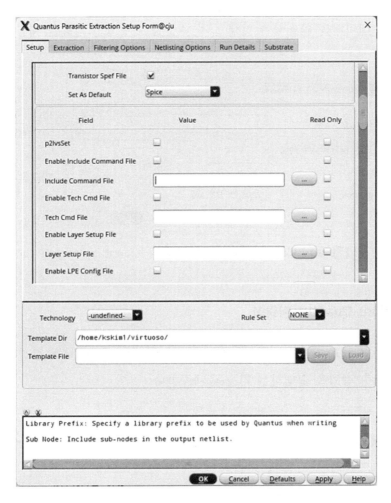

[그림 7-116] Setup Quantus 메뉴에 의한 'Quantus Parasitic Extraction Setup Form' 창

Run Assura-Quantus 명령어

'Quantus → Run Assura-Quantus' 메뉴는 Assura DRC 및 LVS 결과를 기반으로 Quantus 기생 소자 추출을 수행하기 위한 인터페이스 기능을 제공한다. 이 메뉴는 [그림 7-114] 'Quantus(Assura) Interface' 창과 동일한 메뉴 구성을 가진다.

Run PVS-Quantus 명령어

'Quantus → Run PVS-Quantus' 메뉴는 PVS(Physical Verification System)기반의

DRC 및 LVS 데이터를 활용하여 기생 소자 추출을 수행하는 기능을 제공한다.

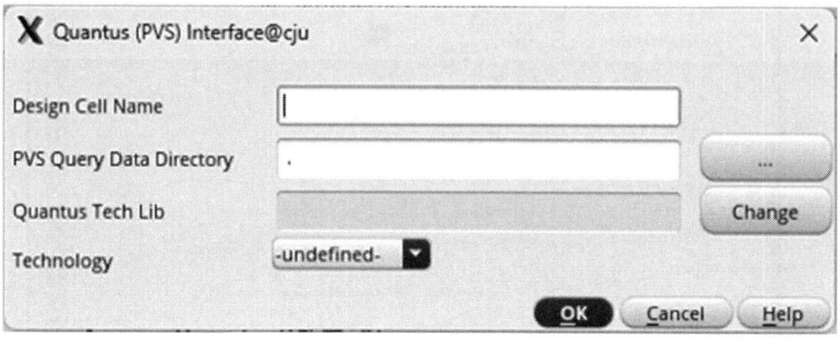

[그림 7-117] 'Run PVS-Quantus' 메뉴에 의한 'Quantus PVS Interface' 창

Run Calibre-Quantus 명령어

'Quantus → Run Calibre-Quantus' 메뉴는 Calibre DRC/LVS 결과와 연계하여 기생 소자 추출 작업을 수행하는 기능을 제공한다.

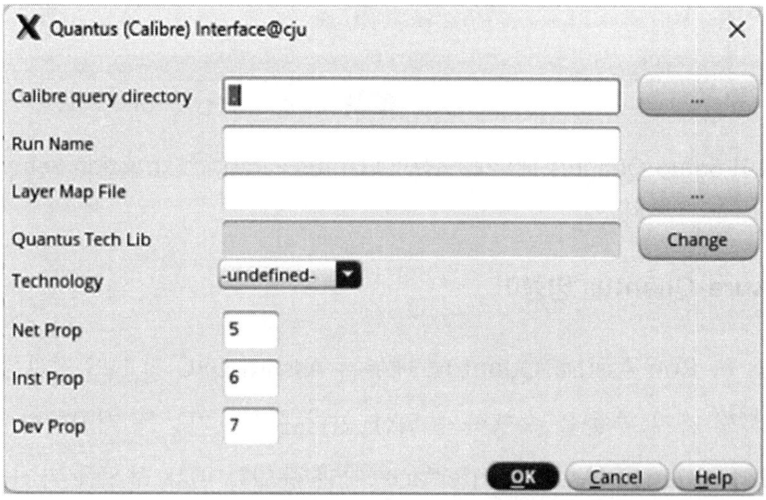

[그림 7-118] 'Run Calibre-Quantus' 메뉴에 의한 'Quantus Calibre Interface' 창

Run Voltus-Fi-Quantus 명령어

'Quantus → Run Voltus-Fi-Quantus' 메뉴는 Voltus-Fi(Voltus Fine-grained Analysis)의 전력 분석 결과를 기반으로 기생 소자를 추출하는 기능을 제공한다. 이 기능은 전력 소모, IR Drop, 전압 강하 등의 전력 분석에 활용된다.

Quantus SND Analysis 명령어

'Quantus → Quantus SND Analysis' 메뉴는 extracted view로부터 Quantus SND 분석을 실행하여 신호 타이밍 및 연결 상태 등 신호 무결성(Signal Integrity)을 확인하는 기능을 제공한다. 이 메뉴는 주로 고속 신호 설계 검증에 활용된다.

Quantus Reduction 명령어

'Quantus → Quantus Reduction' 메뉴는 Quantus에서 추출된 기생 소자 데이터의 크기를 줄여 RC 모델을 간소화하여 시뮬레이션 속도를 개선하는 기능을 제공한다.

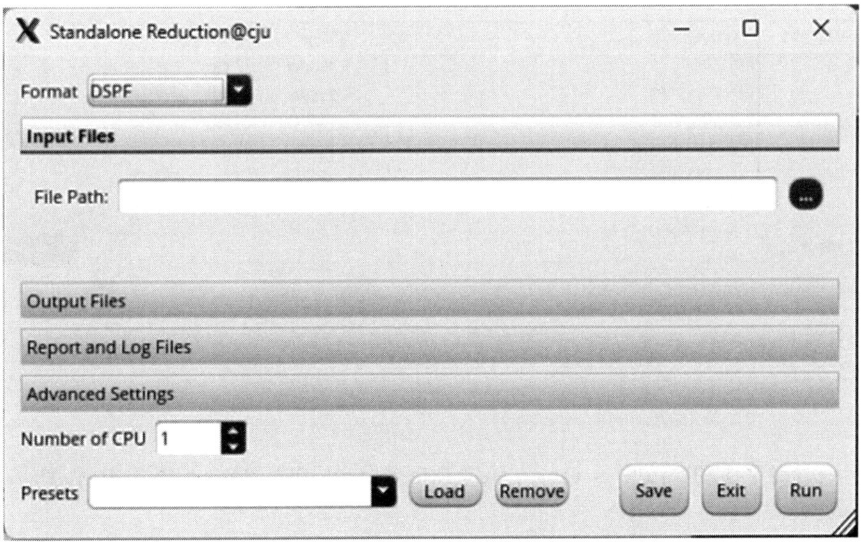

[그림 7-119] 'Run Quantus Reduction' 메뉴에 의한 'Standalone Reduction' 창

7.6.13 Layout Editor의 PVS 메뉴

PVS(Cadence Physical Verification System)는 45nm 이하의 고급 기술에서 'Assura' 및 'Quantus'를 대체하여 적용되는 검증 툴이다. 이 툴은 레이아웃 설계 검증을 수행하고, 결과를 분석하는 데 사용된다.

하위 명령어에는 'Open PVS Run', 'Recent Runs', Run DRC, 'Run ERC', 'Run PERC', 'RUN LVS', 'RUN SVS', 'RUN XOR', 'RUN FastXOR', 'Build Netlist', 'Device Signatures', 'Layer Viewer' 등이 있다.

Open PVS Run 명령어

'PVS → Open PVS Run' 메뉴는 이전에 실행된 PVS 검증 결과(예: DRC, LVS, ERC 등)를 다시 열어 확인할 수 있는 기능을 제공한다. 메뉴를 선택하면 기존 결과를 열수 있는 파일 목록이 [그림 7-120]처럼 나타난다.

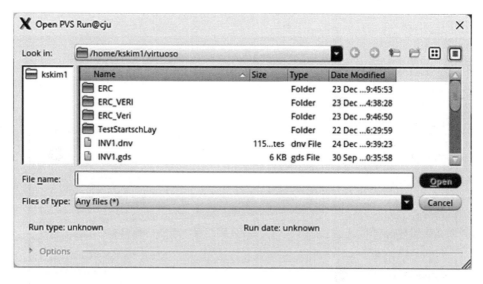

[그림 7-120] 'PVS → Open PVS Run' 메뉴에 의한 'Open PVS Run' 창

Recent Runs 명령어

'PVS → Recent Runs' 메뉴는 최근에 실행된 검증 작업에 대한 정보를 조회하고, 빠르게 접근할 수 있도록 지원한다.

Run DRC 명령어

'PVS → Run DRC' 메뉴는 Design Rule Check(DRC)를 실행하여 레이아웃이 Technology File에서 정의된 설계 규칙을 준수하는지 검사한다. 설계 규칙 위반 항목은 하이라이트로 표시되어 쉽게 확인할 수 있다. 또한, [그림 7-121]의 창에서 DRC 실행을 위한 다양한 설정을 구성할 수 있다.

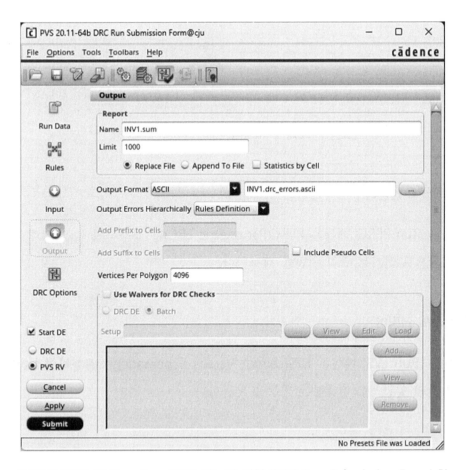

[그림 7-121] 'PVS → Run DRC' 메뉴에 의한 'DRC Run Submission Form' 창

Run ERC 명령어

'PVS → Run ERC' 메뉴는 ERC(Electrical Rule Check)를 실행하여, 전원, 접지, Short, Floating Net 등 전기적 연결 오류를 확인하는 기능을 제공한다.

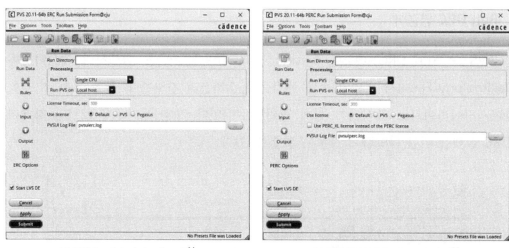

(a) 'ERC Run Submission Form' 창   (b) 'PERC RUN Submission Form' 창

[그림 7-122] 'Run ERC' 창과 'Run PERC' 창

Run PERC 명령어

'PVS → Run PERC' 메뉴는 PERC(Parametric ERC)를 실행하여 특정 설계 파라미터를 기반으로 전기적 규칙 위반을 검사한다.

Run LVS 명령어

'PVS → Run LVS' 메뉴는 LVS(Layout Versus Schematic)를 실행하여 Layout과 Netlist 간의 일관성을 검증하는 기능을 제공한다.

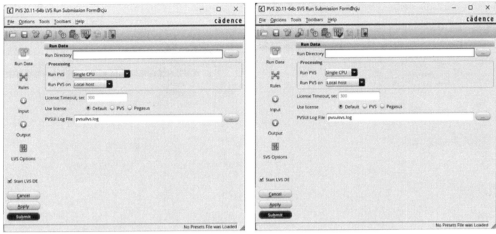

(a) 'LVS Run Submission Form' 창　　　(b) 'SVS RUN Submission Form' 창

[그림 7-123] Run LVS' 창과 'Run SVS' 창

Run SVS 명령어

'PVS → Run SVS' 메뉴는LVS와 유사한 방법으로 SVS(Schematic Versus Schematic)을 실행하는 기능을 제공한다.

Run XOR 명령어

'PVS → Run XOR' 메뉴는 두 개의 레이아웃 데이터를 비교하여 차이점을 확인하는 기능을 제공한다[그림 7-124(a)].

Run FastXOR 명령어

'PVS → Run FastXOR' 메뉴는 'Run XOR'과 동일한 기능을 제공하지만, 빠른 검증을 위해 최적화된 방식으로 실행된다[그림 7-124(b)].

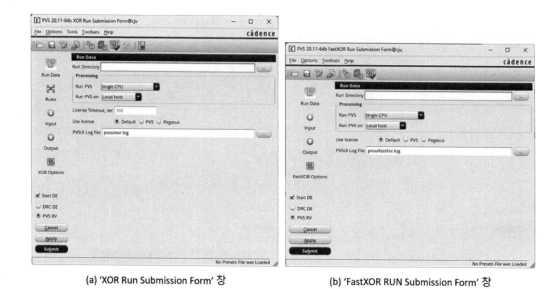

(a) 'XOR Run Submission Form' 창   (b) 'FastXOR RUN Submission Form' 창

[그림 7-124] 'PVS → Open PVS Run' 메뉴에 의한 'Open PVS Run' 창

Build Netlist 명령어

'PVS → Build Netlist' 메뉴는 PVS Build Netlist Form([그림 7-125]) 창을 생성하여, 레이아웃 데이터를 기반으로 Netlist(cdl Net)를 생성하는 기능을 제공한다. 이 과정에서 기생 소자를 포함한 Netlist가 생성된다.

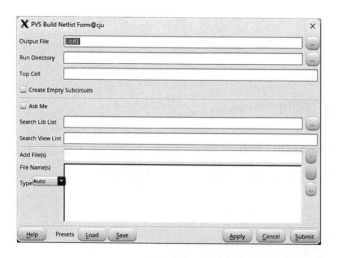

[그림 7-125] 'PVS → Build Netlist' 메뉴에 의한 'Build Netlist Form' 창

Device Signatures 명령어

'PVS → Device Signatures' 메뉴는 레이아웃 내 디바이스 주변의 기하학적 데이터를 기반으로 디바이스를 식별할 수 있게 한다[그림 7-126)].

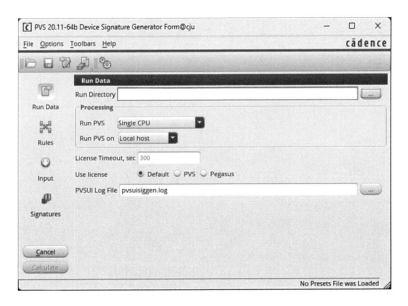

[그림 **7-126**] 'Device Signature Generator Form' 창

Layer Viewer 명령어

'PVS → Layer Viewer' 메뉴는 레이아웃의 Layer 정보를 시각적으로 확인할 수 있는 Viewer를 제공한다. 이 Viewer를 사용하면 Layer별 활성화 또는 비활성화를 설정하여 필요한 데이터만 선택적으로 표시할 수 있다[그림 7-127].

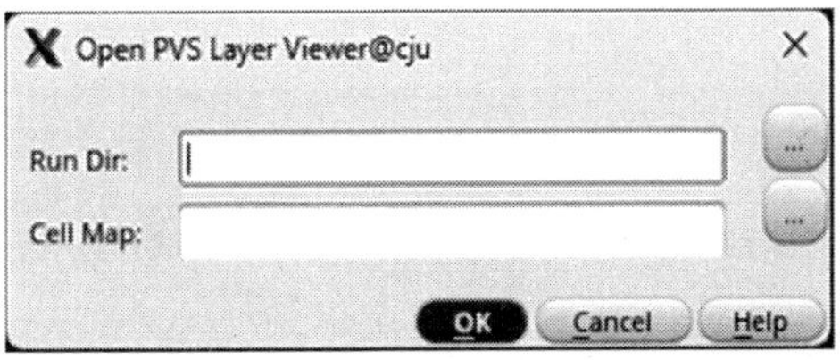

[그림 **7-127**] 'PVS → Layer Viewer' 메뉴 창

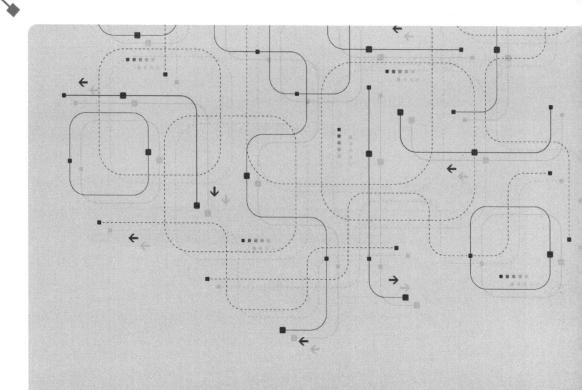

본 장에서는 반도체 공정에서 사용되는 Layer를 활용한 MOSFET Cell의 레이아웃
설계 방법과 단면 구조를 다루며, 이를 통해 레이아웃과 공정 간의 연관성을 이해한다.

08

MOSFET
Cell Layout과
단면구조

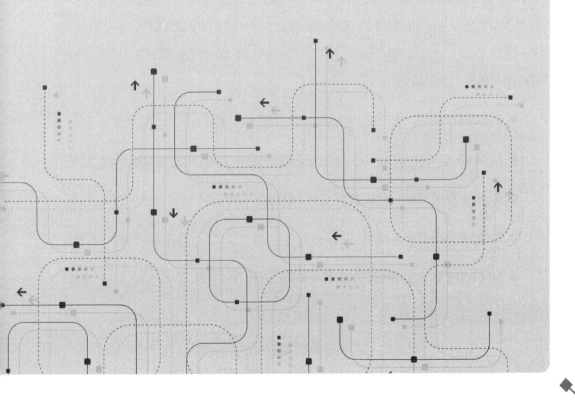

8.1 N-Well 구조와 CMOS

기본적인 N-Well 공정에서의 CMOS 구조는 [그림 8-1]에 나타나 있다. 이 구조에서 실리콘 Substrate는 N-Well과 P-Substrate영역으로 구분된다. Twin Well(트윈웰) 공정인 경우, P-Substrate에 P-Well공정이 추가된다.

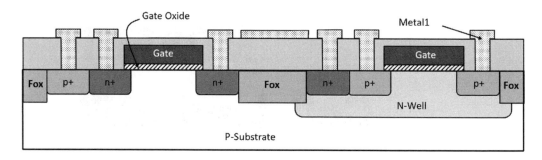

[그림 8-1] N-Well CMOS 공정

N-Well 및 P-Substrate 영역은 Active와 Field Oxide 영역으로 구분된다. 일반적으로 N-Well 영역에는 PMOSFET, P-Substrate 영역에는 NMOSFET가 형성되며, 각 MOSFET의 Body 전압을 일정하게 유지하기 위해 N-Well에는 NTAP, P-Substrate 영역에는 PTAP이 추가된다.

- **P-Substrate 영역**: P형 실리콘으로 이루어진 기판

- **N-Well 영역**: P형 실리콘 기판에 N형 이온을 주입하여 형성된 N형 영역

- **Active 영역**: Diffusion 또는 Gate Oxide가 형성된 영역

- **Field Oxide(Fox) 영역**: Active 이외의 영역으로, 소자를 분리하는 영역

- **NMOSFET**: P형 Body위에 N+ Diffusion 두 개와 Gate Oxide로 형성된 구조

- **PMOSFET**: N형 Body위에 P+ Diffusion 두 개와 Gate Oxide로 형성된 구조

- **NTAP**: 가장 높은 전위인 VDD에 연결되는 NWELL에 형성된 Contact

- **PTAP**: 가장 낮은 전위인 GND에 연결되는 P-Substrate에 형성된 Contact

8.2 NMOSFET 구조

P형 Body위에 형성되는 NMOSFET은 Active 영역, Gate Oxide, 두 개의 N⁺ Diffusion, PTAP으로 구성된다. [그림 8-2]는 전형적인 NMOSFET의 PDK 심벌과 단면도를 나타낸다. 단면도는 NMOSFET을 구성하는 반도체 공정의 구조를 시각적으로 보여준다.

PDK 심벌에서는 W, L, fingers, m 값이 설계자가 설정할 수 있는 주요 파라미터로 제공된다.

PTAP은 [그림 7-47]에서와 같이 다양한 구조로 형성될 수 있다. 본 절에서는 편의상 Butted 구조의 PTAP을 고려하며, 이는 [그림 5-30]의 bodytie_typeL과 Integrated 옵션을 기반으로 레이아웃 할 수 있다.

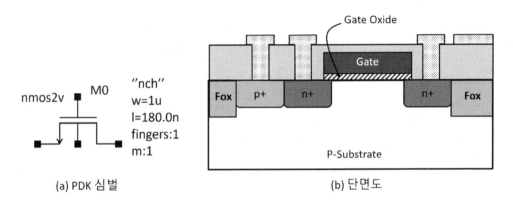

[그림 8-2] NMOSFET의 PDK 심벌과 단면도

MOSFET Layout은 PDK를 기반으로, 해당 MOSFET 공정과 Layer를 기반으로 설계된다. 본 절에서는 tsmc18rF NMOSFET의 Pcell을 Flatten('Edit → Hierarchy → Flatten')하여 Layer를 추출하고, 이를 이용해 NMOSFET Layout을 설계한다. [그림 8-3]은 NMOSFET Pcell과 Flatten 과정을 통해 추출된 Layer를 보여준다.

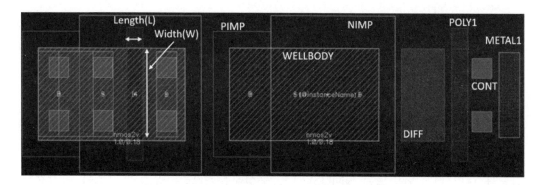

[그림 8-3] NMOSFET Pcell과 Flatten Layer

NMOSFET 단면도와 추출된 Layer를 비교하면, 각 Layer가 담당하는 역할과 연관성을 명확히 이해할 수 있다.

[표 8-1] NMOSFET 단면도와 Layer 비교

단면도	Layer	비고
Active	DIFF	Active 영역 정의
p⁺	PIMP	Active 영역을 Overlap하는 p^+ Implant 영역 정의
n⁺	NIMP	Active 영역을 Overlap하는 n^+ Implant 영역 정의
Gate	POLY1	n^+ Implant를 Blocking하며 Gate Oxide 영역을 정의
Contact	CONT	Silicon과 Metal1과의 연결 공정
Metal1	METAL1	Metal 공정 중 최하위 층의 Metal
P-Substrate	WELLBODY	P-Substrate위 NMOSF의 Vt를 조절하는 Well (차이가 있음)
FOX	NOT(DIFF)	Field Oxide 영역

[표 8-1]의 Layer를 활용하여 NMOSFET을 레이아웃한다. 각 Layer의 최소 크기, 폭, Layer 간의 간격, 다른 Layer와의 Overlap 등은 PDK 또는 [표8-2]를 참조하여 [그림 8-4]와 같이 NMOS1 Cell을 레이아웃 설계한다.

● NMOSFET의 Source, Drain, Gate를 형성하는 Active Layer는 분리하지 않고 하나의 사각형으로 레이아웃한다.

● Source와 Drain 영역을 형성하는 NIMP Layer도 하나의 사각형으로 설계한다. 이렇게 설계하더라도 Gate Poly가 n+ Implant의 Silicon 영역 침투를 방지하여 Gate 아래의 실리콘은 P형 상태를 유지한다.

● Implant 영역은 일반적으로 Active Layer보다 크게 설계하여 공정 변동이 발생하더라도 MOSFET이 안정적으로 동작할 수 있도록 한다.

● Gate Poly의 CONT(POLY1과 METAL1 연결)은 필요한 경우 FOX(Field Oxide) 영역에 형성한다.

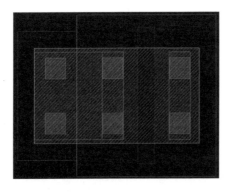

[그림 8-4] Layer 구조를 활용한 NMOSFET Layout(NMOS1, 1um/0.18um)

[표 8-2] NMOSFET과 PMOSFET 관련 Design Rule

Layer1f	Layer2	Design Rule	설명
Poly1		0.18um	Minimum Poly1 Length
Poly1	DIFF(Active)	0.22um	Poly1 Extended to DIFF(Active)
Poly1	CONT	0.16um	Space between Poly1 and Contact
DIFF	CONT	0.1um	DIFF(Active) Overlap to CONT
CONT		0.22umx0.22um	Minimum CONT Size
CONT	CONT	0.1um	Contact to Contact Space
METAL1	CONT	0.005um	METAL1 Overlap to CONT
METAL1	CO Region	0.06um	CO (Connectivity) Region의 End line 연장
METAL1		0.23um	Minimum METAL1 Length
METAL1	METAL1	0.23um	METAL1 to METAL1 Space
NIMP	DIFF(Active)	0.18um	n+ Implant Overlap to Active
PIMP	DIFF(Active)	0.18um	p+ Implant Overlap to Active
WELLBODY	DIFF(Active)	0	WELLBODY Overlap to DIFF(Active)
NWELL	DIFF(Active)	0.43	NWELL Overlap to DIFF(Active)

8.3 PMOSFET 구조

P형 Silicon Substrate의 N-Well에 형성되는 PMOSFET은 Active 영역, Gate Oxide, 두 개의 P+ Diffusion, NTAP으로 구성된다. [그림 8-5]는 전형적인 PMOSFET의 PDK 심벌과 단면도를 나타낸다. 단면도는 PMOSFET을 구성하는 반도체 공정의 구조를 시각적으로 보여준다.

PDK 심벌에서는 W, L, fingers, m 값이 설계자가 설정할 수 있는 주요 파라미터로 제공된다.

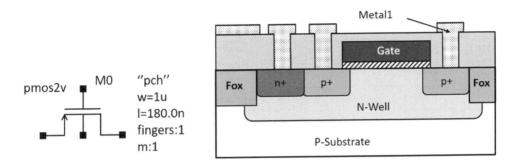

[그림 8-5] PMOSFET의 PDK 심벌과 단면도

NTAP은 [그림 7-47]에서와 같이 다양한 구조로 형성될 수 있다. 본 절에서는 편의상 Butted 구조의 NTAP을 고려하며, 이는 [그림 5-30]의 bodytie_typeL과 Integrated 옵션을 기반으로 레이아웃할 수 있다.

NMOSFET과 유사하게 [그림 8-6]은 PMOSFET Pcell과 Flatten과정을 통해 추출된 Layer를 보여준다. NWELL Layer는 PMOSFET 영역 전체를 감싸며 NIMP로 형성되는 NTAP 구조를 포함한다.

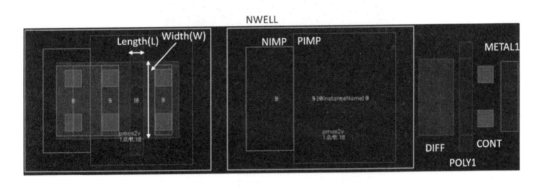

[그림 8-6] PMOSFET Pcell과 Flatten Layer

[표 8-3] PMOSFET 단면도와 Layer 비교

단면도	Layer	비고
Active	DIFF	Active 영역 정의
p$^+$	PIMP	Active 영역을 Overlap하는 p$^+$ Implant 영역 정의
n$^+$	NIMP	Active 영역을 Overlap하는 n$^+$ Implant 영역 정의
Gate	POLY1	p$^+$ Implant를 Blocking하며 Gate Oxide 영역을 정의
Contact	CONT	Silicon과 Metal1과의 연결 공정
Metal1	METAL1	Metal 공정 중 최하위 층의 Metal
N-Well	NWELL	PMOSFET의 Body
FOX	NOT(DIFF)	Field Oxide 영역

　[표 8-3]의 Layer를 활용하여 PMOSFET을 레이아웃한다. 각 Layer의 최소 크기, 폭, Layer 간의 간격, 다른 Layer와의 Overlap 등은 [표 8-2]를 참조하여 [그림 8-7]에 나타난 PMOS1 Cell을 레이아웃 설계한다.

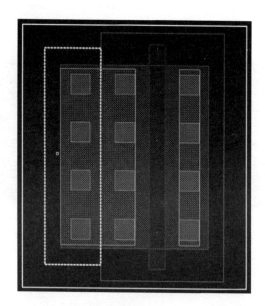

[그림 8-7] Layer 구조를 활용한 PMOSFET Layout(PMOS2, 2um/0.18um)

- PMOSFET의 Source, Drain, Gate를 형성하는 Active Layer는 분리하지 않고 하나의 사각형으로 설계한다.

- Source와 Drain 영역을 형성하는 PIMP Layer도 하나의 사각형으로 설계한다.

- Implant 영역은 Active Layer보다 더 크게 설계하여 안정성을 확보한다.

- Gate Poly의 CONT(POLY1과 METAL1 연결)은 필요한 경우 FOX(Field Oxide) 영역에 형성한다.

8.4 NTAP과 PTAP 구조

PMOSFET과 NMOSFET의 Body 전압을 인가하기 위해 사용되는 NTAP과 PTAP은 [그림 8-8]과 같이 Layer를 활용하여 레이아웃 설계할 수 있다. NTAP과 PTAP은 실리콘과 Metal 사이를 연결하는 구조로, Active(DIFF) 위에 Contact(CONT)과 Metal1(METAL1)이 배치된다. 실리콘 기판(Substrate)이 P-Substrate이므로, PTAP에는 P+ Implant Layer(PIMP)가 필요하며, NTAP에는 NWELL과 N+ Implant Layer(NIMP)가 필요하다.

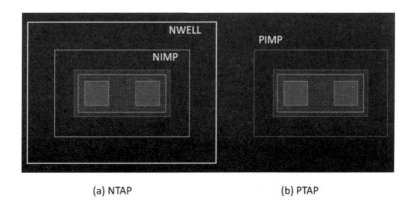

(a) NTAP   (b) PTAP

[그림 8-8] NTAP과 PTAP Layout

8.5 Field Oxide Transistor

MOSFET에 인가된 Gate 전압은 Gate와 p형 Substrate 간의 평탄 전압(V_{fb}, Flat-band Voltage), Oxide 전압(V_{ox}), 그리고 실리콘 표면 전위(ϕ_s)의 합으로 정의된다.

$$V_g = V_{fb} + V_{ox} + \phi_s \quad (식\ 8.1)$$

MOSFET의 문턱 전압(V_t)은 Gate 전압이 Body를 반전시켜 Source 영역과 Drain 영역이 도통되기 시작하는 시점의 전압으로, 다음과 같이 표현된다.

$$V_t = V_{fb} + \left| \frac{Q_{dep}}{C_{ox}} \right| + 2\frac{kT}{q}\ln\left(\frac{N_A}{n_i}\right) \quad (식\ 8.2)$$

여기서, 문턱 전압(V_t)은 산화막 커패시턴스(C_{ox})에 반비례한다. C_{ox}는 Oxide 두께에 반비례하므로, 결과적으로 문턱 전압(V_t)은 Oxide 두께에 비례하게 된다.

[그림 8-9]는 얇은 두께의 Gate Oxide로 구성된 일반적인 MOSFET과 두꺼운 두께의 Field Oxide로 이루어진 Field Transistor를 보여준다. 일반적인 MOSFET은 Gate Oxide로 분리된 동종의 Diffusion(예: n+) 영역으로 구성된 Source와 Drain을 포함한다. 반면, Field Transistor도 [그림 8-9]처럼 두꺼운 Field Oxide와 분리된 동종의 Diffusion(예: n+) 영역으로 구성될 수 있다.

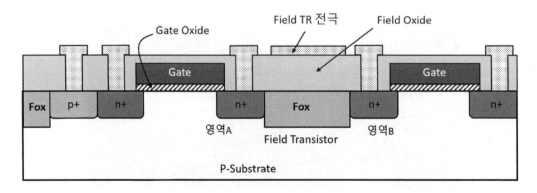

[그림 8-9] 일반적인 MOSFET과 Field Transistor

따라서, Field Transistor의 Gate TR전극에 Field Transistor의 문턱 전압(V_t)보다 높은 전압이 인가되면, Field Oxide 아래의 P-Substrate가 반전되어 영역A와 영역B가 전기적으로 연결된다. 이러한 연결은 MOSFET의 오동작을 유발할 수 있다.

이러한 오동작을 방지하기 위해 Field Transistor가 일반적인 조건에서 On 상태가 되지 않도록 공정 조건이 설정된다. 이러한 이유로, 레이아웃 설계 시 Active 영역에서는 Gate 이외의 Metal 배선이 이루어지지 않도록 해야 한다.

8.6 인버터 레이아웃(Inverter Layout)과 검증(DRC, LVS)

Layer로 설계된 inverter Layout은 [그림 8-10]과 같으며, Pcell 기반 설계와 달리 Parameter에 의해 생성되지는 않지만, DRC와 LVS 검증에서 OK한다.

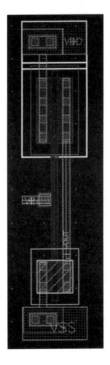

[그림 8-10] Layer 기반 Inverter Layout

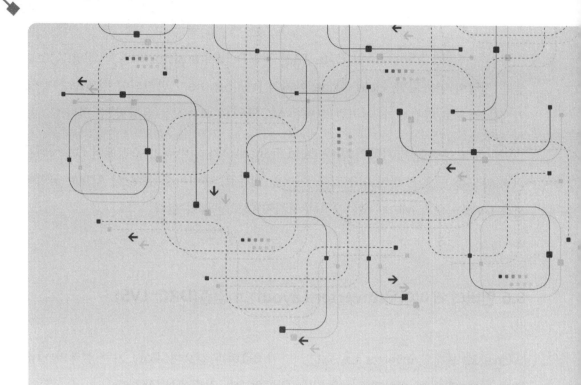

▶▷▷ **UNIT GOALS**

　본 장에서는 Pcell(Parameterized Cell)을 활용한 다양한 레이아웃 설계 예시를 다룬다. 예시에는 Inverter, Buffer, NAND, NOR 등 기본 Cell이 포함되며, 이와 함께 Control Logic 구현을 위한 회로도 및 레이아웃 사례를 제시한다.

　이를 통해 Pcell 기반의 레이아웃 설계 기법과 실제 활용 사례를 이해하고, 효율적인 설계 방법을 학습할 수 있다.

Virtuoso Layout 활용

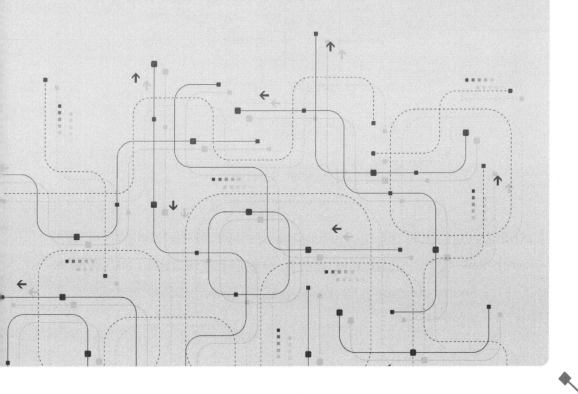

9.1 기본 Cell의 Schematic과 Layout 예시

본 절에서는 다양한 방식으로 설계된 기본 Cell의 Schematic과 Layout 예시를 제시한다. 이를 통해 각 레이아웃의 설계 배경과 의도를 이해하고, 실제 레이아웃 설계에 이를 효과적으로 적용할 수 있도록 한다.

Inverter Layout

[그림 9-1]은 NMOSFET와 PMOSFET으로 구성된 Inverter 회로도이다. NMOSFET 및 PMOSFET의 Instance를 해당 PDK에서 호출한 후 적절하게 Parameter를 지정하여 설계에 활용한다.

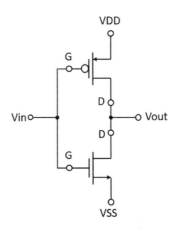

[그림 9-1] Inverter Schematic

[그림 9-2]는 다양한 크기와 방식으로 설계된 레이아웃 예시를 보여준다. 이 그림은 Rail-to-Rail 형태의 Guard-ring 방식을 사용하여 설계되었다. NMOSFET와 PMOSFET의 Source Junction은 각각 GND(VSS)와 Power(VDD)에 연결되므로 위치를 명확히 구분할 수 있다.

각 MOSFET Layout이 Single, Finger, 또는 배수(Multiplier) 형태인지 확인하고, 이들의 장단점(예: 높이, Gate 저항, Junction 저항 및 커패시턴스 등)을 종합적으로 분석해야 한다. Finger 또는 배수 형태의 레이아웃은 Gate 개수가 2개 이상이라는 점이 특징이며, Source와 Drain의 개수를 비교해 두 형태를 구분할 수 있다. 특히 Source나 Drain이 공유될 경우 Finger 형태로 간주된다. 또한, 공유된 Junction이 Drain인지 Source인지 명확히 파악하는 것이 Finger 형태 설계에서 중요한 분석 요소가 된다.

또한, NMOSFET과 PMOSFET의 배치가 GND와 Power 배선에 가깝게 이루어졌는지, 또는 두 MOSFET이 서로 인접하게 배치되었는지를 분석하는 것도 설계 최적화를 위한 핵심적인 고려 사항이다.

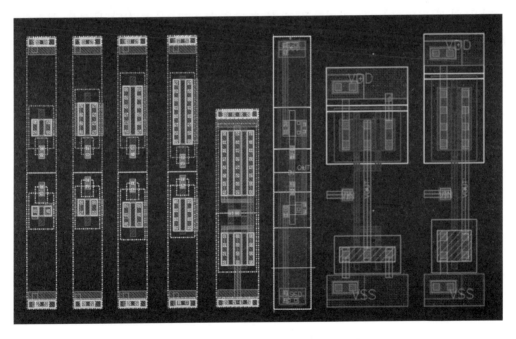

[그림 9-2] Inverter Layout 다양한 예

Buffer Layout

Buffer 회로는 Inverter가 짝수 개(2n)로 연결된 구조로 신호가 지연되면서 전달된다. [그림 9-3]은 Buffer 회로를 나타내며, 이 회로는 신호 출력의 구동 능력을 향상시키기 위해 사용된다.

Buffer는 구동 능력을 높이기 위해 첫 번째 Inverter보다 두 번째 Inverter가 일반적으로 N배(xN) 크기로 설계된다. 이때 N 값은 보통 3~10 사이이며, 회로 시뮬레이션을 통해 최적화된다.

특히, 첫 번째 Inverter에 비해 두 번째 Inverter 크기가 더 크기 때문에 Finger 또는 배수(Multiplier) 형태로 레이아웃되는 경우가 많다. 이러한 경우, Inverter Layout 설계 시 고려했던 배수, Finger, 공유 Junction과 같은 기법들이 더욱 중요한 역할을 하게 된다. 이러한 기법들은 면적 효율을 높이고, 신호 전달 특성을 최적화하며, 성능을 개선하기 위해 활용된다.

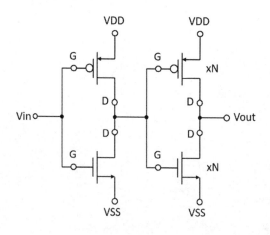

[그림 9-3] Buffer Schematic

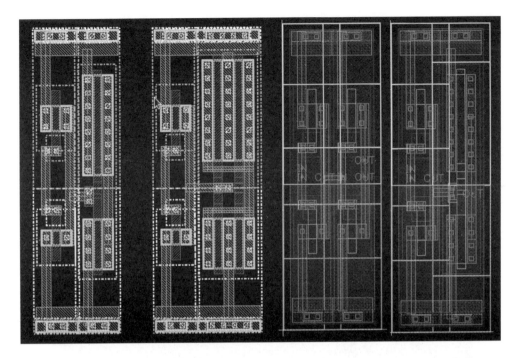

[그림 9-4] Buffer Layout의 다양한 예

NAND Layout

NAND 회로는 출력 신호 1개와 N개의 입력 신호로 구성되며, 이를 구현하기 위해 N개의 NMOSFET이 직렬(AND)로 연결되고, N개의 PMOSFET이 병렬(상보적, Complementary)로 연결된다. [그림 9-5]는 이러한 NAND 회로의 구조를 보여준다. 그림에서 같은 이름의 노드는 전기적으로 연결됨을 의미한다.

일반적으로 N 값은 2~5의 범위에서 선택되며, 이는 회로 시뮬레이션을 통해 최적화된다.

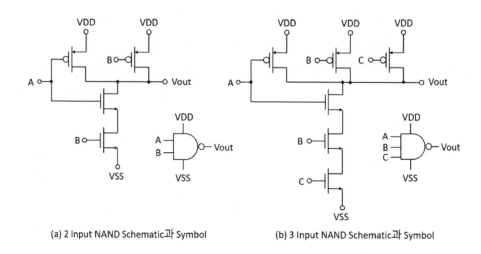

(a) 2 Input NAND Schematic과 Symbol   (b) 3 Input NAND Schematic과 Symbol

[그림 9-5] NAND Schematic과 심벌

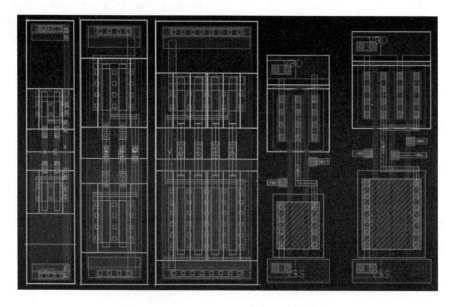

[그림 9-6] NAND Layout의 다양한 예

NOR Layout

NOR 회로는 출력 신호 1개와 N개의 입력 신호로 구성된다. 이를 구현하기 위해 N개의 NMOSFET이 병렬(OR)로 연결되고, N개의 PMOSFET이 직렬(상보적, Complementary)로 연결된다. [그림 9-7]는 이러한 NOR 회로의 구조를 보여준다.

일반적으로 N 값은 2~5의 범위에서 선택되며, 이는 회로 시뮬레이션을 통해 최적화
된다.

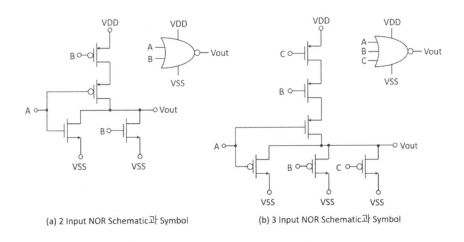

(a) 2 Input NOR Schematic과 Symbol　　　(b) 3 Input NOR Schematic과 Symbol

[그림 9-7] NOR Schematic과 심벌

NOR Layout의 다양한 예시는 [그림 9-8]에 제시되어 있다. NOR와 NAND는 기
본적으로 MOSFET Layout이 동일하지만, 배선 배치에서 차이가 발생한다. 이처럼
Pcell 기반의 레이아웃 설계에서는 크기, Finger, 배수(Multiplier)가 동일할 경우, 배
선 방식만으로 다양한 회로를 구성할 수 있음을 유의해야 한다.

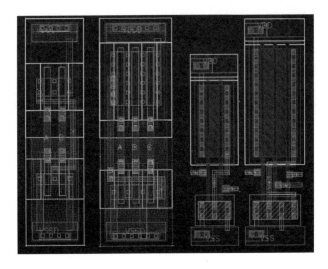

[그림 9-8] NOR Layout의 다양한 예

9.2 제어 로직 회로도와 Pcell 기반 레이아웃

Pcell 기반의 기본 Cell을 활용하여 [그림 9-9]의 Schematic을 Full Custom Layout으로 구현해 보자. [그림 9-9]의 회로도는 18개의 Inverter, 3개의 NAND, 2개의 NOR로 구성된 제어 로직 회로도이다..

레이아웃을 설계할 때, 회로도에 나열된 Inverter, NAND, NOR 등의 순서대로 배치할 필요는 없다. 각 Instance(Cell) 간의 연결은 "Routing 채널"이라고 불리는 영역을 통해 이루어진다. 이러한 Routing 채널은 [그림 9-10]처럼 Cell의 위 또는 아래에 위치할 수 있으며, [그림 9-11] 및 [그림 9-12]처럼 Cell 내부에 존재할 수도 있다.

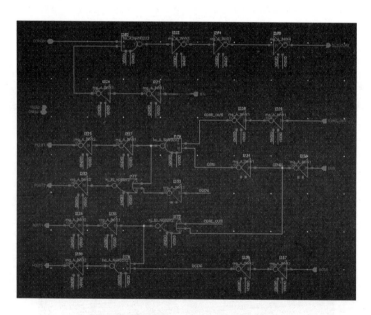

[그림 9-9] Control Logic용 Schematic예시

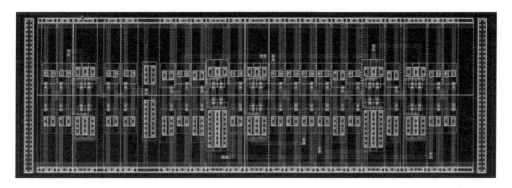

[그림 **9-10**] Control Logic용 Layout 예시 1

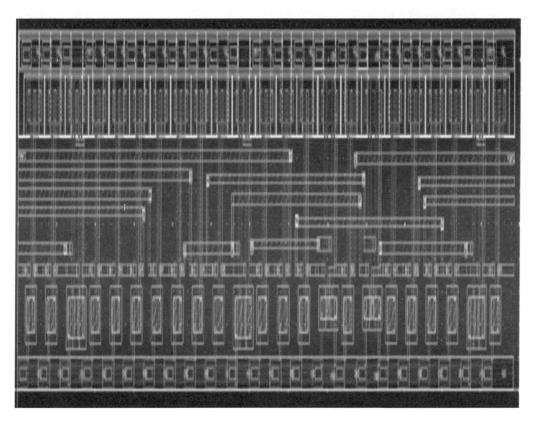

[그림 **9-11**] Control Logic용 Layout 예시 2

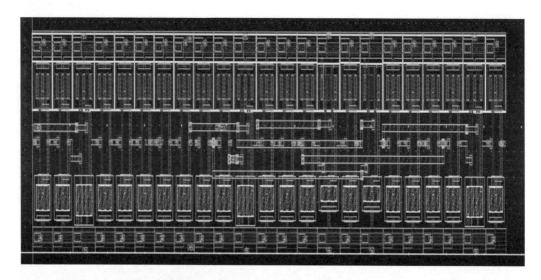

[그림 9-12] Control Logic용 Layout 예시 3

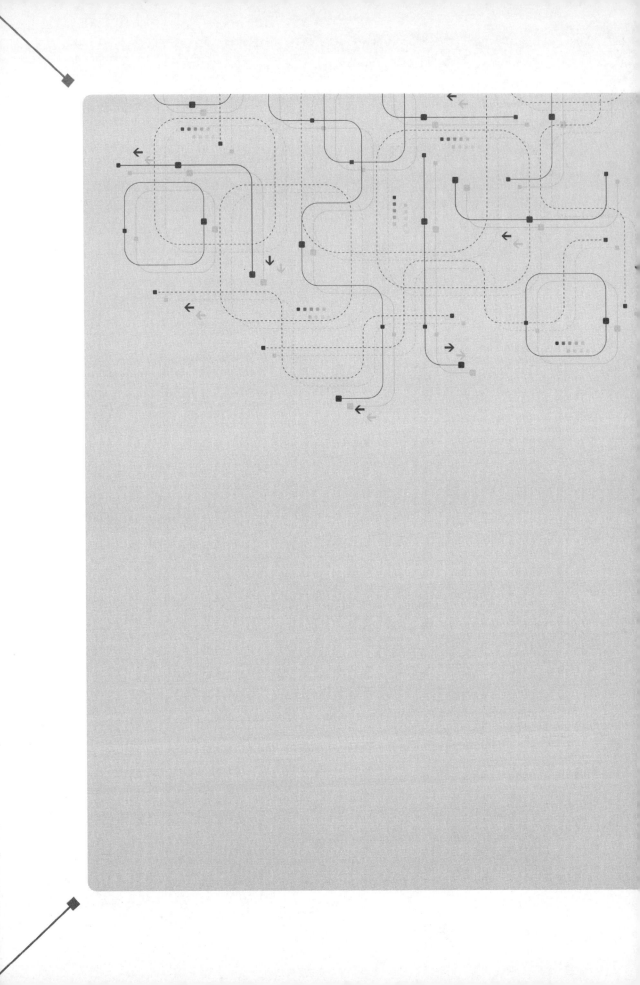

MobaXterm
설치와 사용

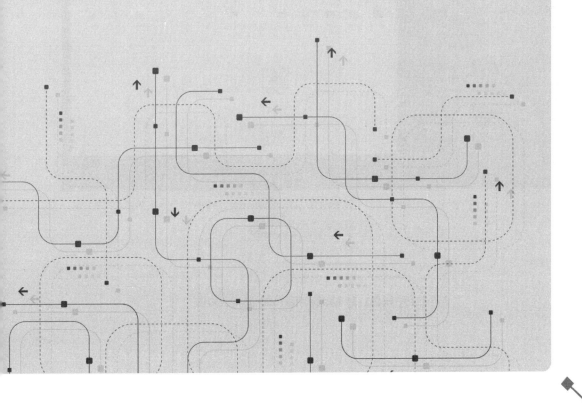

Windows OS로 작동 중인 클라이언트 PC에서 MobaXterm을 사용해 리눅스 서버에 연결하는 방법은 다음과 같다.

1. MobaXterm 공식 사이트([그림 부록1-1])에서 MobaXterm을 다운로드한다.

   - [그림 부록1-2(a)]의 'Home Edition' 또는 'Professional Edition' 중 'Home Edition'을 선택한다.

   - Version은 [그림 부록1-2(b)]에서 'Portable Edition'을 선택하여 다운로드한다.

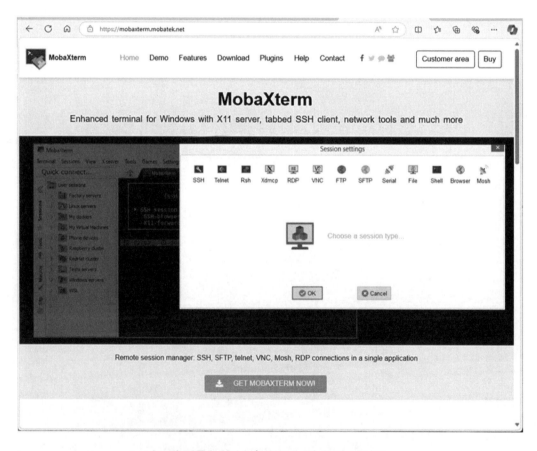

[그림 부록1-1] MobaXterm의 공식 사이트

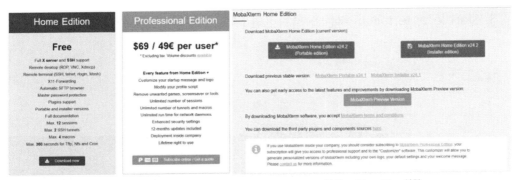

(a) 선택할 수 있는 두가지 Edition   (b) Portable edition 선택

[그림 부록1-2] MobaXterm 버전 선택

2. 다운로드한 파일을 클라이언트 PC의 프로그램 디렉터리 또는 사용자 계정 폴더
   에 저장한 후, 압축을 해제한다. 이후, 프로그램 실행 파일(예: MobaXterm_
   Personal_24.2)을 실행하여 [그림 부록1-3]과 같은 창을 연다.

   ● 실행 시 'Light' 또는 'Dark' 모드 중 하나를 선택한다.(본 절에서는 'Light'
     모드를 설명한다.)

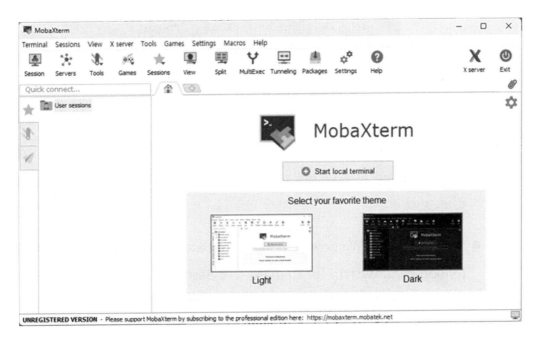

[그림 부록1-3] MobaXterm 최초 실행 화면

3. 'Start local terminal' 버튼을 클릭하면 [그림 부록1-4]와 같은 화면이 생성된다.

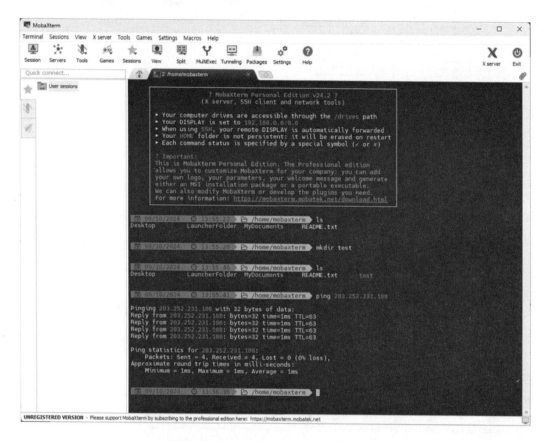

[그림 부록1-4] 로컬 터미널에서의 실행

- 이 기능은 원격 서버에 접속하지 않고, 로컬 터미널에서 기본적인 파일 시스템 명령어(예: ls, mkdir)와 ping 명령어를 사용해 네트워크 상태를 확인할 수 있다.

- 로컬 시스템이 Windows일 경우, cmd.exe, PowerShell, 또는 WSL (Windows Subsystem for Linux)를 통해 Bash 셸을 사용할 수 있다. 이 환경은 에뮬레이션이 아닌 실제 시스템에서 동작하므로 시스템 자원에 직접 접근할 수 있다.

● 로컬 터미널에서 빠져나가려면 'exit' 명령어를 입력하고 [Enter]를 누르면 [그림 부록1-3] 화면으로 돌아간다.

4. 이제 리눅스 기반 서버에 접속하기 위한 환경을 설정하자. 이를 위해 [그림 부록 1-3]의 왼쪽 상단에 있는 'Session' 버튼을 클릭하여 새로운 세션(Session) 창 [그림 부록1-5]을 연다.

● 'Session'은 서버 접속 정보를 담은 집합으로, 접속하려는 서버의 IP 주소, 사용자 이름, 접속 방식(예: SSH, Telnet 등)을 포함한다.

● 사용자는 여러 세션을 등록하여 다양한 서버에 쉽게 접속할 수 있다. 등록 된 세션은 반복적인 접속 설정 과정을 생략하고 빠르게 서버에 연결할 수 있게 한다.

[그림 부록1-5] 세션 화면

5. [그림 부록1-5]에서 SSH를 선택하면 Remote host와 Username을 입력할 수 있는 [그림 부록1-6]의 화면으로 전환된다.

[그림 부록1-6] 'SSH'가 선택된 세션 화면

6. 세션 창에서 접속 정보를 설정한다.

비밀번호와 SSH 프로토콜을 이용해 서버와 클라이언트를 연결할 것이므로, 'Advanced SSH settings'는 설정하지 않는다. 대신 [그림 부록1-7]에서 'Basic SSH settings'에서 다음 항목을 입력한다.

- Remote host: 리눅스 서버의 IP 주소를 입력한다.

- Specify username: 서버에서 사용할 사용자 이름을 입력한다.

- Port: 기본값이 22로 설정되어 있는 경우 변경하지 않는다

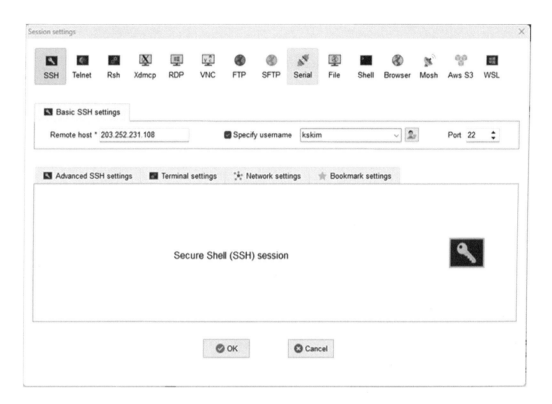

[그림 부록1-7] 접속 정보가 입력된 세션 화면

7. 세션 저장 및 시작

- [그림 부록1-7]의 'Bookmarking settings'에서 세션 이름을 지정할 수 있지만, 이를 생략하고 'OK' 버튼을 클릭해 설정을 저장한 후 세션을 시작한다.

8. 워크스테이션 서버 접속

- 세션을 추가한 후 최초로 로그인하면 [그림 부록1-8] 화면이 나타난다.

- 개인 전용이 아닌 경우, 'No'를 클릭한다. 이 설정을 통해 리눅스 서버에 접속할 때마다 로그인 패스워드를 입력해야 한다.

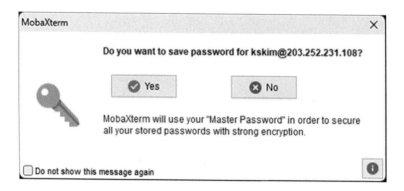

[그림 부록1-8] 비밀번호 저장 여부 확인 창

참고로, 'MobaXterm Master Password' 창이 나타나면 'Cancel' 버튼을 클릭하거나 창을 닫아 빠져나온다.

[그림 부록1-9] 'MobaXterm Master Password' 저장 확인 여부 창

9. 성공적으로 리눅스 서버에 접속하면 [그림 부록1-10]과 같이 접속 정보와 프로토콜 정보가 화면에 표시된다. 이 상태는 서버에 정상적으로 접속되었음을 나타낸다.

10. 이후, [그림 부록 1-11]에서 저장된 세션을 클릭하면 쉽게 접속할 수 있다.

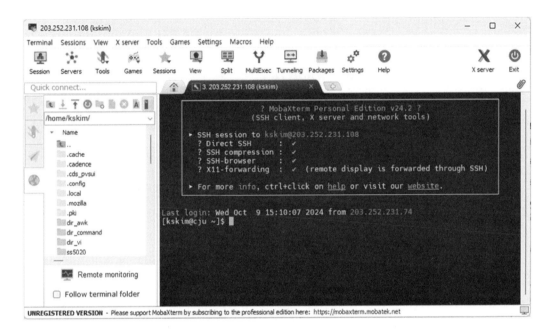

[그림 부록 1-10] MobaXterm에서 접속 성공인 경우에 나타나는 화면

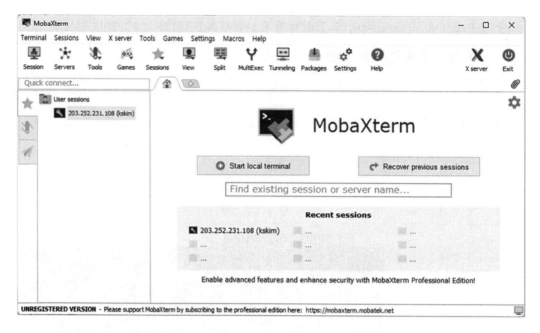

[그림 부록 1-11] '세션'이 저장되어 있는 메인 화면

참고 문헌

- 이병진. (2023). Cadence Virtuoso를 이용한 Full Custom IC design. 경기도: 21세기사

- Cadence Design Systems, Inc. (2000). Virtuoso® Layout Editor User Guide. Cadence Design Systems, Inc.

- Cadence Design Systems, Inc. (2023). Virtuoso Layout Suite L User Guide. Cadence Design Systems, Inc.

- Cadence Design Systems, Inc. (2021). Spectre® Classic Simulator, Spectre APS, Spectre X, and Spectre XPS User Guide. Cadence Design Systems, Inc.

- Lopez Martin, A. J. (2002). TUTORIAL: CADENCE DESIGN ENVIRONMENT. Klipsch School of Electrical and Computer Engineering, New Mexico State University.

- Weste, N. H. E., & Harris, D. (2010). CMOS VLSI Design: A Circuits and Systems Perspective. Addison-Wesley.

- Clein, D. (2000). CMOS IC Layout: Concepts, Methodologies, and Tools. Prentice Hall.

- Allen, P. E., & Holberg, D. R. (2002). CMOS Analog Circuit Design. Oxford University Press.

- Baker, R. J. (2010). CMOS: Circuit Design, Layout, and Simulation. Wiley-IEEE Press.

▌저자약력

■ 김경생(KyungSaeng Kim), Ph.D.

연세대학교 물리학과 학사, 석사
한국과학기술원(KAIST) 전기 및 전자공학 박사
LG반도체, 하이닉스, 매그나칩에서 수석 연구원으로 근무(1990~2012)
크루셜텍, 멜파스, 햅트릭스, 센스온 등 기술 기반 벤처기업에서 CTO 및 창업 활동(2012~2020)
(현) 청주대학교 시스템반도체공학과 교수

· 주요 연구 및 활동
- 연구 분야: 반도체 소자 물리와 Layout 기법, 집적회로 설계, Display Driver IC, Input Sensor Device
- IEEE 논문 게재 및 다수의 특허 발명·등록
- 인재 양성 사업
  · 반도체 전공 트랙 사업, 과학벨트 산학연계 인력 양성 사업, 반도체 부트 캠프 사업 등 청주대 학부 반도체 인재 양성 사업단장
  · 차세대 시스템 반도체 설계 전문 인력 양성 사업 등 청주대 석·박사 인재 양성 사업단장

· 교육 및 열정
반도체 공학 교육과 산업체 개발 환경에서의 실무 교육에 열정을 갖고 있으며, 특히 기초 이론부터 응용 사례까지 체계적인 반도체 IC설계를 가르치는 데 주력하고 있다.

Full Custom Layout 시작과 실전

리눅스, Virtuoso EDA 기반

발행일 | 2025년 2월 5일

저 자 | 김경생

발행인 | 모흥숙
발행처 | 내하출판사
주 소 | 서울 용산구 한강대로 104 라길 3
전 화 | TEL : (02)775-3241~5
팩 스 | FAX : (02)775-3246

E-mail | naeha@naeha.co.kr
Homepage | www.naeha.co.kr

ISBN | 978-89-5717-594-1 93560
정 가 | 25,000원